第二版
21 世紀 C 語言

21st Century C
SECOND EDITION

Ben Klemens　著

莊弘祥　譯

目錄

第二部分　語言

前言

Is it really punk rock
Like the party line?

— Wilco, *"Too Far Apart"*

C 語言是龐克搖滾

C 語言沒有太多的關鍵字與過多的修飾，充滿著搖滾風味。C 語言能完成各種工作，就像吉他的 C、G、D 和弦，雖然是能夠很快學會的基本和弦，卻得花上一輩子練習精進；不了解的人害怕它的強大，覺得太過危險不夠安全，不論在任何標準下，在沒有任何企業與組織投入行銷費用的情況下，C 語言一直都是最受歡迎程式語言[1]。

同時，這個程式語言已經 40 歲，以人類而言已步入中年。它一開始是一小群人為了對抗管理階層而開發，完全符合龐克搖滾的精神，但那是 1970 年代的事，這個程式語言已經進入主流很長一段時間了。

當龐克搖滾成為主流時，人們有什麼反應？在 1970 年代，龐克來自非主流：The Clash、The Offspring、Green Day 以及 The Strokes 在全球賣出上百萬上的專輯（這還只是一小部分），筆者曾在自家附近的超市聽到垃圾搖滾（grunge）演奏版。垃圾搖滾是龐克搖滾的分支；Sleater-Kinney 的前主唱現在有一個經常嘲諷龐克搖滾歌手的喜劇小品[2]。對於不斷演進的反應是訂出嚴格標準，將原始作品稱為龐克搖滾，其他則是迎合

---

[1] 這篇前言是向廣受注目，同時有許多爭論的《*Punk Rock Language: A Polemic*》致敬，作者是 Chris Adamson，*http://pragprog.com/magazines/2011-03/punk-rock-languages*

[2] 像「Can't get to heaven with a three-chord song」這樣的歌詞，可能會讓 Sleater-Kinney 被歸類在後龐克時期？不幸的是，沒有 ISO 龐克標準為各種音樂類型提供精確的定義。

大眾的龐克流行樂。傳統主義者仍然播放著 70 年代的專輯，即使唱片磨損也可以下載數位版本，還可以購買雷蒙斯樂團（Ramones）的衣服給小寶寶穿。

圈外人不懂，總會有人一聽到龐克，腦袋裡就會浮現出 1970 年代的特定影像 — 當時一部分年輕人的確做了許多異於常規的事。傳統龐克愛好者仍然喜歡播放 1973 年 Iggy Pop 的黑膠唱片，這更強化了龐克已死，不再是主流的印象。

回到 C 語言的世界，其中有揮舞著 ANSI '89 大旗的傳統主義者，他們持續寫出各種程式，完全不知道所寫的程式碼根本無法在 1990 年的環境編譯或執行。圈外人無法分辨兩者的不同，仍然讀著 1980 年發行的書籍，看著 1990 年上線的線上教學，聽著死硬派傳統主義者堅持在現代社會中遵循古法，完全不知道程式語言與其他使用者一直不斷演進，真是可惜，他們錯過了許多美好的事物。

本書主題是打破傳統讓 C 語言繼續搖滾，筆者並不想將本書中的程式碼與原始 K&R 1978 年書中的 C 語言規格比較，筆者的手機已經有 512 MB 記憶體了，為什麼 C 語言課本還要花費好幾頁的篇幅說明如何減少幾 K 的執行檔大小？本書是在一部功能陽春的紅色小筆電上完成，小筆電的執行速度已經達到每秒 3,200,000,000 個指令；為什麼還要在意運算是以 8 位元還是 16 位元執行？寫程式時應該著重在能夠快速完成他人容易理解的程式碼。我們用的可是 C 語言，即使以可讀性不那麼最佳化的方式撰寫，仍然會比其他笨重程式語言寫出來的程式快上好幾個數量級。

問與答（或，本書的參數）

問：這本 C 語言的書與其他有何不同？

答：不論寫得好壞或是否易於閱讀，C 語言的教學書籍都十分類似（筆者大部分都讀過，包含《C for Programmers with an Introduction to C11》、《Head First C》、《The C Programming Language, 1st Edition》、《The C Programming Language 2nd Edition》、《Programming in C》、《Practical C Programming》、《Absolute Beginner's Guide to C》、《The Waite Group's C Primer Plus》以及《C Programming》），大多數都是在 C99 標準簡化了許多使用方式之前完成，可以從某些新版本只是增加一些註記說明相異之處，而不是重新思考語言使用方式看得出來。這些書都會提到能在程式中使用函式庫，但這些書籍完成時，缺少能大幅改善函式庫可靠性與可攜性的現代化安裝工具與生態系，這些書籍的內容仍然有其價值，但現代化的 C 語言程式碼與書中的範例大不相同。

本書挑選了它們缺漏的部分，重新考慮程式語言及其生態系。主題是使用提供鏈結串列（linked list）以及 XML 剖析器函式庫，而不是從頭自行撰寫，著重於撰寫高可讀性且具備對使用者友善函式介面的程式碼。

問：本書的目標讀者？是否需要是程式高手？

答：讀者必須要有使用程式語言的經驗，也許是 Java 或是 Perl 之類的命令稿式程式語言。筆者不會解釋為什麼應該用許多較小的子函式取代一個巨大的函式等概念。

本書預期讀者從實際撰寫 C 語言程式的經驗中學會一些基本概念，如果已經忘了細節或完全不懂 C 語言，附錄 A 提供的基本 C 語言介紹，是針對只有 Python 或 Ruby 等命令稿式語言基礎的讀者所撰寫。

筆者曾經寫過一本與統計以及科學計算相關的書《*Modeling with Data*》【Klemens 2008】，除了許多處理數值資料以及透過統計模型描述資料的詳細介紹之外，還包含了一個獨立章節介紹 C 語言，筆者認為這份介紹避免了許多陳舊的 C 語言教學中的不足。

問：我只是個應用程式設計師，不是核心駭客，為什麼需要使用 C 語言，而不是使用其他寫起來更快的命令稿語言，如 Python？

答：對於應用程式設計師而言，這本書更為合適，許多人認為 C 語言是個系統程式語言，但這對筆者而言不夠龐克 — 誰允許那些人限制我們哪些事情能做，哪些不能做呢？

「這個程式語言的執行速度幾乎與 C 一樣快，可是卻好寫得多」這樣的說法十分常見，都快變成陳腔濫調了。當然 C 語言一定和 C 語言一樣快，本書的目的正是要告訴讀者，C 語言寫起來比起過去幾個世代的教科書上所說的還要容易得多。比起對 1990 年代的系統程式設計師而言，只有不到一半的情況需要呼叫 `malloc` 透過管理記憶體展現男性魅力，現在有更方便處理字串的機制，甚至核心語法也演進得能提高程式碼的可讀性。

筆者開始使用 C 語言是為了加快以 R 命令稿語言撰寫的模擬程式的執行速度，如同其他的命令稿語言，R 也有 C 語言介面並鼓勵使用者在主語言太慢時使用這些介面。最後，筆者擁有太多從 R 命令稿跳轉到 C 程式碼的函式，以致於完全拋棄主語言。

問：來自命令稿語言世界的應用程式設計師會喜歡這本書是件好事，但我是個核心駭客，在五年級就自學 C 語言了，連作夢都能寫出可以正確編譯的程式碼，這本書裡有些什麼新東西？

答：C 語言在過去 20 年間有了很大的改變，這點稍後會再討論，所有編譯器共同支援的功能也隨著時間有所不同，這得感謝在久遠之前，最初的 ANSI 標準定義了 C 語言之後的兩個後續標準。也許可以先翻翻第 10 章，看看有沒有什麼沒看過的新東西，本書的一些章節，像是釐清指標常見誤解的第 6 章的內容，則是打從 1980 年之後就沒什麼變化。

此外，環境也隨之進步，讀者可能會熟悉筆者介紹的一些工具，例如 make 或除錯器，但筆者認為其他的一些工具就不那麼廣為人知。Autotools 完全改變了程式碼派送的方式，而 Git 更是改變了協同合作的方式。

問：我注意到本書有三分之一的內容幾乎沒有任何 C 語言的程式碼。

答：本書希望涵蓋其他 C 語言教材沒有提到的部分，其中最重要的就是工具與環境，如果沒有使用過除錯器（不論是單獨執行或在 IDE 中使用），都會讓日子更加難過。教材一般會忽略除錯器的介紹，就算有提到也只是在最後簡單帶過。與其他人分享程式碼則需要另一組工具，包含了 Autotools 與 Git，程式碼無法單獨存在，要是這本書只是另一本假裝讀者只需要知道語言的語法，就能夠有足夠的生產力，那筆者的罪過就大了。

問：有許多能夠開發 C 語言的工具，本書怎麼挑選介紹的工具？

答：C 語言社群對互通性有很高的要求，許多 C 語言的擴充來自於 GNU 環境、Windows 獨有的 IDE 以及只具備 LLVM 擴充功能的編譯器，這也許是大多數教材都略過介紹工具的原因。但是在這個時代，有一些系統能夠廣泛執行在一般認知的電腦上，其中大多數都來自於 GNU；LLVM 及其相關工具很快的佔有一席之地，但還不夠普遍，不論讀者使用什麼樣的電腦，也許是 Widnows 主機，又或是 Linux 主機，甚至只是連到雲端供應商提供的虛擬主機，都能夠簡單快速的安裝本書所介紹的工具。筆者也的確提到了一些平台特有的工具，但在介紹的時候都會明確的指出工具適用的情況。

本書並沒有介紹任何整合開發環境（integrated development environments，IDEs），這些工具大都無法在所有平台上執行（可以試試在 Amazon Elastic Compute Cloud 的主機上安裝 Eclipse 和 C 語言 plug-ins），同時 IDE 的選擇大都有很強的主觀喜好，一般而言 IDE 都會提供專案建置系統，但這些系統通常無法與其他 IDE 的專案建置系統相容。因此，除了強制要求所有人使用相同 IDE 的情況下（例如課堂上、辦公室或特定的計算平台），IDE 的專案檔很少被用來作為專案共享的機制。

問：現在是網際網路時代，只要一、兩秒就能夠查到命令和語法的細節，為什麼還需要讀這本書？

答：的確如此，只要在 Linux 或 Mac 的終端機輸入 `man operator` 就會列出詳細的運算子說明表，為什麼還要在書裡放一個？

筆者跟讀者一樣都有使用網際網路，也花了許多時間閱讀網路上的資訊，很清楚的知道網路上資訊缺少的部分，這也是本書的主要內容。介紹 `gprof` 或 `gdb` 等新工具時，會提供足夠的資訊讓讀者有基本知識，讓讀者有能力透過搜尋引擎解決其他的相關問題，或是其他書籍中缺少的部分（這部分還不少）。

標準：眾多的選擇

除非特別說明，本書範例都符合 ISO C99 與 C11 標準，為了說明這些標準的意義，並提供讀者一些歷史背景，以下介紹主要的 C 語言標準（略過較小的改版以及修正）。

K&R（約 *1978*）

Dennis Ritchie、Ken Thompson 等人在建立 Unix 作業系統的過程中完成了 C 語言，Brian Kernighan 與 Dennis Ritchie 最後在合著的書中完成了第一版的語言描述，也成為實質的標準 [Kernighan 1978]。

ANSI C89

貝爾實驗室將語言規範送交美國國家標準局（American National Standards Institute），在 1989 年公布了一份標準，在 K&R 的基礎上做了改善，第二版的 K&R 書中包含完整的語言規格，也代表成千上萬的程式設計師桌上都有一份 ANSI 標準 [Kernighan 1988]。這份 ANSI 標準在 1990 年被 ISO 採用為標準，但 *ANSI'89* 是比較常見的說法（同時也是很好的 T-shirt 標語）。

經過一個世代，每部 PC 上的基礎程式多少都有使用 C 語言，而且所有的網際網路伺服器都是以 C 語言開發，在這個角度上 C 語言成為了主流，近乎人類努力所能達到的極限。

這段期間，出現了 C++ 並獲得很大的注意（雖然實際上並沒有那麼顯著），C++ 是 C 語言史上發生過最好的事件，當時其他程式語言為了趕上物件導向熱潮或實現語言作者的新想法，加入許許多多額外的語法，C 語言卻緊守標準。需要可靠度與可攜性的人們持續使用 C 語言，想要更多樣功能的人們則是把大量的經費投注在 C++，滿足了所有的人。

ISO C99

一個世代之後，C 語言標準迎接另一次主要的版本更新，這次針對數值與科學計算作了改進，標準型別中加入了複數以及一些泛用型別（type-generic）函式。納入一些來自 C++ 在方便性上的改良，如單行式註解（源自於 C 語言的前身 BCPL），以及能夠在 for 迴圈的開頭宣告變數，針對結構宣告與初始化的改進以及表示上的改良讓結構更易於使用。語言本身的現代化反應出對安全性的重視，以及體認到並非所有人都是使用英語。

體認到 C89 所帶來的影響以及世界各地都在執行 C 語言程式，很難想像 ISO 能夠產生一份沒有受到嚴重質疑的標準 — 即使是單純拒絕任何改變的謾罵。事實上，這份標準的確存在爭議。複數有兩種常見的表示法（直角座標以及極座標），ISO 標準到底採用了哪一種？為什麼需要提供動態參數巨集的機制？所有運作良好的程式碼都沒有需要這個功能？換句話說，基本教義派質疑 ISO 屈服於壓力加入了更多功能。

本書撰寫時，大多數編譯器都支援 C99，但在一些需要注意的地方上稍作增減，然而在這個廣泛的共識中有個值得注意的例外，微軟公司目前拒絕在 Visual Studio C++ 編譯器中支援 C99。在第 6 頁「在 Windows 環境下編譯 C 語言」中介紹了一些在 Windows 下編譯 C 語言程式碼的方式，不使用 Visual Studio 最多只是有些不方便，標準的主要制定人之一告訴我們不要使用 ANSI 或 ISO 標準的 C 只是讓標準更有龐克搖滾的風格罷了。

C11

受到大量指責之後，ISO 在第三版標準中作了許多重大的改變，支援泛用型別函式，許多功能也更加現代化，以進一步回應對安全性以及其他語言使用者的重視。

C11 標準是在 2011 年 12 月公布，但編譯器開發人員對標準的實作速度驚人的快，目前許多主流編譯器都已經宣稱幾乎完全符合標準。然而，標準同時定義了編譯器與標準函式庫的行為，其中函式庫的支援程度，例如多緒與基元（atomics）則會依系統有所不同，在某些系統上已經完備，而另外的系統上則仍有待努力。

POSIX 標準

C 語言本身的狀況大約就是如此，然而這個語言是與 Unix 作業系統一起演進，本書中會一再看到兩者的交互關係對日常工作的重大影響。如果某些工作在 Unix 命令列上十分容易達成，很可能是因為相同的工作也很容易用 C 語言完成；Unix 工具通常都是用 C 語言撰寫而成。

Unix

　　C 與 Unix 都是在 1970 年初期由貝爾實驗室設計，在 20 世紀大多數時候，貝爾實驗室都投資在壟斷性的作法，它與美國聯邦政府的合約中同意貝爾實驗室不會將觸角延伸到軟體領域。因此，免費將 Unix 提供給研究人員研究與重建，Unix 是個商標，一開始由貝爾實驗室擁有，稍後則像球員卡般在幾家公司間交易。

隨著許多駭客研究程式碼、重新實作並用各種不同方式改善，延伸出許多不同的 Unix。只需要少許不相容就會讓應用程式或命令稿失去可攜性，因此需要儘快建立標準。

POSIX（Portable Operating System Interface）

　　這個標準最初是由電機電子工程師學會（Institute of Electrical and Electronics Engineers，IEEE）在 1988 年建立，提供 Unix 類作業系統共通的基礎，其中指定了 shell 的運作方式，ls、grep 等命令列工具的預期結果，以及一些應該提供的 C 語言函式庫。例如在命令列環境串接命令的管線（pipe）就有詳細的說明，這表示 C 語言的 popen（開啟管線，pipe open）是個 POSIX 標準，而非 ISO C 標準。POSIX 標準有過多次改版，本書撰寫時的版本是 POSIX:2008，也是本書中提到 POSIX 標準時的標準。符合 POSIX 標準的系統必須提供 C 語言編譯器，指令的名稱是 c99。

本書會使用 POSIX 標準，使用時會特別說明。

除了微軟作業系統家族的許多成員之外，幾乎所有市面上叫得出名號的作業系統都是建立在 POSIX 相容的基礎上：Linux、Mac OS X、iOS、webOS、Solaris、BSD，甚至 Windows 伺服器都提供 POSIX 子系統，對於堅持使用 Windows 作業系統的讀者，「在 Windows 環境下編譯 C 語言」一節中介紹了如何安裝 POSIX 子系統。

最後，有兩種最常見的 POSIX 實作值得一提，兩者都十分盛行也都有很大的影響力：

BSD

在貝爾實驗室將 Unix 提供給研究人員之後，在加州大學柏克萊分校的一群人做了許多的改良，最後重寫了整個 Unix 程式碼，建立了 Berkeley Software Distribution。如果讀者使用蘋果公司的電腦，其作業系統就是個加上引人目光的圖形前端的 BSD，BSD 在某些方面超越了 POSIX，本書會提到幾個不屬於 POSIX 標準的函數，但太過重要無法略過（最明顯的就是能節省大量時間的 asprintf）。

GNU

是 GNU's Not Unix 的縮寫，另一個獨立重新實作改良 Unix 的重要成功案例，絕大多數 Linux 發行版本都使用了 GNU 提供的工具，有很大的機會在讀者的 POSIX 主機上擁有 GNU Compiler Collection（gcc），即使是 BSD 也使用了 GNU。同時，gcc 在 C 語言與 POSIX 的一些改進也成為實質的標準，本書使用到這些擴充時，筆者會特別說明。

就法律上而言，BSD 授權比 GNU 授權更為寬鬆，由於某些單位對於授權在政治與商業上的影響有較多考量，大多數的工具都同時存在著 BSD 以及 GNU 兩個版本，例如，GNU Compiler Collection（gcc）與 BSD 的 clang 都是最好的 C 編譯器，兩個開發團隊的成員都緊盯著對方，學習對方的成果，可以預期兩者的差異會隨著時間愈來愈小。

法律小常識

除了少數例外，美國法律不再採用登記制的版權系統，任何人只要寫下東西，立刻就擁有版權。

當然，派送函式庫需要在硬碟間複製資料，有些常用的機制能在最小的爭議下授權複製擁有版權的產品。

- *GNU 通用公共授權*（*GNU Public License*，*GPL*）

   允許無限制複製與使用原始碼及其可執行檔，唯一的要求是：如果派送的程式或函式庫是以 GPL 程式碼為基礎，就必須同時提供程式的原始碼；注意如果程式只供內部使用，這個條件就不成立，也沒有義務提供程式碼。執行 GPL 授權的程式，例如使用 gcc 編譯程式，並不需要同時提供你的程式碼，因為程式的輸出（例如編譯產生的可執行檔）並不被認為是以 gcc 為基礎或其延伸產品。例如：GNU Scientific Library。

- *GNU 較寬鬆公共授權（Lesser GPL，LGPL）*

  LGPL 與 GPL 類似，但特別規定如果只是以共用函式庫的方式連結 LGPL 函式庫，就不將你的程式碼視為延伸作品，也沒有提供原始碼的義務。也就是說，可以派送封閉原始碼但連結到 LGPL 函式庫的產品。例如：GLib。

- *BSD 授權*

  要求使用者維持 BSD 授權原始碼原有的版權聲明以及免責聲明，但不要求同時提供你的原始碼。例如：Libxml2 授用類似 BSD 的 MIT 授權。

  讀者必須特別注意以下的免責聲明：筆者並非律師，這段小常識只是幾份完整法律文件的簡單說明，讀者如果無法判斷所處情況的相關細節，請閱讀原始文件（*http://opensource.org/licenses*）或請教律師。

關於第二版

以往筆者總是自私的認為那些寫第二版的人只是為了擾亂初版書的二手市場，但這本書的第二版的確只能夠在第一版之後才問市（幸好大多數讀者都是讀數位版）。

第二版主要新增的部分是並行執行緒（concurrent thread），也就是平行（parallelization），內容著重在 OpenMP 與基元變數（atomic variable）以及結構（struct），OpenMP 並不是 C 語言標準的一部分，但的確是 C 語言生態系裡可靠的成員，很適合納入本書的內容。基元變數在 2011 年 12 月的修訂才納入 C 語言標準，也就是說，本書的第一版在修訂後不到一年就上市，市面上也幾乎沒有支援這項功能的編譯器。到了現在，已經能夠同時在理論面與實務面呈現這個功能，提供經過真實世界驗證的程式碼，詳細內容請參第 12 章。

初版得利於許多帶有書呆子氣息的讀者，他們找到可能被認為是臭蟲的所有一切，從筆者提到在命令列用破折號到一些在特殊情境可能會誤解的句子。當然，總是會有臭蟲存在，但藉助於這許許多多傑出讀者的回饋，本書更加正確，也能夠提供更多的協助。

本書增訂的部分如下：

- 附錄 A 為來自其他程式語言的讀者提供了一份簡單的 C 語言介紹，由於市面上已經有許多 C 語言的入門書籍，筆者很勉強的在初版中包含這個部分，但這部分的確讓本書更加有用。

- 基於廣大讀者的要求，對於偵錯器（debugger）的討論內容大幅增加，參看「使用除錯器」一節的介紹。

- 初版中介紹了如何撰寫能夠接受各種數量變數函式的作法，能夠在程式中合法的使用 sum(1, 2.2) 與 sum(1, 2.2, 3, 8, 16)，但要是想要傳入的是多個串列，例如 dot((2,4), (-1,1)) 或 dot((2, 4, 8, 16), (-1, 1, -1, 1)) 這樣能夠求取兩個任意長度向量內積的函數該怎麼做？「多個串列」一節介紹了這個部分。

- 我重寫了第 11 章關於使用新函數擴展物件。主要添加是虛擬表的實作。

- 增加了一些前置處理器的內容，在「測試甲巨集」一節提到了測試巨集面臨的困境以及巨集的使用方式，同時也提到 _Static_assert 關鍵字。

- 筆者在本書繼續堅守不在書中討論正規表示式剖析方式的自我期許（因為市面上與網路上已經有太多相關的資訊），但筆者的確在「剖析正規表示式」一節中，使用 POSIX 的正規表示式剖析函式製作了一個範例，只是與其他程式語言提供的剖析器相比，這個範例十分的簡陋。

- 初版中對字串處理的討論都是圍繞著 asprintf，這個 sprintf 式的函式能夠在寫入字串前先配置字串需要的記憶體，雖然在許多環境裡都能夠找到由 GNU 所提供的版本，但許多讀者因為一些限制無法使用這個版本，因此，筆者加入了範例 9-3，示範用 C 語言提供的標準，實作出功能相同的函式。

- 第 7 章的一大主題是說明微觀管理數值型別可能產生的問題，因此，在初版中完全沒有提到 C99 中新加入的數值型別，如 int_least32_t、uint_fast64_t 等（C99 §7.18，C99 §7.20），許多讀者建議至少介紹一些較常用的型別，如 intptr_r 與 intmax_t 等，筆者也從善如流，在時機適當時提到相關的型別。

本書編排慣例

本書使用以下的編排規則：

斜體字（*Italic*）

代表新的術語、URL、電子郵件地址、檔案名稱及副檔名。中文以楷體表示。部分新術語的說明請見本書末尾的術語表。

定寬字（`Constant width`）

代表程式，也在文章中代表程式元素，例如變數或函式名稱、資料庫、資料類型、環境變數、陳述式，與關鍵字。

定寬斜體字（`Constant width italic`）

代表應換成使用者提供的值，或依上下文而決定的值。

這個圖示代表提示、建議或一般說明事項。

這個圖示代表警告或小心。

使用範例程式碼

本書的目的在協助你完成工作。一般而言，你可以在自己的程式與文件裡，使用本書的範例程式碼。除非重新製作並散佈大部分程式碼，否則不需要與我們聯繫以取得授權。例如，開發程式時使用書中一些範例程式碼，並不需要取得授權。然而販賣或散佈歐萊禮書籍的範例程式光碟，就需要取得授權。為了回答問題，引用這本書的內容或程式碼，並不需要取得授權。把書中大量範例放到你自己的產品文件中，就需要取得授權。

你可以在 https://github.com/b-k/21st-Century-Examples 下載本書範例程式。

如果你在引用它們時能標明出處，我們會非常感激。在標明出處時，內容通常包括標題、作者、出版社與國際標準書號。例如：「《21 世紀 C 語言第二版》，Ben Klemens 著（O' Reilly）。版權所有 2014 Ben Klemens，978-1-491-90389-6。」

如果你覺得自己使用範例程式的程度超出上述的允許範圍，可寄 email 至 permissions@oreilly.com。

致謝

- Nora Albert：一般支援與天竺鼠

- Jerome Benoit: Autoconf 技巧

- Bruce Fields、Dave Kitabjian、Sarah Weissman：完整的審閱

- Patrick Hall：Unicode 知識

- Nathan Jepson、Allyson MacDonald、Rachel Roumeliotis 與 Shawn Wallace：編輯

- Andreas Klein: 指出 `intptr_t` 的價值

- Rolando Rodríguez：測試、好奇使用以及探索

- Rachel Steely、Nicole Shelby 與 Becca Freed：製作

- Ulrik Sverdrup：指出可以使用特定重複的初始子設定預設值

環境

在命令稿語言（scripting language）花園圍牆外的荒野，存在能夠解決 C 語言最惱人問題的豐富工具，必須自己去尋找，我的意思是「**必須**」：其中有許多撰寫 C 語言程式不可或缺的基本工具。少了除錯器（debugger，不論是獨立執行或內嵌在 IDE 中），必然會讓自己暴露在未知的困境當中。

還有許多等著被使用的函式庫，讓開發人員能夠集中精力處理手頭上的問題，而不是浪費時間重新實作鏈結串列、剖析器等基本工具，必須要盡量簡化編譯使用外部函式庫的程式碼。

以下是第一部分的簡介：

第 1 章介紹建立基本環境，包含設定套件管理工具以及使用套件管理工具安裝必要的工具。這是往後樂趣的基礎，能夠編譯使用外部函式庫的應用程式，這些設定與安裝方式十分標準化，只需要設定一些環境變數與程序。

第 2 章介紹除錯、文件與測試工具；畢竟需要經過除錯、建立文件並通過測試之後，才能顯現出程式碼良好的一面。

第 3 章介紹 Autotools，這是個打包程式碼以供派送的系統，採取按部就班的介紹方式，過程中需要撰寫 shell 命令稿以及 makefile。

人是最大的變數，因此第 4 章會介紹 Git，這個系統能追蹤專案團隊各成員硬碟上的微小更動，盡可能簡化合併不同版本異動的過程。

現代 C 語言環境中，其他程式語言扮演了重要的角色，許多程式語言都提供了 C 語言的介面，第 5 章會提供撰寫介面的一般性建議，並提供 Python 的延伸範例。

簡化編譯過程的設定

Look out honey 'cause I'm using technology.

— Iggy Pop, "Search and Destroy"

C 語言標準函式庫並不足以解決所有的問題。

相反的，C 語言生態系延伸到標準之外，如果想要解決比課本習題更複雜的問題，就必須知道如何方便地呼叫常用的非 ISO 標準函式。如果想要處理 XML 檔案、JPEG 影像或 TIFF 檔案，就會需要 libxml、libjpeg 或是 libtiff，這些都是能夠自由使用的函式庫，但都不屬於標準的一部分。可惜大部分教科書都略過這個部分，由讀者自行探索，造成許多貶低 C 語言的人會有些刺耳的言論，「*C 語言是個 40 多年的老舊語言，開發人員得從頭撰寫許多必要的函式*」，他們從來不知道如何連結外部函式庫。

以下是本章的主題：

設定基本工具

比起需要自行拼湊各種元件的黑暗時代，如今已經簡單得多，只需要 10 到 15 分鐘就能夠建立完整的建置系統，還可以加上許多裝飾（當然得再加上下載工具所需要的時間）。

編譯 *C* 語言

是的，讀者已經知道該怎麼做，但我們還需要能夠掛載函式庫與函式庫所在位置的設定；單單輸入 *cc myfile.c* 已經不敷使用了，*Make* 幾乎是最簡單的編譯程式工具，很適合作為討論的基礎。筆者將提供一個擁有良好成長空間，最簡化的 makefile。

設定變數與加入函式庫

所有的系統都需要設定環境變數，因此會介紹環境變數的作用與設定方式，完成這些繁複的設定之後，只需要稍稍調整原有的環境變數，就能夠輕易地加入新的函式庫。

設定編譯系統

除此之外，還能夠利用以上設定的環境，建立一個十分簡單的編譯系統，在命令列環境中剪貼程式碼。

IDE 使用者提醒：即使不使用 make ，本節內容仍然與各位息息相關，因為 make 編譯程式碼的每個步驟，在 IDE 都有對應的功能。了解 make 的運作方式，就更能夠調校個人使用的 IDE。

使用套件管理工具

如果從來沒有用過套件管理工具，就錯過太多東西了！

特別提出套件管理工具的理由如下：首先，部分讀者可能不曾安裝過，本書針對這些讀者提供了一個小節的內容，讀者需要儘快取得這些工具；良好的套件管理工具能讓讀者快速地建立完整 POSIX 子系統、編譯各式各樣的程式語言、提供大量的遊戲、常見的辦公室生產力軟體，以及成千上萬的 C 語言函式庫。

其次，對 C 語言的使用者而言，套件管理工具是取得函式庫協助日常工作的主要途徑。

第三點，如果想要從下載套件的使用者身分轉換為套件開發者，本書能協助讀者作好準備，展示讓套件易於安裝的方法，如此一來，當套件儲存庫（package repository）管理員決定納入讀者開發的套件時，就能夠正確的建立最終的套件。

Linux 使用者的電腦上已經擁有套件管理工具，大都知道安裝軟體的過程十分方便。針對 Windows 使用者，會詳細介紹 Cygwin（*http://cygwin.com*）；Mac 使用者有幾個選擇，例如 Fink（*http://finkproject.org*）、Homebrew（http://brew.sh）以及 Macports（*http://macports.org*）。Mac 套件管理工具都必須使用 Apple 的 Xcode 套件（依據 Mac 年份的不同），其能夠從作業系統安裝光碟、安裝程式目錄、Apple App Store 或註冊 Apple 的開發者專案取得。

需要哪些套件呢？以下很快的介紹基本 C 語言開發環境，因為各系統使用不同的組織方式，套件的組織方式會根據系統而有所不同，可能包含在預設基礎套件當中或是用奇怪的名稱。對套件內容有所懷疑的時候，先安裝再說，現在已經不再是那個安裝太

多東西會讓系統不穩定或是效能變差的時代了。然而，仍然可能因為頻寬（或是磁碟空間）無法安裝系統提供的所有套件，這時需要有所取捨，萬一遺漏套件，總是能夠透過套件管理工具安裝。必要安裝的套件如下：

- 編譯器，必然是安裝 gcc，可能也會有 clang 可供安裝

- GDB，除錯器

- Valgrind，檢查 C 程式的記憶體使用錯誤

- gprof，效能評測器（profiler）

- make，不再需要直接呼叫編譯器

- pkg-config，尋找函式庫使用

- Doxygen，產生文件

- 文字編輯器，有成千上百的編輯器可供選擇，以下是筆者主觀的建議：

  - Emacs 與 vim 是硬派 geek 的最愛，Emacs 納入了各式各樣的功能（*E* 代表**擴充性**，*extensible*），vim 則刻意的縮限，只提供最基本的功能，非常適合鍵盤愛好者使用。如果打算花個上百個小時盯著編輯器工作，值得花點時間從這兩個編輯器找一個來學。

  - Kate 十分友善也很吸引人，提供語法標示等許多程式設計師需要的方便功能。

  - 最後，試看看 nano，十分簡單的文字模式編輯器，即使沒有 GUI 也能夠正常使用。

- 如果喜歡使用 IDE，就挑一個或幾個，同樣有許多選擇，以下是筆者的推薦：

  - Anjuta：屬於 GNOME 家族，對 GNOME GUI builder，Glade，十分友善。

  - KDevelop：屬於 KDE 家族。

  - XCode：Apple 公司為 OS X 環境提供的 IDE。

  - Code::blocks：十分簡單，能夠在 Windows 下使用。

  - Eclipse：能夠跨平台執行（也是一台擁有許多杯架和按鈕的豪華房車）。

在後續章節中，會使用以下這些重火力工具：

- Autotools：Autoconf、Automake、libtool

- Git

- 其他的 shell，例如 Z shell

當然，還有許許多多能省下大量重複發明輪子時間的 C 函式庫（或是，更正確的比喻應該是重新發明火車頭）。讀者可能會想要更多，以下是本書內容會用到的函式庫：

- libcURL
- libGLib
- libGSL
- libSQLite3
- libXML2

函式庫套件並沒有一致的命名規則，讀者必須找出所使用的套件管理工具拆解函式庫的方式，一般會由一個供使用者使用的套件，加上一個供開發人員專案使用的函式庫套件組成，因此要特別注意除了基本套件外，還要安裝 -dev 或 -devel 套件。某些系統還會將文件分離到獨立的套件，某些則需要另外下載除錯用的符號表（symbol），GDB 應該會在第一次遇到缺少除錯符號的時候引導讀者下載需要的符號表。

如果使用的是 POSIX 系統，在安裝完所有需要的項目之後，就擁有完整的開發系統，能夠開始寫程式了。對於 Windows 使用者，接下來需要稍稍繞個路，了解設定工具與 Windows 主系統溝通的方式。

在 Windows 環境下編譯 C 語言

在大多數系統上，C 語言是主要、VIP 級的程式語言，所有的工具都以 C 語言為首要考量；但 Windows 系統很特別地忽略了 C 語言。

因此筆者需要花些時間說明如何設定 Windows 主機，建立 C 語言的開發環境。如果讀者使用的不是 Windows 環境，可以略過這部分，跳到「連結函式庫的方式？」一節。

Windows 下的 POSIX

由於 C 語言與 Unix 是一起演進，很難將兩者分開討論。從 POSIX 開始應該比較容易些，對於想在 Windows 主機上編譯其在其他平台撰寫的程式的讀者而言，這似乎是最自然的做法。

就筆者所知，擁有檔案系統的東西主要分成兩大陣營（兩者稍有重疊）：

- POSIX-相容系統

- Windows 家族作業系統

POSIX 相容並不表示系統的外觀（look and feel）像是 Unix 主機，例如，大部分 Mac 使用者完全不知道自己使用的是搭配了吸引人前端的標準 BSD 系統，但瞭解的人可以從應用程式→工具程式目錄啟動終端機（Terminal）程式，盡情執行 ls、grep 或 make 等各種工具。

此外，並非所有系統都 100% 符合 POSIX 標準的要求（例如提供 Fortran '77 編譯器），就本書的目的，需要能夠有類似基本 POSIX shell 的 shell、一些工具（sed、grep、make 等等）、C99 編譯器、以及 fork 與 iconv 等標準 C 語言函式庫之外的函式庫，可以作為主系統的擴充。套件管理工具底層的命令稿、Autotools 以及所有想要提供具可攜性程式碼的使用者都需要依賴這些工具，因此，即使不願意整天盯著命令列提示符號，仍然值得安裝這些方便的工具。

在伺服器等級的作業系統以及完整版 Windows 7 中，微軟公司提供了以往稱為 INTERIX、現在稱為 Subsystem for Unix-based Application（SUA）的子系統，這個子系統提供了常用的 POSIX 系統呼叫、Korn shell 以及 gcc。這個子系統預設不會安裝，是需要另行下載的元件，目前其他版本的 Windows 並不提供 SUA，Windows 8 也是如此，這也表示無法依賴微軟為自家作業系統提供 POSIX 子系統。

也就是需要 Cygwin。

如果想要從頭開始自行開發 Cygwin，可以參考以下簡單的介紹：

1. 為 Windows 撰寫 C 函式庫，提供所有的 POSIX 函式。這需要弭平 Windows/POSIX 系統間的差異，例如 Windows 系統使用 *C:* 的方式表示不同的磁碟機，POSIX 系統則使用統一的檔案系統（unified filesystem），針對這種情況，可以為 *C:* 建立 */cygdrive/c*、為 *D:* 建立 */cygdrive/d* 等別名。

2. 現在可以利用連結到前一個步驟開發的函式庫的方式，編譯 POSIX 標準程式，產生 Windows 版本的 ls、bash、grep、make、gcc、X、rxvt、libglib、perl、python 等等。

3. 建置好這許許多多的程式與函式庫之後，接著需要建立套件管理工具，讓使用者能夠選擇自己想要安裝的元件。

作為 Cygwin 的使用者，只需要從 Cygwin 網站（*http://cygwin.com*）下載套件管理工具，選擇要安裝的套件。當然包括了之前列出的清單，再加上一個上得了檯面的終端程式（可以試試 mintty 或安裝 X 子系統和使用 xterm，這兩個終端機程式都比 Windows 的 cmd.exe 更加友善），讀者可以發現開發系統需要的各種豪華工具都在其中。

稍後在「路徑」一節裡會介紹影響編譯的各個環境變數，包含尋找檔案的路徑，不是只有 POSIX 環境提供環境變數，Windows 平台同樣也有環境變數，如果將 Cygwin 的 bin 路徑（可能是 c:\cygwin\bin）加到 Windows 的 PATH 環境中，Cygwin 會更加方便。

接下就是開始編譯 C 語言程式了。

搭配 POSIX 編譯 C 語言

微軟 Visual Studio 提供的 C++ 編譯器擁有 C89 相容模式（儘管目前 ANSI 標準是 C11，C89 一般仍然被稱為 *ANSI C*），這是目前微軟公司提供唯一編譯 C 語言程式碼的方式。該公司的許多代表很明確的表示不會提供 C99 支援（更別說是 C11 了），Visual Studio 是唯一一個還停留在 C89 的主流編譯器，我們需要尋求其他的替代方案。

當然，Cygwin 提供了 gcc，讀者如果依照安裝步驟裝好 Cygwin，也就擁有了完整的建置環境。

預設情況下，在 Cygwin 編譯的程式碼會使用到 *cygwin1.dll* 函式庫提供的 POSIX 函式，也就是會使用到（不論程式碼中是否直接呼叫 POSIX 函式），*cygwin1.dll* 在有安裝 Cygwin 的主機上執行這些程式不會有任何問題，使用者可以點擊執行檔執行程式，系統應該能夠順利的找到需要的 Cygwin DLL。如果想在沒有安裝 Cygwin 的主機上執行以 Cygwin 編譯的程式，就必須同時提供執行檔與 *cygwin1.dll*。在筆者的主機上，檔案所在的位置是：*/bin/cygin1.dll*，*cygwin1.dll* 使用的是類 GPL 授權（參看「前言」中的「法律小常識」介紹），也就是說，要是你將這個 DLL 抽離 Cygwin 單獨散布，就必須要發佈你的應用程式的原始程式碼[3]。

如果這是問題，就需要透過其他方式重新編譯，讓程式不會相依於 *cygwin1.dll*，也就是表示程式碼中不能使用 POSIX 專屬的函式（如 fork 與 popen 等），必須改用 MinGW

---

[3]　Cygwin 是紅帽公司（Red Hat, Inc.）的專案，能夠透過購買其他形式的授權，不再受限於 GPL 提供原始碼的要求。

（稍後會介紹 MinGW），可以使用 cygcheck 找出程式碼需要的 DLL 檔案，藉此檢查執行檔是否連結到 *cygwin1.dll*。

檢查程式或動態連結函式庫所使用的其他函式庫：

- Cygwin: cygcheck *libxx*.dll
- Linux: ldd *libxx*.so
- Mac：otool -L *libxx*.dylib

不搭配 POSIX 編譯 C 語言

如果程式不需要 POSIX 函式（例如 fork 或 popen），就可以使用 MinGW（Minimalist GNU for Windows），MinGW 提供標準 C 編譯器以及基本工具，MSYS 能夠提供 MinGW 環境下的其他的輔助工具，如 shell。

MSYS 提供了 POSIX shell（可以在 mintty 或 RXVT 終端下執行），也可以完全拋棄命令提示列改用 Code::blocks（*http://www.codeblocks.org/*），這是個利用 MinGW 在 Windows 上編譯的 IDE。Eclipse 是擴充性更高的 IDE，也能夠支援 MinGW，但需要更多設定。

如果讀者比較習慣 POSIX 命令列，仍然可以安裝 Cygwin；在 Cygwin 環境下搭配 MinGW 版本套件的 gcc，用 MinGW 版本的 gcc 取代 Cygwin 預設使用 POSIX 連結的 gcc。

對於沒用過 Autotools 的讀者，稍後就會介紹這個工具，使用 Autotools 建置套件的特徵是使用以下三命令安裝：`./configure && make && make install`。MSYS 提供了足夠的機制讓這些套件有很高的機會能順利在 MinGW 環境下安裝；否則就得下載套件從 Cygwin 命令列建置，但必須使用以下命令設定套件，透過 Cygwin 的 Mingw32 編譯器建立不使用 POSIX 的程式碼：

```
./configure --host=mingw32
```

接著同樣執行 `make && make install`。

在 MinGW 下編譯，不論是使用命令列編譯或是 Autotools，只要是在 MinGW 下編譯，最終結果都是原生 Widnows 執行檔。由於 MinGW 與 *cygwin1.dll* 無關，程式也不會呼叫任何 POSIX 函式，最終的執行檔是個對 Windows 友善的執行檔，沒有人能發現執行檔是在 POSIX 環境建立。

MinGW 真正的問題在於預先編譯完成的函式庫太少 [4]，如果想要完全排除 *cygwin1.dll*，就不能使用 Cygwin 內附的 *libglib.dll*，需要由原始碼重新編譯 GLib 為原生 Windows DLL —— 但 GLib 又透過 GNU 的 gettext 函式庫實作國際化（internationalization），所以需要先編譯 gettext 函式庫。現代程式碼都是建構在現代函式庫之上，到最後會發現在這些事上花了許多的時間，但在其他系統上卻只需要一行啟動套件管理工具的指令就夠了。稍後還有其他類似的情況，這些情況讓許多人認為在 C 語言這個有 40 年歷史的老舊語言上需要從頭寫過所有工具。

因此，已經事先警告了，微軟公司拒絕溝通，讓其他人實作後油漬搖滾（post-grunge）時代的 C 語言編譯器與環境。Cygwin 擔起了這項任務，提供完整的套件管理工具與大量函式庫，能夠完成程式開發人員部分或所有的工作，但要求使用 POSIX 型式的寫作方式並依賴 Cygwin 的 DLL，如果這會造成問題，就需要花費許多時間建立撰寫進階程式所需的環境與函式庫。

連結函式庫的方式？

現在有了編譯器、POSIX 工具集（toolchain）以及能夠輕易安裝大量函式庫的套件管理工具，可以進入下個階段：使用工具編譯程式。

先從命令列直接執行編譯器開始，但很快就會覺得十分麻煩，雖然實際上只需要三個（有時是三個半）相當簡單的步驟：

1. 設定變數表示使用的編譯器旗標。

2. 設定變數表示連結的函式庫，半個步驟是指有時只需要設定一個指定編譯期連結函式庫的環境變數，有時則需要指定兩個變數，分別表示編譯期連結以及執行期的函式庫。

3. 設定系統使用上述變數進行編譯。

要使用函式庫，就必須告知編譯器引入函式庫中的函式兩次：一次在編譯過程，另一次在連結過程。對於在標準位置的函式庫，這兩個宣告分別是透過程式碼中的 `#include` 指令以及編譯器命令列的 `-l` 旗標達成。

---

[4] 雖然 MinGW 也有套件管理工具，能夠安裝基本系統，提供一些函式庫（大多數是 MinGW 本身需要的函式庫），這些預先編譯函式庫的數量與一般套件管理工具所提供的函式庫數量完全不能相比。實際上，在筆者的 Linux 主機上的套件管理工具提供了比 MinGW 套件管理工具更多以 MinGW 編譯的函式庫。這還只是在本書完稿時的數據，等到各位讀者拿到本書，已經有其他使用者在 MinGW 儲存庫貢獻了更多的套件。

範例 1-1 是個簡單的程式，執行了一些有趣的數學運算（至少筆者認為有趣，如果讀者覺得統計術語像是外星文字，不用太在意），C99 標準的 *誤差函式*（*error function*），erf(x)，與 0 到 x 值間，平均值為零，標準差為 √2 的常態分佈函數積分值有密切的關係。程式中使用 erf 驗證某個受到統計學家喜愛的區域（標準大 *n* 假設檢定的 95% 信賴區間），就將檔案命名為 *erf.c* 吧。

範例 *1-1*　使用標準函式庫的單行程式（*erf.c*）

```
#include <math.h>    //erf, sqrt
#include <stdio.h>   //printf

int main() {
    printf("The integral of a Normal(0, 1) distribution "
            "between -1.96 and 1.96 is: %g\n", erf(1.96*sqrt(1/2.)));
}
```

讀者應該都很熟悉 #include ，編譯器會將 *math.h* 與 *stdio.h* 的內容複製到原始檔的相對位置，也就是會複製 printf、erf 與 sqrt 的宣告，*math.h* 檔案中的宣告並沒有說明 erf 的行為，只表示這個函式需要一個 double 參數並傳回一個 double 值。這就足以讓編譯器檢查函數使用方式的正確性，並產生帶有註記的目的檔（object file），告知電腦：「要是遇到這個註記，就要去找 erf 函式，用 erf 函式的傳回值取代註記。」

連結器的工作就是從磁碟中的函式庫裡找出真正的 erf，取代目的檔裡的註記。

math.h 檔案中的數學函式被分離放在個別的函式庫，必須利用 -lm 旗標告知連結器，其中 -l 是指定連結函式庫的旗標，範例中的函式庫名稱只有一個字元 m；因為連結器命令的最後預設包含了一個 -lc 旗標，連結到標準 libc 函式庫，所以使用 printf 函式時不需要額外指定連結函式庫。稍後會透過 -lglib-2.0 連結 GLib 2.0 以及 -lgsl 連結 GNU Scientific Library 等函式庫。

如果將檔案儲存為 *erf.c*，那 **gcc** 編譯器的完整編譯命令如下（包含幾個稍後會介紹的旗標）：

```
gcc erf.c -o erf -lm -g -Wall -O3 -std=gnu11
```

此就能夠透過程式碼的 #include 讓編譯器引入數學函式，並透過命令列的 -lm 告訴連結器連結到數學函式庫。

-o 旗標則是指定輸出檔的名稱；如果沒有特別指定，預設的執行檔名稱是 *a.out*。

筆者常用旗標

讀者會發現本書經常使用某些旗標，筆者建議讀者自行開發時也使用這些旗標。

- **-g** 會產生除錯用的符號表，有了符號表，除錯器才能夠顯示變數與函式名稱；符號表不會影響程式的執行速度，也不需在意程式是否增加幾 K 的大小，沒什麼理由不使用這個旗標，不論 gcc、clang 或 icc（Intel C Compiler）都能夠使用這個旗標。

- **-std=gnu11** 是 clang 與 gcc 特有的旗標，指示編譯器接受符合 C11 與 POSIX 標準（以及 GNU 擴充）的程式碼，本書完稿時，clang 預設會使用 C11 標準，gcc 則是採用 C89 標準。如果讀者使用的 gcc、clang 或 icc 版本早於 C11，可以使用 -std=gnu99 讓編譯器支援 C99 標準。POSIX 標準要求系統中一定要有 c99，因此，上述命令如果不指定特定編譯器，則可以使用：

  ```
  c99 erf.c -o erf -lm -g -Wall -O3
  ```

  接下來的 makefile 中，會透過設定變數為 CC=c99 的方式達到相同效果。

依據 Mac 年代的不同，c99 可能是特殊版本的 gcc，這可能不會是讀者預期的版本。如果遇到加上 -Wall 旗標會停止，或是完全沒有 c99 的情況，可以自行建立，在系統路徑的目錄中建立名為 c99 的 bash 腳本檔，內容為：

```
gcc --std=gnu99 $*
```

或是

```
clang $*
```

再使用 chmod +x c99 設定執行權限。

- **-O3** 表示最佳化等級為三，會嘗試所有程式最佳化技術，產生更快的程式；如果除錯時發現最佳化改變了太多變數，影響除錯進行，可以切換回 -O0，這是常見的 CFLAGS 變數調整；同樣的，這個旗標適用於 gcc、clang 與 icc。

- **-Wall** 增加編譯器警告，適用於 gcc、clang 與 icc；使用 icc 時，-W1 可能更加合適，-W1 會顯示編譯器警告而非注意（remark）。

應該要開啟編譯器警告訊息，即使對程式碼十分要求或十分瞭解 C 語言的程式設計師，也不會比編譯器更加嚴苛或瞭解 C 語言標準。過往的 C 語言教科書充滿了種種勸告，提醒開發人員注意 = 與 == 的不同或是檢查變數在使用前先初始化。現代作者就輕鬆得多，可以將所有的勸告簡化成一句話：務必打開編譯器警告旗標。

編譯器建議修改時，不要懷疑也不要忽略，做完所有的工作，(1) 瞭解發生警告的原因，(2) 修正程式碼讓編譯器不會產生任何錯誤與警告訊息。編譯器訊息向來不夠明確，如果找不到原因，可以將警告訊息貼到搜尋引擎，看看是否有人遇到類似的警告訊息；也可以加上 -Werror 旗標，讓編譯器將警告也視為錯誤。

路徑

筆者的硬碟裡有七十多萬個檔案，其中之一含有 sqrt 與 erf 宣告，另外有個目的檔包含編譯過的函數[5]。編譯器需要知道到哪些目錄尋找正確的標頭檔與目的檔，隨著開始使用 C 語言標準之外的函式庫，問題會愈來愈複雜。

在一般的設定下，函式庫至少有三個可能的安裝位置：

- 作業系統商可能會定義一、兩個目錄，安裝官方提供的函式庫。

- 可能會有供系統管理員安裝套件的目錄，避免檔案內容受到作業系統昇級影響；系統管理員也可能使用特殊版本的函式庫取代系統預設的版本。

- 通常一般使用者沒有在上述兩個位置安裝檔案的權限，而是安裝在個人的家目錄。

作業系統標準路徑一般不會造成任何問題，編譯器會知道到這些位置尋找標準 C 語言函式庫以及目錄下的其他檔案，POSIX 標準將這些目錄稱為「常見位置」（the useal places）。

其他的函式庫就必須明確告知編譯器正確位置，這使得狀況變得十分複雜：沒有找尋非標準位置函式庫的統一作法，這也是許多人使用 C 語言時最感到困擾的問題。從好的方面看，編譯器知道如何在常見位置中尋找函式庫，大多數函式庫供應者都會將函式庫安裝在這些位置，可能完全不需要手動指定路徑；從另一個好的方面看，有些工具能輔助指定路徑；最後，一旦找到系統上非標準的路徑，可以在 shell 或 makefile 變數中設定路徑，從此一勞永逸。

---

[5]　在符合 POSIX 標準的系統上可以用 find / -type f | wc -l 得到大略的檔案個數。

假設電腦上安裝了一個名為 Libuseful 的函式庫，相關檔案安裝在 */usr/local/* 目錄，也就是一般系統管理員安裝本地函式庫的位置。程式碼中已經加入了 #include <useful.h>，接下來是使用以下的命令列編譯：

```
gcc -I/usr/local/include use_useful.c -o use_useful -L/usr/local/lib -luseful
```

- -I 會將指定的目錄加到引入檔搜尋路徑，編譯器會在這些路徑中尋找 #include 指定的標頭檔。

- -L 將路徑加入函式庫搜尋路徑。

- 順序很重要，如果 *specific.o* 相依於 Libbroad 函式庫，而 Libbroad 相依於 Libgeneral，那就必須使用：

  ```
  gcc specific.o -lbroad -lgeneral
  ```

  使用 gcc -lbroad -lgeneral specific.o 等其他順序都可能會失敗，可以想像連結器先找第一個項目 specific.o，列出一系列還沒有找到對應位置的函數、結構與變數名稱。接著找下一個項目，-lbroad，找尋沒有對應實作清單中的項目，同時可能增加新的未對應項目，最後檢查 -lgeneral，尋找還沒有對應的部分。如果到最後清單中仍然有無法找到實作的名稱（包含命令列最後隱含的 -lc），連結器就會停止繼續處理，將無對應定義清單的內容提供給使用者。

回到位置的問題：函式庫的位置在哪裡？如果安裝函式庫的套件管理工具與安裝作業系統其他部分的套件管理工具相同，函式庫很可能就是安裝在常見位置，不需要太過擔心。

讀者可能約略知道系統中本地函式庫的位置，例如 */usr/local* 或 */sw* 或 */opt*。當然也知道如何搜尋硬碟的內容，例如桌面的搜尋工具或是 POSIX 命令：

```
find /usr -name 'libuseful*'
```

會搜尋 */usr* 目錄下檔名以 *libuseful* 開頭的檔案，如果在 */some/path/lib* 目錄找到了 Libuseful 的共享目的檔，幾乎就可以確定標頭檔的位置是在 */some/path/include*。

大多數人都覺得搜尋檔案內容很煩人，pkg-config 透過維護旗標與位置資料庫解決這個問題，由套件本身回報編譯時需要的資訊。在命令列輸入 **pkg-config** 命令，如果看到回報未指定套件名稱錯誤，就表示系統有 pkg-config 命令，能夠用來搜尋函式庫位置。例如，在筆者的 PC 中，從命令列輸入以下兩個命令：

```
pkg-config --libs gsl libxml-2.0
pkg-config --cflags gsl libxml-2.0
```

會得到這樣的輸出結果：

```
-lgsl -lgslcblas -lm -lxml2
-I/usr/include/libxml2
```

這些正是編譯使用 GSL 與 LibXML2 程式需要的旗標，-l 旗標表示 GNU Scientific Library 相依於 Basic Linear Algebra Subprograms（BLAS）函式庫，而 GSL 的 BLAS 函式庫又相依於標準數學函式庫。似乎所有的函式庫都在常見位置，沒有任何 -L 旗標，但需要 -I 旗標指定 LibXML2 函式庫的標頭檔位置。

回到命令列，有個 shell 技巧，用反引號（backtick，`）把命令括起來時，會用命令的執行結果取代命令，也就是，輸入以下命令：

```
gcc `pkg-config --cflags --libs gsl libxml-2.0` -o specific specific.c
```

編譯器看到的會是：

```
gcc -I/usr/include/libxml2 -lgsl -lgslcblas -lm -lxml2 -o specific specific.c
```

pkg-config 幫開發人員分擔了許多工作，但還不足以成為標準，並非所有平台都提供 pkg-config，也不是所有函式庫都會將資訊註冊到 pkg-config。如果系統裡沒有 pkg-config，就必須自行找出套件相關資訊，可能需要閱讀函式庫的手冊或是使用之前介紹的方式搜尋硬碟。

通常會透過環境變數設定路徑，如 CPATH、LIBRARY_PATH 或 C_INCLUDE_PATH，可以在 .bashrc 或其他個人環境變數清單中設定這些變數。這些完全不是標準，Linux 與 Mac 上的 gcc 使用不同的變數，其他系統可能又用不同的變數，筆者認為在 makefile 之類的機制中，透過 -I 與 -L 旗標為專案個別設定要容易得多；如果讀者偏好使用環境變數，可以查看編譯器 manpage 的最後，會列出搭配系統使用的環境變數清單。

即使有了 pkg-config，需要工具結合各步驟的需求也愈來愈明顯，即使分開來看都很簡單，但結合之後卻是個包含許多重複工作的冗長工作。

執行期連結

靜態函式庫（*static library*）是由編譯器連結，將函式庫相關部分複製到最終執行檔，程式本身的運作方式偏向獨立系統。共享函式庫（*shared library*）則在執行期與程式連結，這表示在執行期要再次面對與編譯時間期相同的找尋函式庫的問題，更糟的是，程式的使用者可能沒有能力解決這個問題。

如果函式庫位於常見位置，事情就十分簡單，系統能夠在執行期找到需要的函式庫；萬一函式庫並非安裝在標準位置，就需要透過其他方式修改執行期的函式庫搜尋路徑。可能的方式如下：

- 使用 Autotools 打包程式時，Libtool 能夠加入正確的旗標，不需要擔心這個問題。

- 使用 gcc、clang 或 icc 搭配位於 *libpath* 路徑的函式庫編譯時，可以在 makefile 的最後加上：

  ```
  LDADD=0Llibpath -Wl, -Rlibpath
  ```

  其中 -L 旗標提供編譯器尋找函式庫解析符號的位置，-Wl 旗標會將 -L 旗標從 gcc/clang/icc 傳遞到連結器，連結器再將 -R 旗標的資訊嵌入程式，供程式執行時搜尋函式庫之用。可惜 pkg-config 通常不會知道執行期路徑，開發人員得自己輸入這些資訊。

- 執行期間還會利用另一種方式尋找沒有出現在常見位置，也沒有透過 -Wl,R... 在執行檔中加上註記的函式庫，這個路徑可以在 shell 的啟動命令稿中設定（.bashrc、.zshrc 等），要確保尋找共享函式庫時會包含 *libpath* 目錄，可以宣告：

  ```
  export LD_LIBRARY_PATH=libpath:$LD_LIBRARY_PATH        #Linux, Cygwin 系統
  export DYLD_LIBRARY_PATH=libpath:$DYLD_LIBRARY_PATH    #OS X
  ```

  有些人反對過度使用 LD_LIBRARY_PATH（萬一有人暗地裡將惡意函式庫加入路徑，取代真正的函式庫該如何？），但如果所有的函式庫都在相同的位置，在路徑中加入一個受到控制的路徑也還說得過去。

使用 Makefile

makefile 能減少這無止盡的調整，基本上包含一組結構化變數與一連串的單行 shell 命令，POSIX 標準的 make 程式從 makefile 讀取指令與變數，為開發人員建立冗長、繁複的命令列命令，讀完本節後就沒什麼理由直接從命令列呼叫編譯器命令了。

在「Makefiles 與 shell 命令稿」一節中，筆者會更深入地介紹 makefile，以下是個最簡單的 makefile，編譯只相依一個函式庫的程式，只有六行：

```
P=program_name
OBJECTS=
CFLAGS = -g -Wall -O3
LDLIBS=
CC=c99

$(P): $(OBJECTS)
```

使用方式：

- 只需要做一次：將檔案與 .c 檔儲存在相同目錄（檔名為 *makefile*），使用 GNU Make 時，如果覺得大寫能夠更容易讓檔名與其他檔案區別，也可以使用大寫的 *Makefile* 為檔名，將第一行改為程式的名稱（使用 *progname* 而不是 *progname.c*）。

- 每次需要重新編譯時，輸入 `make`。

實際操作：以下是知名的 *hello.c* 程式，只有兩行程式碼：

```
#include <stdio.h>
int main(){ printf("Hello, world.\n"); }
```

將程式碼與上述 makefile 儲存在相同路徑，試著依上述步驟編譯程式與執行。

設定變數

稍後會介紹 makefile 真正的功能，這個六行的 makefile 中有五行是設定變數（其中兩個變數目前設定為空白），表示需要多花些篇幅詳細介紹環境變數。

歷史上，shell 語法主要分為兩個流派：以 Bourne shell 為基礎以及以 C shell 為基礎。C shell 使用不同的變數語法，例如用 `set CFLAGS="-g -Wall -O3"` 設定 `CFLAGS` 的值。但 POSIX 標準採用 Bourne 式的變數設定語法，因此本書也採用相同的作法。

shell 與 make 都使用 $ 表示變數的值，shell 使用 $*var*，make 則要求超過一個字元的變數名稱必須以小括號括起來：$(*var*)，因此，上述 makefile 中，$(P): $(OBJECTS) 等同於：

```
program_name:
```

以下幾種方式能讓 make 辨識出變數：

- 執行 make 前先從 shell 中設定變數（*export* 變數），表示當 shell 產生子程序時，子程序環境變數清單中也會有這些變數，以下命令可以在 POSIX 標準的命令列設定 `CFLAGS`：

    ```
    export CFLAGS='-g -Wall -O3'
    ```

筆者個人使用時，會省略 makefile 的第一行（P=*program_name*），改成在每個作業階段（session）使用 export P=*program_name* 設定變數，就不用一再重複編輯 makefile。

- 可以將 export 命令放在 shell 的啟動命令稿（如 .bashrc 或 .zshrc）以確保每次登入或開啟新 shell 時，都能正確設定變數。如果確定 CFLAGS 的值每次都會相同，就可以設定在啟動檔，再也不用為此煩心。

- 將變數指派命令放置在執行命令之前，就能夠針對個別命令設定環境變數。env 命令會列出所有的環境變數，所以以下命令：

      PANTS=kakhi env | grep PANTS

  應該會看到設定的變數名稱與數值，這也是 shell 不允許指派命令等號的兩側出現空格的原因：空格是用來判別指派命令與後續指令之用。

  使用這種型式的設定與 export 只會對該行命令有效，執行完上述命令後，試著再次執行 env | grep PANTS，可以確認 PANTS 已經不在環境變數當中。

  可以指定任意數量的變數：

      PANTS=kakhi PLANTS="ficus fern" env | grep 'P.*NTS'

  這個技巧是 shell 規格 *simple command* 描述的一部分，表示指派需要出現在實際命令之前，這在執行非命令 shell 結構時特別重要，以下寫法：

      VAR=val if [-e afile] ; then ./program_using_VAR ; fi

  會產生語法錯誤，正確的寫法應該是：

      if [-e afile] ; then VAR=val ./program_using_VAR ; fi

- 如同之前 makefile 使用的方式，可以使用與 CFLAGS= 相同的形式。在 makefile 的開頭設定變數，在 makefile 中等號的兩邊可以有空白，不會造成錯誤。

- make 也允許從命令列設定變數，不會與 shell 產生交互影響，因此，以下兩行命令令有相同的效果：

      make CFLAGS="-g -Wall"   設定 makefile 變數
      CFLAGS="-g -Wall" make   針對 make 以及子程序設定環境變數

從 makefile 的角度而言，這些機制都有等價的效果，唯一差別是 make 呼叫的子程式會知道新設定的環境變數，但不會知道任何 makefile 中的變數。

C 語言中的環境變數

在 C 語言程式中可以使用 getenv 取得環境變數，由於 getenv 的使用十分簡單，很適合用來從命令列快速設定程式變數。

範例 1-2 會在螢幕上依據使用者指定的次數印出指定的訊息，訊息透過 msg 環境變數設定，重複次數則是透過 reps 設定。由於 getenv 可能會傳回 NULL 值（通常表示環境變數被清除），程式中將預設值分別設定為 10 與「Hello」。

範例 *1-2*　環境變數提供調整程式細節的快速機制（*getenv.c*）

```c
#include <stdlib.h>  //getenv, atoi
#include <stdio.h>   //printf

int main() {
    char *repstext=getenv("reps");
    int reps = repstext ? atoi(repstext) : 10;

    char *msg = getenv("msg");
    if (!msg) msg = "Hello.";

    for (int i=0; i< reps; i++)
        printf("%s\n", msg);
}
```

也可以在同一行命令中指定變數，簡化程式的變數設定，用法如下：

```
reps=10 msg="Ha" ./getenv
msg="Ha" ./getenv
reps=20 msg=" " ./getenv
```

讀者可能會覺得這種表示法很奇怪，程式的輸入值應該在程式名稱「*之後*」，但除了表示方式特殊之外，程式本身不需要太多設定，幾乎不需要付出任何代價，就能夠從命令列透過變數名稱指定數值。

程式變數增加之後，可以花些時間設定 POSIX 標準的 getopt 或是 GNU 標準的 argp_parse，依據常用的習慣從輸入參數（input argument）取得數值。

make 也提供幾個內建變數，以下是（POSIX 標準）內建變數及其規則：

$@

目標（*target*）的完整檔案名稱，「目標」是指需要建置的檔案，例如 *.o* 檔案需要從 *.c* 檔編譯而來，或是程式透過連結 *.o* 檔案而來。

$*

不含延伸檔名的目標檔，如果目標是 *prog.o* ，那麼 $* 會是 *prog*，$*.c 就會是 *prog.c*。

$<

觸發建置目標的檔案名稱，例如建置 *prog.o* 的原因是因為 *prog.c* 有所異動，那 $< 就會是 *prog.c*。

規則

接下來要說明 makefile 執行的流程以及變數對流程的影響。

除了設定變數之外，makefile 的其他部分都呈現出以下的形式：

```
目標：   相依
        命令稿
```

如果透過 make 目標 的方式呼叫特定目標，會檢查對應的相依性。如果目標與相依性都是檔案，而且目標檔案的建立時間晚於相依的檔案，那目標檔案就處於最新的狀態，也就不需要執行任何動作；否則，會先暫停對目標的處理，先執行或產生相依所需的檔案，也許需要先執行其他的目標，當所有相依的命令稿都執行完畢處於最新狀態時，才會執行目標的命令稿。

例如，本書集結成冊前，只是部落格（*http://modelingwithdata.org*）上的一系列文章，每篇文章都有 HTML 與 PDF 兩種版本，全都是由 LaTeX 產生而來。以下的 makefile 省略了許多細節（如 latex2html 那一長串參數），但這是個一般人能夠寫得出來，處理日常程序的 makefile。

如果讀者將這些 *makefile* 程式碼複製儲存為檔案，別忘了每行開頭的空白實際上是 tab 鍵，不是空白鍵（space），這都得怪 POSIX。

```
all: html doc publish

doc:
    pdflatex $(f).tex

html:
    latex -interaction batchmode $(f)
    latex2html $(f).tex

publish:
    scp $(f).pdf $(Blogserver)
```

利用 export f=tip-make 等命令從命令列設定 f 的值，接著從命令列輸入 make，這會從第一個目標開始檢查。也就是說，不指定任何目標的 make 命令等同於 make 第一個目標，第一個目標（doc）相依於 html、doc 與 publish，會依序呼叫這幾個目標，如果覺得文章還不適合對外公開，可以呼叫 make html doc 執行部分步驟。

在稍早介紹的簡單 makefile，只有一個目標/相依/命令稿的組合，例如：

```
p=domath
OBJECTS=addition.o subtraction.o

$(P): $(OBJECTS)
```

緊接著是一連串的相依性與命令稿，如同筆者部落格用的 makefile，在這裡，P=domath 是要編譯的程式，相依於目的檔 *addition.o* 以及 *subtraction.o*，因為 *addition.o* 沒有標示為目標，make 會使用以下列出的預設規則，從 *.c* 編譯出 *.o* 檔。接著對 *subtraction.o* 與 *domath.o* 做相同的處理（因為根據以上的設定，GNU make 會採用預設規則，假設 domath 相依於 *domath.o*）。建立所有的目的檔之後，因為沒有指定建立 $(P) 目標的命令稿，因此 GNU make 會使用預設命令稿將 *.o* 連結成為執行檔。

POSIX 標準的 make 有個將 *.c* 原始檔編譯為 *.o* 目的檔的特殊規則：

```
$(CC) $(CFLAGS) $(LDFLAGS) -o $@ $*.c
```

$(CC) 變數表示使用的 C 編譯器，POSIX 標準的預設值是 CC=c99，但目前版本的 GNU make 則是設為 CC=cc，通常 cc 會連結到 gcc。本節一開始的 makefile 的開頭指定了 $(CC) 為 c99，$(CFLAGS) 則設為稍早介紹的編譯旗標，$(LDFALGS) 沒有設定會以空值代入。

因此，如果 make 判斷需要產生 *your_program.o*，根據以上的 makefile 就會執行以下命令：

```
c99 -g -Wall -O3 -o your_program.o your_program.c
```

當 GNU make 判斷需要從目的檔建立可執行程式時，會使用以下的預設命令：

```
$(CC) $(LDFLAGS) first.o second.o $(LDLIBS)
```

由於順序對連結器十分重要，需要兩個連結器變數，在之前的範例中需要：

```
cc specific.o -lbroad -lgeneral
```

與連結命令對應的部分相同，比較實際編譯命令與預設命令，可以看出需要設定 LDLIBS=-lbroad -lgeneral。

 如果讀者想要知道所使用的 make 命令所有的內建規則與變數，可以試試以下指令：

```
make -p > default_rules
```

所以，事情是這樣，找出正確的變數並在 makefile 中設定，雖然仍然要研究正確的旗標值為何，至少能夠直接在 makefile 中寫下正確的數值，不用再為此煩心。

實際操作：修改 makefile 檔編譯 *erf.c*。

如果讀者使用 IDE 或 CMAKE 等其他替代工具取代 POSIX 標準的 make，同樣也要經過相同找尋變數的過程。接下來要回到之前最基本的 makefile，讀者應該能夠在 IDE 中找到對應的變數，不會有太大的問題。

- CFLAGS 變數只是長久以來的習慣，需要設定的連結器變數名稱會依個別系統有所不同，即使是 LDLIBS 也不是 POSIX 標準規定的名稱，只是 GNU make 使用的名稱罷了。

- CFLAGS 與 LDLIBS 變數是用來加入編譯器所需資訊，用來找尋與識別函式庫的旗標；在支援 pkg-config 的系統，能夠在設定變數值的位置使用反引號命令。例如筆者系統上的 makefile，每次都會使用 Apophenia 與 GLib 函式庫，看起來就像是：

```
CFLAGS=`pkg-config --cflags apophenia glib-2.0` -g -Wall -std=gnu11 -O3
LDLIBS=`pkg-config --libs apophenia glib-2.0`
```

如果直接指定 -I、-L 與 -l 旗標，則要寫成：

```
CFLAGS=-I/home/b/root/include -g -Wall -O3
LDLIBS=-L/home/b/root/lib -lweirdlib
```

- 將函式庫與位置加入 LDLIBS 與 CFLAGS，確定能夠在系統正確運作後，幾乎沒有理由移除這些數值。即使為了每個程式建立個別的 makefile，真的需要在意最後執行檔多了 10 k 的大小嗎？這表示能夠寫一個包含系統上所有函式庫的通用 makefile，再複製到個別專案使用。

- 如果專案有第二（或更多）個 C 檔案，在 makefile 的 OBJECTS 行加上 *second.o*、*third.o* 等等（不用逗號，只需要在名稱之間加上空格）。

- 如果程式只有一個 *.c* 檔，可能根本不需要 makefile，例如之前 *erf.c* 的例子，假設目錄中沒有任何 makefile 檔，在 shell 中輸入以下命令：

```
export CFLAGS='-g -Wall -O3 -std=gnu11'
export LDLIBS='-lm'
make erf
```

make 就能夠依照對 C 編譯的瞭解執行需要的工作。

編譯共享函式庫需要使用哪些連結器旗標？

說實話，筆者也不知道，不同類型與時代的作業系統會使用不同的旗標，即使是相同作業系統規則有時也十分複雜。

然而，第 3 章介紹的 *Libtool* 工具，知道所有作業系統上產生共享函式庫所需的一切細節，筆者建議花些時間學習 Autotools，就能夠一舉解決所有共享目的檔（share object）的編譯問題，不需要把時間花在學習所有目標平台使用的編譯旗標與連結程序。

使用函式庫原始碼

到目前為止介紹了使用 make 編譯讀者自己撰寫的程式碼，編譯其他人提供的程式碼完全是另一回事。

接下來要以 GNU Scientific Library 作為示範的套件，這個套件包含了許多數值計算的函數。

GSL 是用 *Autotools* 打包，*Autotools* 是一組能建立可以在任何主機上使用的函式庫的工具，能夠檢測所有已知的特殊行為並加上適當的處理方式，是目前分派程式碼的核心工具，在「使用 Autotools 打包程式碼」一節中會詳細介紹如何使用這些工具，打包自己的程式與函式庫。目前，先從使用者的角度享受輕鬆安裝函式庫的體驗吧。

通常 GSL 會透過套件管理工具提供編譯過的版本，但為了示範編譯的步驟，以下先從取得 GSL 程式碼開始，假設讀者擁有系統的 root 權限。

```
wget ftp://ftp.gnu.org/gnu/gsl/gsl-1.16.tar.gz        ❶
tar xvzf gsl-*gz                                      ❷
cd gsl-1.16
./configure                                           ❸
make
sudo make install                                     ❹
```

❶ 下載壓縮後的套件，如果系統中沒有 wget，可以使用套件管理工具安裝，或是在瀏覽器中輸入 URL。

❷ 解壓縮：x=解壓縮、v=詳細過程、z=用 gzip 解壓縮、f=檔案名稱。

❸ 檢查主機上的設定，如果 configure 步驟回報缺少元件的錯誤，先利用套件管理工具安裝缺少的元件後再重新執行 configure。

❹ 安裝到正確的位置（前提是擁有足夠的權限）。

如果讀者在自家主機上嘗試，可能會有 root 權限，以上步驟就能夠正確執行；如果是在工作環境或是與他人共享的主機，可能會因為沒有 superuser 權限，無法提供最後一個步驟需要的密碼來完成安裝，如果是這樣，先耐心等侯，下一節會介紹處理方式。

真的安裝成功了嗎？範例 1-3 是個簡單的程式，使用 GSL 提供的函數找出 95% 信賴區間，利用這個程式試看看是否能夠成功的連結與執行：

範例 *1-3*　用 *GSL* 重新執行範例 *1-1*（*gsl_erf.c*）

```
#include <gsl/gsl_cdf.h>
#include <stdio.h>

int main() {
    double bottom_tail = gsl_cdf_gaussian_P(-1.96, 1);
    printf("Area between [-1.96, 1.96] : %g\n", 1-2*bottom_tail);
}
```

要使用剛才安裝的函式庫，需要修改 makefile 指定函式庫與函式庫位置。

依據系統是否提供 `pkg-config`，可以使用以下任何一種指令：

```
LDLIBS=`pkg-config --libs gsl`
# 或是
LDLIBS=-lgsl -lgslcblas -lm
```

如果不是安裝在常見位置系統也沒有提供 `pkg-config`，就需要在這些定義之前指定函式庫所在的位置，如：`CFLAGS=-I/usr/local/include` 以及 `LDLIBS=-L/usr/local/lib -Wl,-R/usr/local/lib`。

使用函式庫原始碼（即使系統管理員不同意）

如果是在公司的共享主機，或是家中主機受到其他人的限制，沒辦法取得 root 權限，就必須化明為暗，建立自己的 root 目錄。

第一個步驟是建立路徑：

```
mkdir ~/root
```

筆者的系統中已經有個 *~/tech* 目錄，存放所有的技術日誌、手冊與程式碼片段，所以筆者系統中使用的是 *~/tech/root* 目錄。名稱本身並不重要，但接下來的範例會使用 *~/root* 作為示範。

 shell 會將 ~ 替換為個人家目錄的完整路徑，可以少按許多按鍵，POSIX 標準只要求 shell 對起始字元或冒號之後的第一個字元作這樣的處理（路徑類型的變數會使用冒號），但大多數 shell 也會對中間的字元作相同處理。其他的程式，如 make，不一定會將 ~ 號替換為個人家目錄，這種情況下可以使用 POSIX 標準要求的 HOME 環境變數，以下的例子都使用這種作法。

第二個步驟是將新的 root 系統加入所有相關的路徑當中，例如對程式而言，是 *.bashrc*（或其他作用相同檔案）當中的 PATH 變數：

```
PATH=~/root/bin:$PATH
```

將 *bin* 子目錄加在原始的 PATH 之前，會讓系統先找這個目錄下的內容，就能夠先執行個人版本的程式；因此，可以用個人偏好的版本取代系統標準共享目錄中的版本。

對於打算納入個人 C 程式中的函式庫而言，要將新的搜尋目錄加到 makefile 的變數之前：

```
LDLIBS=-L$(HOME)/root/lib    （以及 -lgsl -lm 等其他需要的旗標）
CFLAGS=-I$(HOME)/root/include   （以及 -g -Wall -O3 等）
```

現在有了個人根目錄，也可以用於其他系統，例如 Java 的 CLASSPATH。

最後一個步驟是在個人根目錄安裝程式，如果有原始碼而且套件使用 Autotools，那只需要加上 --prefix=$HOME/root 就行了：

```
./configure --prefix=$HOME/root; make; make install
```

安裝步驟不需要 sudo 權限，所有的東西都安裝在自己能控制的範圍之內。

由於程式與函式庫位在個人之目錄，不需要額外的權限，系統管理員不會抱怨對其他使用者造成影響；如果系統管理員仍然有意見，那麼即使難過也該是分手的時候了。

使用手冊

以前，使用手冊真的是指列印出來的紙本文件，現在大都是以 man 命令的型式存在，例如，使用 man strtok 可以看到 strtok 函數的使用手冊，包含該引入的標頭檔名稱、輸入參數以及使用的基本說明，manual page 一般十分簡單，有時會缺少範例並假設讀者對函數運作方式有基本概念。如果需要更基礎的入門介紹，老朋友網路搜尋引擎也許可以提供一些幫助（對於 strtok 可以參看「A Pæan to strtok」一節），GNU C Library manual 也是份很易於閱讀、針對新手寫作的手冊，可以在網路上輕易找到。

- 如果想不起來應該搜尋的名稱，manual page 提供單行摘要，可以用 man -k 搜尋詞彙 搜尋這些簡介。許多系統另外提供了 apropos 命令，這個命令類似 man -k 但提供更多功能。如果需要進一步的篩選，筆者常常會把 apropos 的輸出結果透過管線（pipe）輸出交由 grep 處理。

- manual 分為許多 Section，Section 1 是命令列命令，section 3 是函式庫函式。如果系統有名為 printf 的命令列命令，那麼 man printf 會顯示程式的名稱，man 3 printf 則會顯示 C 函式庫 printf 函式的說明文件。

- man 命令的其他使用方式（例如列出所有的 section），可以由 man man 取得。

- 文字編輯器或 IDE 都提供速查顯示 manpage 的功能，例如，vim 使用者可以把游標移到某個單字上，按下 K 鍵顯示該單字的 manpage。

透過 Here 文件編譯 C 程式

截至目前，讀者已經看過許多次編譯的模式：

1. 設定變數表示編譯器旗標。

2. 設定變數表示連結器旗標，為每個使用的函式庫加上對應的 -1 旗標。

3. 使用 make 或 IDE 命令將變數轉換為完整的編譯與連結命令。

接下來要再重新示範這個程序，這是最後一次了，會使用最少的設定：只用 shell。如果讀者是實作派，喜歡用將程式片段剪貼到直譯器（interpreter）的方式學習命令稿語言，那同樣也可以將 C 程式碼貼到命令列提示號中。

從命令列引入標頭檔+

gcc 與 clang 有個很方便的旗標能引入標頭檔，例如：

    gcc -include stdio.h

的效果相當於在 C 語言檔案中加入

    #include <stdio.h>

，也類似於 clang -include stdio.h。

利用在呼叫編譯器時加入標頭檔，可以只用一行程式碼就完成 *hello.c* 程式：

    int main() { printf("Hello, world.\n"); }

可以透過以下命令編譯：

    gcc -include stdio.h hello.c -o hi --std=gnu99 -Wall -g -O3

或是以下的 shell 命令：

    export CFLAGS='-g -Wall -include stdio.h'
    export CC=c99
    make hello

-include 是個別編譯器提供的技巧，將程式碼中的資訊移到編譯指令，如果讀者認為這種作法不好，那就跳過這個技巧。

統整標頭檔

讓我稍稍離題談一下標頭檔,標頭檔要有用,就得包含引入標頭檔的程式所需要的 typedef、巨集定義以及函式宣告,同時,也不該包含程式碼沒有用到的 typedef、巨集定義函式宣告。

為了完全符合以上兩個條件的要求,必須得要對每個程式撰寫獨特的標頭檔,只包含該程式檔所需要的部分,沒有人能做到這種程度。

很久很久以前,即使是一個很簡單的程式,編譯器也得花個幾秒甚至幾分鐘的時間才能編譯完成,因此減少編譯器的工作對使用者有不少的好處;筆者目前系統中的 *stdio.h* 與 *stdlib.h* 都大約有 1,000 行(試試 `wc -l /usr/include/stdlib.h`), *time.h* 又需要額外的 400 行,這表示以下這段 7 行程式碼的程式:

```
#include <time.h>
#include <stdio.h>
#include <stdlib.h>
int main() {
    srand(time(NULL));        // 初始化 RNG
    printf("%i\n", rand());   // 抽號碼
}
```

實際上是個大約 2,400 行的程式。

現在的編譯器已經不覺得 2,400 行程式碼有什麼了不起,不到一秒就能夠編譯完成,所以大都傾向於在單一標頭檔中包含較多的元素,以節省使用者的時間。

稍後讀者會看到使用 GLib 的例子,在程式開頭加入一行 #include <glib.h>,這個標頭檔裡引進了另外 74 個標頭檔,包含 GLib 函式庫的所有功能,這是 GLib 團隊很好的使用者介面設計,對於不想花太多時間挑選函式庫中正確功能的我們,可以直接引進一個標頭檔,要是想要對引入的檔案功能有更精確的控制,也可以自行挑選需要的子功能。如果 C 語言標準函式庫也有像這樣能夠快速使用的單一標頭檔就好了,只是在 1990 年代還不習慣這種作法,讀者很容易就可以自己做一個。

實際操作:建立自己的統整標頭檔,命名為 *allheads.h*,把所有曾經用過的標頭檔都放進去,看起來會像是:

```
#include <math.h>
#include <time.h>
#include <stdio.h>
```

```
#include <unistd.h>
#include <stdlib.h>
#include <gsl/gsl_rng.h>
```

筆者無法知道讀者真正的檔案內容，因為每位讀者的狀況都不相同。

有了這個統整標頭檔後，只需要在每個原始檔中加上：

```
#include <allheads.h>
```

就不再需要考慮標頭檔相關的問題了，當然，這個檔案可能會擴展成超過 10,000 行的程式碼，而且大多數都與目前的程式無關。但一般人並不會特別注意到，而且，未使用的宣告也不會對最終的執行檔有任何影響。

如果是為其他人寫的公用標頭檔，那麼依據標頭檔不該包含不需要的元素，也許不該用 `#include "allheads.h"` 引入標準函式庫所有的定義與宣告，實際上，公用標頭檔裡很可能完全沒有標準函式庫裡的元素。通常都是這樣：函式庫裡也許有段程式用到了 GLib 的鏈結串列（linked list），但這代表應該在用到鏈結串列的程式檔裡加上 `#include <glib.h>`，而不是在公用標頭檔中引入。

回到從命令列設定快速編譯這個主題上，通用檔頭檔能加快撰寫簡單程式的速度，一旦有了通用標頭檔，對於 gcc 或 clang 的使用者而言，甚至是在程式碼中的 `#include <allheads.h>` 都不必要，可以直接在 CFLAGS 變數中加上 `-include allheads.h`，就再也不用煩惱專案以外的標頭檔了。

Here 文件

here 文件是 POSIX 標準 shell 的功能，能用於 C、Python、Perl 等程式語言，這個功能可讓本書更加有用也更為有趣。此外，如果想要建立多語言命令稿，here 文件是很簡單的做到：用 Perl 解析、用 C 語言作數學運算，最後再利用 Gnuplot 產生美麗的圖形，全部都在同一個文字檔。

以下是 Python 的範例，一般來說會使用以下命令執行 Python 命令稿：

```
python your_script.py
```

Python 能夠用 - 作為檔名，表示以標準輸入作為輸入檔案：

```
echo "print 'hi.'" | python -
```

理論上可以透過 echo 在命令列輸入較長的命令稿，但很快就會發現其中包含了許多瑣碎、煩人的解析需要處理，例如需要用 \"hi\"，不能直接用 "hi"。

因此，輪到 *here 文件* 出場的時候到了，不需要額外的解析，試試以下程式：

```
python - <<"XXXX"
lines=2
print "\nThis script is %i lines long.\n" %(lines,)
XXXX
```

- here 文件是標準的 shell 功能，應該能在任何 POSIX 系統上使用。

- "XXXX" 可以是任何字串，"EOF" 也很常見，另外，只要個數一致，"-----" 似乎也是不錯的選擇。當 shell 看到指定的字串後，就會停止繼續將後續內容送到程式的標準輸入，這就是唯一進行的解析。

- <<- 是另一種變形，這個變形會移除每一行開頭的所有 tab 字元，可以將 here 文件的內容依據 shell 命令稿的流程縮排，當然，這對 Python here 文件來說會是很大的問題。

- 還有另一種變形，<<"XXXX" 與 <<XXXX 視為不同，後者的版本中，shell 會解析特定元素，能夠讓 shell 代入 *$shell_variables* 的數值，shell 十分依賴 $ 作為變數與其他的擴展，$ 也是少數幾個在 C 語言中沒有特殊意義的標準鍵盤字元，似乎是撰寫 Unix 的人一開始就決定要能夠很輕易的用撰寫 shell 命令稿的方式產生 C 程式碼...

從標準輸入編譯

回到 C 語言：可以用 here 文件透過 gcc 或 clang 編譯貼上的 C 程式碼，或是在多語言命令稿中加入幾行 C 語言程式。

接下來不會使用 makefile，改用單一的編譯命令，為了簡化輸入過程，先建立別名（alias），將以下命令貼進命令列視窗，或是加到 *.bashrc*、*.zshrc* 等系統設定檔：

```
go_libs="-lm"
go_flags="-g -Wall -include allheads.h -O3"
alias go_c="c99 -xc - $go_libs $go_flags"
```

allheads.h 是之前建立的統整標頭檔，使用 -include 旗標代表可以減少撰寫 C 程式碼時需要考慮的問題，而且筆者發現，當 C 程式碼中有 # 字串時會影響 bash 的 history 功能。

在編譯行中可以發現用 - 取代檔名，會從標準輸入讀取程式碼。-xc 表示讀入的內容是 C 語言程式碼，因為 *gcc* 是 GNU Compiler Collection 的縮寫，而不是 GNU C Compiler 的縮寫。對於沒有 *.c* 延伸檔名作為判斷程式碼類型的情況，必須清楚表示程式碼不是 Java、Fortran、Objective C、Ada 或 C++（clang 也是如此，雖然它的名稱表示會呼叫 *C* 語言）。

對於在 makefile 中需要調整的 `LDLIBS` 與 `CFLAGS` 值，都必須放在這個地方。

現在可以開始了，能夠編譯在命令列貼入的 C 程式碼：

```
go_c << '---'
int main(){printf("Hello from the command line.\n");}
---
./a.out
```

能夠使用 here 文件將簡短的 C 程式碼貼入命令列，輕易的寫些小型測試程式，不只不需要用到 makefile，連輸入檔都不用[6]。

不要期待這樣的東西能當作主要工作模式，但剪貼程式碼到命令列還蠻有趣的，能夠在一段很長的命令稿中夾入一小段 C 語言的步驟更是十分神奇。

---

[6] POSIX 有個慣例，要是檔案的第一行是 #!*aninterpreter*，那麼從 shell 執行檔案時，shell 實際上執行的會是 *aninterpreter* 檔名，這對 Perl 與 Python 之類的命令稿語言能夠運作得很好（特別是這些語言都將 # 視為註解符號，會忽略檔案第一行的內容）；使用類似的方式，也可以寫個命令稿檔（假設叫作 c99sh），同樣能夠對 C 語言檔作相同的事，只要在第一行加上 #!c99sh：修正第一行，將其他行內容透過管線送給編譯器，再執行產生的執行檔。然而，Rhys Ulerich 已經寫好這個 c99sh 檔，將內容發佈到 GitHub 了（*http://bit.ly/rhysu-c99sh*）。

## 第二章

除錯、測試、文件

Crawling

Over your window

You think I'm confused.

I'm waiting ...

To complete my current ruse.

— Wire, "I Am the Fly"

本章涵蓋除錯、測試與撰寫文件使用的工具 — 是將個人撰寫的作品從有用的命令稿提昇到值得個人或團隊依賴工具的基礎。

由於 C 語言允許程式設計師對記憶體做各樣的蠢事，除錯同時代表了（使用 GDB）檢查邏輯錯誤等瑣碎的問題以及（使用 Valgrind）檢查記憶體配置不當或洩漏等更加技術性的問題。對於撰寫文件，本章從介面的層次介紹了一個工具（Doxygen）以及另一個輔助撰寫文件與進行每個開發步驟的工具（CWEB）。

本章也簡單介紹了能夠快速測試程式使用的**測試環境**，能夠快速撰寫測試程式，並提供回報錯誤與處理使用者輸入或使用者錯誤的建議。

使用除錯器

有關除錯器的第一個建議很單刀直入：

一定要用除錯器。

部分讀者可能覺得這根本算不上是建議，怎麼可能有人不用除錯器？在這本書的第二版裡，筆者可以告訴各位，對於第一版最主要的建議就是更詳盡的介紹除錯器，顯然除錯器對許多讀者是全新的東西。

有些人擔心臭蟲來自於對通盤問題的誤解，除錯器只能提變數狀態與執行回溯等低階的資訊，的確如此，透過除錯器標定臭蟲位置之後，最好花點時間思考造成錯誤的根源，是否在其他程式碼中也存在類似的錯誤。有些死亡證明包含了一連串死亡原因的追尋：死亡導因於＿＿＿，導因於＿＿＿，導因於＿＿＿，導因於＿＿＿，導因於＿＿＿。在利用除錯器釐清這一連串的問題，更加了解程式碼之後，可以利用單元測試封裝這些知識。

對於「一定要」的部分：在除錯器中執行程式幾乎不需要付出額外的成本，除錯器也不是發生問題時才拿出來使用的工具。Linus Torvalds 說過「我總是使用除錯器…作為能夠撰寫程式的超強力反組譯器」（*http://bit.ly/lt-debugger*）。能夠在程式中任何地方暫停、使用 print verbose++ 提高資訊的詳細程度，用 print i=100 與 continue 強制跳出 for (int i=0; i<10; i++) 迴圈或是輸入一連串不同的數值測試函式，這些都是十分方便的撰寫程式工具。喜歡互動式程式語言的人說的沒錯，與程式碼互動有助於改善開發程序；只可惜這些人一直沒辦法讀到 C 語言教科書中介紹除錯器的章節，不知道這些互動式的習慣也適用於 C 語言。

不論是出於何種目的，都需要將人類可以理解的除錯資訊（例如變數與函數的名稱）編譯到程式碼中，除錯器才能發揮真正的功效。要加入除錯符號必須指定編譯器的 -g 旗標（也就是 CFLAGS 變數）。事實上沒什麼理由不使用 -g 旗標 — 既不會減慢程式的速度，在大多數的情況下，額外增加的幾 K 大小也不會造成什麼問題。同時，使用 -O0（oh zero）編譯器旗標關閉最佳化也有助於除錯，最佳化可能會移除有助於除錯的變數，或是用出乎意料的方式調整程式碼順序。

接下來只介紹 GDB，在大多數 POSIX 系統中這是唯一的選擇（附帶一提，C++ 編譯器會對程式碼做名稱修飾（*mangling*），GDB 會顯示修飾後的名稱，筆者覺得在 GDB 中對 C++ 程式除錯十分痛苦。由於 C 語言編譯時不會修飾名稱，gdb 更加適合搭配 C 語言使用，不需要透過 GUI 工具調整修飾後的名稱），同時也會介紹愈來愈流行的 LLDB（搭配 LLVM/clang 使用）。Apple 公司已經不再隨附 Xcode 提供 GDB，需要透過 Macports、Fink 或 Homebrew 等套件管理工具另行安裝，在 Mac 平台上也許會需要透過 sudo(!) 執行除錯，例如 sudo lldb stddev_bugged。

讀者可能是使用 IDE 或其他的圖形化前端工具，每次點擊執行鈕就會在除錯環境中執行應用程式。筆者會介紹命令列執行的命令，使用 IDE 的讀者很容易就能夠將命令轉換為 IDE 中相對的功能。依據使用的前端不同，也許還能夠使用.*gdbinit* 中定義的巨集。

從命令列直接操作時，會需要透過文字編輯器在另一個視窗或終端機顯示程式碼，單純的 GDB/編輯器組合就能夠提供大部分 IDE 的方便性，也能夠滿足大多數的需求。

Frame 的堆疊

啟動程式必須要求系統執行 main 函數，電腦會建立一個 *frame*，放入函式相關的資訊，如輸入參數（對 main 函式而言一般稱為 argc 與 argv）與函式內部建立的變數。

假設執行過程中 main 呼叫了另一個函數 get_agents，main 會停止執行，為 get_agents 建立新 frame 儲存相關的細節與變數。也許 get_agents 又呼叫另一個函數 agent_address，這時就會形成由 frame 組成的**堆疊**（*stack*）。最後，agent_address 執行完畢，從堆疊中彈出繼續執行 get_agents。

如果問題只是「我在哪裡？」，簡單的答案是程式碼中的行數，有時這也是開發人員需要的資訊；更常見的問題是「我是怎麼跑到這個地方來的？」，答案是**回溯**（*backtrace*）或**呼叫堆疊**（*call stack*），也就是 frame 堆疊的列表，例如以下的例子：

```
#0 0x00413bbe in agent_address (agent_number=312) at addresses.c:100
#1 0x004148b6 in get_agents () at addresses.c:163
#2 0x00404f9b in main (argc=1, argv=0x7fffffffe278) at addresses.c:227
```

堆疊最上方是 frame 0 一路往下到 main，目前 main 是第二個 frame（會隨著堆疊的成長與縮小而變），frame 編號之後的十六進位值是呼叫的函數結束後的回傳位址。筆者是應用程式設計師，通常會把這些位址資訊視為雜訊忽略，之後是函數名稱、輸入參數（其中 argv 又一次以十六進位位址的方式呈現），以及執行發生所在的檔案與行數。

如果發現 agent_address 列出來的地址有問題，也許是輸入的 agent_number 有錯，必須回到 1 號 frame，找出什麼狀態的 get_agents 會造成 agent_address 的錯誤狀態；追查程式的主要技巧就是在堆疊中跳躍，在不同函數的 frame 間追查原因與交互影響。

除錯推理劇

本節會使用一連串的問答介紹 GDB 與 LLDB，在本書提供的程式範例中有個 *stddev_bugged.c* 檔案，是重寫範例 7-4 加入了一些臭蟲的結果，改動很小，讀者可以列出 *stddev.c* 看看完整程式碼。好的推理故事都需要提供線索幫助找出兇手，接下來一連串的問題能幫助讀者排除嫌疑犯，直到剩下一個嫌疑犯，這時候臭蟲也就呼之欲出了。

在編譯程式之後（執行 CFLAGS="-g" make stddev_bugged 應該就行了），先透過除錯器執行開始偵察：

```
gdb stddev_bugged
# 或
lldb stddev_bugged
```

現在進入了除錯器的提示符號，可以開始問問題了。

問：這個程式做了些什麼？

答：run 指令會執行程式，GDB 與 LLDB 使用相同的指令，差別在於範例中使用的是 GDB 指令，LLDB 指令則是用中括號標注。與其他 GDB 及 LLDB 指令相同，這個指令也有縮寫：

```
(gdb) r

mean: 5687.496667 var: 194085710
mean: 0.83 var: 4.1334
[Inferior 1 (process 22734) exited normally]
```

看起來程式會產生一些平均值（mean）與變異數（variance），程式能夠順利執行完畢，不會產生 segfault 也沒有其他錯誤，同時傳回代表正常執行完畢的傳回值 0。

問：main 的程式碼能不能驗證輸出的結果？

答：檢視程式碼最簡單的方式是使用文字編輯器，即使在只有終端機的主機上，也有辦法能夠同時呈現除錯器與文字編輯器（參看「試試多工器（Multiplexer）」），GDB 與 LLDB 的 list 指令也能夠顯示程式碼：

```
(gdb) l main

28          }
29          return (meanvar) {.mean = avg,
30                      .var = avg2 - pow(avg,2)}; //E[x^2] - E^2[x]
```

```
31        }
32
33    int main() {
34        double d[] = { 34124.75, 34124.48,
35                       34124.90,   34125.31,
36                       34125.05, 34124.98, NAN} ;
37
```

呈現以要求顯示的位置為中心的十行程式碼，再次執行 `list`，不加上參數會呈現接下來的十行程式碼：

```
(gdb) l
38                meanvar mv = mean_and_var(d);
39                printf("mean: %.10g var: %.10g\n", mv.mean, mv.var*6/5.);
40
41                double d2[] = { 4.75, 4.48,
42                                4.90, 5.31,
43                                5.05, 4.98, NAN};
44
45                mv = mean_and_var(d2);
46                mv.var *= 6./5;
47                printf("mean: %.10g var: %.10g\n", mv.mean, mv.var);
```

可以看到在 38 行的位置呼叫了 **mean_and_var** 函式，傳入的參數是 **d** 串列，但有個問題，d 裡頭的數字都在 34,125 附近，但輸出的平均值卻是 5,687（變異數就更離譜了）。同樣的，第二次呼叫 **mean_and_var** 函式時傳入的都是在 5 附近的數值，但這次輸出的平均值卻是 0.83。

接下來都迴繞在相同的問題：「**程式最早發生問題的位置在哪裡？**」在能夠回答這個問題之前，還需要更多的資訊。

問：怎樣能夠看到 mean_and_var 的行為？

答：想要讓程式在 mean_and_var 暫停，得先放個中斷點（breakpoint）：

```
(gdb) b mean_and_var
Breakpoint 1 at 0x400820: file stddev_bugged.c, line 16.
```

設定好中斷點後，重新執行程式就會在中斷點的位置停止：

```
(gdb) r
Breakpoint 1, mean_and_var (data=data@entry=0x7fffffffe130) at stddev_bugged.c: 16
16      meanvar mean_and_var(const double *data) {
(gdb)
```

停止在第 16 行，函式的開頭，可以取得更多進一步的資訊，知道這裡發生的細節。

問：data 內容和預期是否相符？

答：透過 print 指令（縮寫為 p）可以查看這個 frame 裡的 data 變數值：

```
(gdb) p *data
$2 = 34124.75
```

可惜只顯示了第一個元素，但 GDB 有個特別的 @- 語法能夠顯示陣列裡一連串的元素，顯示十個元素[LLDB：mem read *-tdouble -c10 data*]：

```
(gdb) p *data@10
$3 =    {34124.75,
  34124.480000000003,
  34124.900000000001,
  34125.309999999998,
  34125.050000000003,
  34124.980000000003,
  nan(0x8000000000000),
  7.7074240751234461e-322,
  4.9406564584124654e-324,
  2.0734299798669383e-317}
```

注意在表示式開頭的星號，少了星號就會顯示十個十六進位的位址。

因為筆者懶得算資料集的資料個數，所以直接要求顯示十個元素，但前七個元素看起來沒錯，一連串的數值，最後是 NaN，之後顯示的是陣列後未初始化的雜訊。

問：數值是否與 main 傳入的相同？

答：可以使用 bt 回溯：

```
(gdb) bt
#0 mean_and_var (data=data@entry=0x7ffffffffe130) at stddev_bugged.c:16
#1 0x0000000000400680 in main() at stddev_bugged.c:38
```

frame 堆疊包含目前所在的 frame 共有兩層，目前 frame 的呼叫者就是 main。接下來要看看 frame 1 的資料內容，先切換到 frame 1：

```
(gdb) f 1
#1 0x0000000000400680 in main() at stddev_bugged.c:38
38          meanvar mv = mean_and_var(d);
```

除錯器將所在位置切換到 main frame，位於程式碼的第 38 行，也就是我們預期的位置，所以執行順序看起來也沒問題（最佳化沒有打亂執行順序），這個 frame 的資料陣列名稱是 d：

```
(gdb) p *d@7
$5 = {34124.75,
  34124.480000000003,
  34124.900000000001,
  34125.309999999998,
  34125.050000000003,
  34124.980000000003,
  nan(0x8000000000000)}
```

看起來和 mean_and_var frame 接收到的資料相同,所以資料集似乎沒有異常。

要繼續執行並不一定需要切換到 frame 0,如果要切換到 frame 0,可以使用 f 0 指令,也可以使用堆疊相對位置的方式切換 frame:

```
(gdb) down
```

要注意的是 up 與 down 是相對於數字順序,由於(GDB 與 LLDB 中) bt 所產生的列表是將編號小的 frame 放在列的上方,使得 up 會往回溯的下方走,down 得是往回溯的上層走。

問:平行執行緒有沒有問題?

答:使用 info threads [LLDB: thread list] 可以顯示執行緒列表:

```
(gdb) info threads
  Id   Target Id              Frame
* 1    Thread 0x7ffff7fcb7c0 (LWP 28903) "stddev_bugged" mean_and_var
                (data=data@entry=0x7fffffffe180) at stddev_bugged.c:16
```

範例中只有一個活躍的執行緒,不會有多執行緒的問題,* 顯示除錯器目前所在的執行緒,如果還有第二個執行緒,可以透過 GDB 的 thread 2 或 LLDB 的 thread select 2 指令切換到第二個執行緒。

 如果讀者的程式還沒有產生過新的執行緒,在讀完第 12 章之後就會了,GDB 的使用者可以將以下這行設定加到 .gdbinit 裡,關閉擾人的新執行緒提示:
```
set print thread-events off
```

問:mean_and_var 做了什麼?

答:我們可以逐行執行程式:

```
(gdb) n
18              avg2 = 0;
```

```
(gdb) n
19      meanvar mean_and_var(const double * data) {
```

不輸入直接按下 Enter 鍵會重複執行上一個指令，所以實際上連 n 都不用按：

```
(gdb)
18              avg2 = 0;
(gdb)
20          size_t count= 0;
(gdb)
16      meanvar mean_and_var(const double *data){
(gdb)
21          for(size_t i=0; !isnan(data[i]); i++){
(gdb)
21          for(size_t i=0; !isnan(data[i]); i++){
(gdb)
22              ratio = count/(count+1);
(gdb)
26              avg   += data[i]/(count +0.0);
```

行號呈現出程式跳著執行，這是因為每一個步驟，除錯器實際上是執行機器碼指令
（machine-level instruction），並不一定會對應到產生這些機器碼的 C 語言程式碼。
即使是關閉最佳化的情況下，這仍然是正常的行為，這種跳躍狀況也可能會影響變數，
偶爾得經過二、三次亂序執行（out-of-order）同一行程式碼後才能夠有可靠的變數值。

還有其他單步執行的方式，最常見的是 snuc，讀者可以參考稍後的指令表。只是用這
種單步執行的作法可能得花上一整天的時間才行，在程式裡有個處理 data 矩陣的 for
迴圈，我們可以把中斷點設在迴圈當中：

```
(gdb) b 25
Breakpoint 2 at 0x400875: file stddev_bugged.c,  line 25.
```

這樣就有了兩個中斷點，可以使用 GDB 的 info break 或 LLDB 的 break list 指令顯
示所有的中斷點：

```
(gdb) info break
Num     Type           Disp Enb Address            What
1       breakpoint     keep y   0x0000000000400820 in mean_and_var
                                                    at stddev_bugged.c:16
        breakpoint already hit 1 time
2       breakpoint     keep y   0x0000000000400875 in mean_and_var
                                                    at stddev_bugged.c:25
```

現在其實已經不需要在 `mean_and_var` 開頭的中斷點了，可以關閉這個中斷點 [LLDB:break dis 1]：

```
(gdb) dis 1
```

關閉中斷點之後，在 info break 指令顯示 1 號中斷點時，Enb 欄會呈現為 n，可以透過 GDB 的 enable 1 或 LLDB 的 break enable 1 重新啟用中斷點。要是很確定不再需要這個中斷點，可以透過 GDB 的 del 1 或 LLDB 的 break del 1 刪除中斷點。

問：迴圈當中的變數值看起來如何？

答：可以用 r 指令重新執行，也可以用 c 繼續執行：

```
(gdb) c
Breakpoint 2, mean_and_var (data=data@entry=0x7fffffffe130) at stddev_bugged.c:25
25              avg2  *= ratio;
```

除錯器會暫停在第 25 行，可以看到所有的區域變數 [LLDB：frame variable]：

```
(gdb) info local
i = 0
avg = 0
avg2 = 0
ratio = 0
count = 1
```

也可以用 GDB 的 info args 指令確認輸入參數，但先前已經直接檢查過 data 的數值了，LLDB 的 frame variable 指令會同時顯示區域變數與輸入參數。

問：我們知道輸出的平均值有錯，那每個迴圈執行時 avg 會有怎麼樣的變化？

答：可以在每次停在中斷點時輸入 p avg，但 display 指令能夠自動產生相同的效果：

```
(gdb) disp avg
1: avg = 0
```

接著繼續執行，除錯器會繼續執行迴圈的其他部分，每次暫停時都會顯示 avg 的值：

```
(gdb) c
Breakpoint 2, mean_and_var (data=data@entry=0x7fffffffe130) at stddev_bugged.c:25
25              avg2  *= ratio;
1: avg = 0

(gdb) c
Breakpoint 2, mean_and_var (data=data@entry=0x7fffffffe130) at stddev_bugged.c:25
```

```
25                  avg2  *= ratio;
1 avg = 0
```

看起來不妙：程式碼長得像是

```
avg *= ratio;
...
avg += data[i]/(count +0.0);
```

avg 應該在每個迴圈循環都會有變化，但實際上的數值卻維持不變，確認發生問題之後，不需要再顯示 avg（被標記為 display #1），可以使用 undisp 1 關閉自動顯示。

問：用來計算 avg 的參數看起來又如何？

答：先前檢查過 data 看起來沒有問題，那麼 ratio 與 count 呢？

```
(gdb) disp ratio
2: ratio = 0

(gdb) disp count
3: count = 3
```

繼續執行幾次迴圈循環，可以看到 count 值的行為正如其名，每個循環都會增加，但 ratio 值卻完全沒有變化：

```
(gdb) c
Breakpoint 2, mean_and_var (data=data@entry=0x7fffffffe130) at stddev_bugged.c:25
25                  avg2 *= ratio;
3: count = 4
2: ratio = 0
```

問：什麼地方會設定 ratio ？

答：用文字編輯器或透過 l 指令檢視程式碼，可以看到只有第 22 行會改變 ratio 值：

```
ratio = count/(count+1);
```

先前確認過 count 值的確會隨著迴圈執行遞增，但這行程式一定有問題，可能已經有讀者發現問題了：要是 count 是整數，那麼 count/(count+1) 就會是整數運算，自然就會傳回整數（3/4==0），而不是我們從小學到的浮點數運算（3/4==0.75）。正確的作法（參看「減少轉型」）是確保分子或分母至少有一個浮點數，只需要把常數 1 改成 1.0 就行了：

```
ratio = count/(count+1.0)
```

除錯器並不會提醒這類常見的錯誤，但有助於找出程式碼最早發生問題的位置，誠然，在五十行程式裡要找出問題並不太難。但透過這樣的練習，能夠檢查與驗證程式碼的各種細節，更深入的了解程式的執行流程與 frame 的堆疊變化。

表 2-1 列出其他常用的除錯器指令，GDB 與 LLDB 都提供其他許多的指令，這些是程式設計師在 90% 的時間會用到的那 10% 的指令，大多數變數名稱都是利用「libxml 與 cURL」一節從 *New York Times* 下載的標題。

表 2-1　除錯器常用指令

種類	指令	意義
執行	run	從頭執行程式
	run *args*	用指定的命令列參數從頭開始執行程式
暫停	b *get_rss*	在指定的函式暫停程式
	b *nyt_feeds.c:105*	在指定的程式行之前暫停程式
	break *105*	如果已經停在 *nyt_feeds.c:105* 裡，效果就跟 b *nyt_feeds.c* 相同
	info break [GDB]	列出中斷點
	break list [LLDB]	
	watch *curl*[GDB]	如果指定變數的值發生變化就暫停
	watch set var *curl* [LLDB]	
	dis *3*/ena *3* / del *3*[GDB]	停用/重新啟用/刪除中斷點 3，如果有許多中斷點，單獨使用 disable 會停用所有中斷點，接著可以個別開啟需要啟用的一、兩個中斷點，enable/delete 也有相同的行為
	break dis *3*/break ena *3*/break del *3*[LLDB]	
檢視變數	p *url*	列出 *url* 值，可以指定任何表示式，包含函式呼叫
	p **an_array@10*[GDB]	列出 *an_array* 的前十個元素，接下來的 10 個元素是 p **(an_array+10)@10*
	mem read -tdouble -c10 *an_array*	從 *an_array* 讀取數量 10 個的 double 型別項目，接下來的 10 個項目是 read -tdouble -c10 *an_array+10*
	info args/info vars [GDB]	取得函式的所有參數或所有區域變數值
	frame var [LLDB]	取得函式的所有參數以及所有區域變數值
	disp *url*	每次程式暫停時顯示 *url* 值
	undisp 3	停止顯示第三個顯示項目，GDB：沒有指定數字時會停止所有顯示資訊

種類	指令	意義
執行緒	info trhead [GDB] thread list [LLDB]	列出目前所在執行緒
	thread 2[GDB] thread select 2[LLDB]	切換到執行緒 2
Frames	bt	列出 frame 堆疊
	f 3	檢視 frame 3
	up/down	依數字順序在 frame 堆疊往上/下移動
單步執行	s	單步執行，會進入函式內部
	n	執行下一行，但不會進入函式，可能會回到迴圈的開頭
	u	執行到目前所在行的下一行（會讓執行中的迴圈前進）
	c	執行到下一個中斷點或程式結尾
	ret 或 ret 3[GDB]	立刻結束目前的函式（如果有傳回值），傳回指定的傳回值
	j 105[GDB]	跳到指定的位置（在合理的範圍內）
檢視程式	L	list 會列出目前所在位置附近的十行程式碼
重複	Enter 鍵	直接按下 Enter 鍵會重複執行前一個指令，便於單步執行，或是在 l 指令後列出下 10 行程式碼
編譯	make [GDB]	在不跳出 GDB 的情況下執行 make，也可以指定標的，例如 make *mypog*
輔助資訊	help	顯示除錯器提供的功能

GDB 變數

本節涵蓋有用的除錯器功能，能讓讀者輕鬆的找到需要的資料。接下來介紹的命令都是在除錯器命令列執行，以 GDB 為基礎的 IDE 除錯器通常也會提供載入相關功能的機制。

以下是個沒做什麼事的範例程式，僅提供變數供作查詢練習。由於程式本身沒有任何行為，要記得把編譯器的最佳化旗標設為 -O0，否則 x 會在最佳化過程中被消除。

```
int main(){
    int x[20] = {};
    x[0] = 3;
}
```

第一個技巧只要讀過 GDB 使用手冊 [Stallman 2002] 就會知道，但大多數人都不會讀。能夠在 GDB 中建立輔助的變數，減少大量重複的打字輸入。例如，要檢查結構階層深處的元素資料，可以這麼做：

```
(gdb) set $vd = my_model->dataset->vector->data
p *$vd@10

(lldb) p double *$vd = my_model->dataset->vector->data
mem read -tdouble -c10 $vd
```

第一行會產生取代冗長路徑的輔助變數，依循 shell 的慣例，用錢字號開頭表示變數，不同的地方在於，第一次定義變數時 GDB 要使用 set 與錢字號，LLDB 則透過 clang 剖析器解析表示式，使得 LLDB 宣告與一般的 C 語言宣告相同。兩個版本的第二行同樣示範了最簡單的使用方式，如果懷疑問題出在某個變數，提供一個較簡短的名稱，能夠方便的在追查過程中隨時查看。

這些並不只是個名稱，而是能夠修改數值真正的變數。在沒有行為程式的第三或四行中斷，試著：

```
(gdb) set $ptr=&x[3]
p *$ptr = 8
p *($ptr++)            # 印出指標的標的，並移到下個位置

(lldb) p int *$ptr = &x[3]
p *$ptr = 8
p *($ptr++)
```

第二行命令會改變指定位置的數值，指標加一會讓指標移到下一個元素（參看「指標運算到此為止」），因此，在第三行命令執行之後，$ptr 會指向 x[4]。

最後一種型式特別有用，因為直接按下 Enter 鍵會重複執行前一個命令，由於指標向前移動，每次按下 Enter 鍵就能夠得到新位置的值，直到抵達陣列末端。這在處理串列（linked-list）也十分有用，假設有個 show_structure 函式能夠顯示串列內容並將 $list 設定為指定元素，同時串列的開頭位於 list_head，那麼：

```
p $list=list_head
show_structure $list->next
```

接著只要重複按下 Enter 鍵就能夠逐個顯示整個連結串列，稍後會完成這個顯示資料結構內容資料函式實作。

先介紹另一個 $ 變數小技巧，從其他視窗剪貼幾行程式碼與除錯器的操作過程：

```
(gdb|lldb) p x+3
$17 = (int *) 0xbffff9a4
```

讀者可能不會特別留意，但注意 print 命令的輸出是由 $17 開始。事實上，每個輸出都指定有各自的變數名稱，可以像自訂變數一樣的操作：

```
(gdb|lldb) p *$17
$18 = 8
(gdb|lldb) p *$17+20
$19 = 28
```

還可以再進一步簡化，GDB 用 $ 本身作為前一次輸出值的簡寫變數，如果輸出的數值是位址，但希望知道該位址的數值時，只要接著用 p *$ 就可以得到指定位址的數值。之前的操作步驟可以用這種方式改成：

```
(gdb) p x+3
$20 = (int *) 0xbffff9a4
(gdb) p *$
$21 = 8
(gdb) p $+20
$22 = 28
```

印出結構

使用者可以定義簡單的巨集，在顯示複雜資料結構時特別有用 — 這也是除錯器最常做的工作。就算只是簡單的二維陣列，顯示為一長串數字也很不容易閱讀。在理想的世界裡，所有需要處理的結構都該有對應的除錯器命令，能夠用最方便的方式快速的顯示結構內容。

這是十分基本的功能，讀者可能已經有寫好的 C 函式，能夠顯示任何需要處理的複雜結構，只需要幾個按鍵，就能夠透過巨集呼叫現有的 C 語言函式。

但是在 GDB 命令提示符號下無法使用 C 語言的前置處理巨集，這些巨集在除錯器看到程式碼之前就已經處理完畢了。因此，如果程式碼中包含了某些方便又重要的巨集，就需要在 GDB 中重新實作一次。

可以試試以下的 GDB 函式，在「libxml 與 cURL」一節的 parse 函數中途加上中斷點，這時會有個表示 XML 樹狀結構的 doc 結構，將以下巨集加入 *.gdbinit*。

```
define pxml
    p xmlElemDump(stdout, $arg0, xmlDocGetRootElement($arg0))
end
document pxml
Print the tree of an already opened XML document (i.e., an xmlDocPtr) to the
screen. This will probably be several pages long.
E.g., given: xmlDocPtr doc = xmlParseFile(infile);
use: pxml doc
end
```

特別注意函式說明緊接在函式之後，可以透過 help pxml 或 help user-defined 顯示。雖然巨集本身只是為了減少幾次按鍵，可是除錯器中最主要的操作就是顯示資料，這些小工具的好處累積起來就十分顯著。

以下將說明這些巨集的 LLDB 版本。

GLib 有個串列結構應該要有對應的串列檢視工具，範例 2-1 透過兩個使用者巨集（phead 顯示串列的頭端，pnext 移動到下個節點），以及一個使用者應該不會使用的巨集（plistdata 消除 phead 與 pnext 之間的重複）實作了這個工具。

範例 2-1 這組巨集能夠在 *GDB* 中顯示串列內容 — 可能是讀者需要最複雜的巨集（*gdb_showlist*）

```
define phead
    set $ptr = $arg1
    plistdata $arg0
end
document phead
Print the first element of a list. E.g., given the declaration
    Glist *datalist;
    g_list_add(datalist, "Hello");
view the list with something like
gdb> phead char datalist
gdb> pnext char
gdb> pnext char
This macro defines $ptr as the current pointed-to list struct,
and $pdata as the data in that list element.
end

define pnext
    set $ptr = $ptr->next
    plistdata $arg0
end
```

```
document pnext
You need to call phead first; that will set $ptr.
This macro will step forward in the list, then show the value at
that next element. Give the type of the list data as the only argument.

This macro defines $ptr as the current pointed-to list struct, and
$pdata as the data in that list element.
end

define plistdata
    if $ptr
        set $pdata = $ptr->data
    else
        set $pdata = 0
    end
    if $pdata
        p ($arg0*)$pdata
    else
        p "NULL"
    end
end
document plistdata
This is intended to be used by phead and pnext, q.v. It sets $pdata and prints its
value.
end
```

範例 2-2 是使用 GList 儲存 char* 資料的簡單範例，讀者可以在第 8 或第 9 行的位置
中斷，呼叫先前的巨集。

範例 2-2　用於練習除錯工具的簡單範例，也可以作為 GLib 串列功能的簡介
（glist.c）

```
#include <stdio.h>
#include <glib.h>

GList *list;

int main(){
    list = g_list_append(list, "a");
    list = g_list_append(list, "b");
    list = g_list_append(list, "c");

    for ( ; list!=NULL; list=list->next)
        printf("%s\n", (char*)list->data);
}
```

可以定義每個指令執行之前或之後的函式，例如：

```
define hook-print
echo <----\n
end

define hookpost-print
echo ---->\n
end
```

會在印出的資訊前、後分別加上可愛的分隔線，最有趣的是 hook-stop，display 指令會在每次程式暫停時印出指定的表示式內容，但要是想要在每次暫停時使用巨集或其他的 GDB 指令，可以重新定義 hook-stop：

```
define hook-stop
pxml suspect_tree
end
```

確認完懷疑的部分之後，重新將 hook-stop 定義為空函式：

```
define hook-stop
end
```

LLDB 使用者：參看 target stop-hook add。

實際操作：GDB 巨集也可以包含與範例 2-2 中 if 類似的 while 命令（從 while $ptr 開始到 end 結束），使用 while 命令寫個印出串列內容的巨集。

LLDB 處理的方式有些不同。

首先注意到的是 LLDB 指令通常比較囉嗦，原因是 LLDB 的開發人員希望使用者自己撰寫常用指令的別名（alias）。例如，可以用別名印出 double 或 int 陣列：

```
(lldb) command alias dp memory read -tdouble -c%1
command alias ip memory read -tint -c%1

# Usage:
dp 10 data
ip 10 idata
```

別名機制可以縮短既有指令。沒有辦法設定別名指令的 help 字串，LLDB 會使用完整指令對應的 help 字串，要作到與先前 GDB 巨集類似的效果，在 LLDB 裡是使用正規表示式（regular expression）。

底下是放在 .lldbinit 內的 LLDB 版本：

```
command regex pxml
        's/(.+)/p xmlElemDump(stdout, %1, xmlDocGetRootElement(%1))/'
        -h "Dump the contents of an XML tree."
```

正規表示式的完整介紹超出了本書的範圍（在網路上就可以找到許多正規表示式的教學介紹），基本上，第一組斜線間的那組小括號內容，會插入第二與第三個斜線間 %1 標記的位置。

評測（profiling）

不管程式執行得多快，總會希望能再更快。在其他程式語言，第一個建議都是用 C 語言重寫，但現在已經使用 C 語言了，下一步是找出花費最多時間的函式，讓最佳化得到最大的效益。

首先，在 gcc 或 icc 的 CFLAGS 加上 -pg 旗標（沒錯，這是編譯器專用的旗標，gcc 會為 gprof 準備程式；Intel 的編譯器則是為 prof 準備程式，但與本書介紹的 gcc 相關細節有類似的流程）。設定旗標之後，程式會每若干微秒停止一次，記錄執行中的函數，記錄的資訊會以二進位格式儲存在 *gmon.out* 檔案。

只有可執行檔本身會受到評測，評測不會包含連結的函式庫，如果是以執行測試程式方式評測函式庫，就需要將所有的函式庫與程式本身的程式碼複製到相同位置，重新編譯成一個巨大的執行檔。

執行程式之後，呼叫 gprof *your_program* > profile（或 prof …），再用文字編譯器打開 *profile*，就可以看到可供閱讀的列表，檔案內容列出了函式名稱、呼叫與佔用多少比率的程式執行時間，實際評測時可能會發現程式瓶頸發生在出人意料的位置。

使用 Valgrind 檢查錯誤

大多數除錯是在找出最早發生問題的位置，良好的程式與系統能幫助開發人員找出問題，也就是好的系統會儘快失效（fail fast）。

C 語言在這個方面表現優劣參半，在某些程式語言中，像 conut=15 這類打字錯誤會產生與 count 完全無關的新變數，與開發人員的意圖完全不同，在 C 語言則會在編譯時期停止。另一方面，C 語言裡能夠為只有九個元素大小的陣列指派第十個位置的數值，程式能夠持續正常運作直到發現第十個元素的位置存放的只是一堆垃圾。

這些記憶體管理上的問題十分麻煩，因此出現了輔助工具，Valgrind 是其中表現十分傑出的一款工具。Valgrind 被移植到大多數 POSIX 系統上（包含 OS X），可以透過套件管理工具安裝，Windows 用戶可以試試看 Dr. Memory（*http://bit.ly/dr-memory*）。

Valgrind 執行時會啟動獨立的虛擬機器，比真實的主機更能夠追蹤記憶體的狀態，能發現程式存取了九個元素陣列的第十個元素等情況。

編譯完程式之後（當然要在 gcc 或 clang 加上 -g 除錯旗標），執行：

    valgrind your_program

發生錯誤時 Valgrind 會提供兩份回溯資訊，內容看起來與除錯器提供的回溯資訊十分類似，第一份是初次偵測到記憶體誤用的位置，第二份回溯是 Valgrind 猜測誤用產生的問題最可能爆發的位置，例如重複釋放區塊第一次釋放的位置，或是最近 malloc 區塊配置的位置。錯誤通常很微妙，但有了明確的位置已經是很大的進展。Valgrind 目前仍然是個十分活躍的專案 — 程式設計師最喜歡撰寫開發程式用的工具 — 可以期待未來回報的資料會加入更多額外的資訊，對程式開發工作愈來愈有幫助。

以下是 Valgrind 提供的回溯資訊範例，筆者在範例 9-1 的程式碼中故意加入一個錯誤，重複了第 14 行的 free(cmd)，讓 cmd 指標分別在第 14 與 15 行各釋放一次，以下是產生的回溯資訊：

```
Invalid free() / delete / delete[] / realloc()
   at 0x4A079AE: free (vg_replace_malloc.c:427)
   by 0x40084B: get_strings (sadstrings.c:15)
   by 0x40086B: main (sadstrings.c:19)
   Address 0x4c3b090 is 0 bytes inside a block of size 19 free'd
   at 0x4A079AE: free (vg_replace_malloc.c:427)
   by 0x40083F: get_strings (sadstrings.c:14)
   by 0x40086B: main (sadstrings.c:19)
```

這兩個回溯中最上層的 frame 是標準函式庫釋放指標的程式碼，可以很確定標準函式庫的程式都經過良好的除錯過程。將注意力集中在堆疊中對應到自行撰寫程式碼的部分，回溯資訊指出 *sadstrings.c* 的第 14 與 15 行，在修改過的版本中的確兩次呼叫 free(cmd)。

 Valgrind 十分擅長發現以未初始數值為條件的條件式跳躍，可以透過插入以下程式碼，找出變數初始化的位置，或是變數尚未初始化的狀態：

        if(*suspect_var*) printf(" ");

讀者可以試試看 Valgrind 會回報的資訊。

也可以用以下命令，在第一次錯誤的位置呼叫除錯器：

```
valgrind --db-attach=yes your_program
```

用這種方式啟動時，每次偵測到錯誤都會詢問是否要啟動除錯器，可以用前幾節介紹的方式檢查可能受到影響的變數。這時候就回到了有問題的程式中，初次偵測到錯誤的第一行的位置。

Valgrind 也能夠偵測記憶體洩漏：

```
valgrind --leak-check=full your_program
```

一般來說這種執行方式的速度會比較慢，因此可能不會每次都這麼執行，執行結束後，每個發生洩露的指標都會有一份對應的回溯資訊。

對於某些程式碼，可能得花上許多功夫才能找出洩露的問題，函式庫中程式碼的洩漏，可能會在使用者程式的迴圈裡執行上百萬次，也可能在得維持 100% 可用性連續執行數月的程式裡執行，最後可能會對終端使用者造成嚴重問題。但 Valgrind 也很容易在許多廣泛使用、十分可靠的程式裡（例如筆者主機上的 doxygen、git、TeX、vi 等）找到幾 KB 的記憶體洩露。對於這類情況，十足像是森林裡倒了一顆樹的老生常談一般：要是臭蟲並不會造成錯誤的結果，也不會產生使用者察覺得到的速度下降，這樣的臭蟲，還是個必須優先處理的臭蟲嗎？

單元測試

讀者一定會為程式碼寫測試。為較小的元件寫「**單元測試**」（*unit test*），為了確保各元件能和睦相處寫「**整合測試**」（*integration test*），甚至是可能屬於那些先寫測試程式碼，再建置能通過測試的程式的人。

現在的問題是如何妥善的組織測試程式碼，於是有了**測試器具**（*test harness*）。測試器具是指為每個測試設定環境、執行測試並回報結果是否符合預期的系統，如同除錯器，筆者認為部分讀者會懷疑是否還存在不使用測試器具的開發人員，對其他人來說，測試器具則是從來不曾認真考慮過的問題。

要達到這樣的目的有許多不同的選擇，很容易就能夠寫出一些巨集，呼叫每個測試函數後比較傳回值是否符合預期結果，同時，有許多開發者已經將這些簡單的基礎轉換成完整的測試器具實作，在《*How We Test Software at Microsoft*》 中提到：「微軟公司內部共享工具的儲存庫裡，有超過四十個項目列在測試器具的分類之下」。為了維持本書的一致性，筆者會示範 GLib 提供的測試器具，由於這些器具大都十分類似，也此處不打算介紹太多細節，不然就只是帶著讀者閱讀 GLib 使用手冊而已。這裡介紹的內容也適用於其他的測試器具。

測試器具比起自行建立的測試巨集有以下幾點好處：

- 開發人員需要測試失敗的情況，如果函數應該要異常中止或退出並提供錯誤訊息，就需要有機制能夠測試程式的確退出且傳回預期的錯誤訊息。

- 測試間彼此獨立，不需要擔心第三個測試執行的結果，是否影響接下來的第四個測試。如果想要確認兩個程序不會互相影響，可以在分別執行完單元測試後，在整合測試中連續執行這兩個程序。

- 執行測試前可能需要建立某些資料結構，建立執行測試需要的情境有時得花上不少功夫，最好能夠讓幾個測試共用相同的環境設定。

範例 2-3 是「實作字典」一節中字典物件的一些基本單元測試，實作了這三個測試器具特性，最後一點決定了使用測試器具的流程：在程式一開始定義新的 struct 型別，接著是設定與釋放這個 struct 型別的函式，有了這些就能夠很容易的撰寫許多測試，在建置系統中使用。

字典是簡單的鍵-值對，所以大多數的測試都是用特定的鍵值取值，驗證運作正常。特別注意不能用 NULL 作為鍵值，因此測試程式收到 NULL 鍵值時會停止。

範例 2-3　「實作字典」一節中字典的測試（ *dict_test.c* ）

```
#include <glib.h>
#include "dict.h"

typedef struct {
    dictionary *dd;                                          ❶
} dfixture;


void dict_setup(dfixture *df, gconstpointer test_data){      ❷
    df->dd = dictionary_new();
    dictionary_add(df->dd, "key1", "val1");
    dictionary_add(df->dd, "key2", NULL);
}

void dict_teardown(dfixture *df, gconstpointer test_data){
    dictionary_free(df->dd);
}

void check_keys(dictionary const *d){                        ❸
    char *got_it = dictionary_find(d, "xx");
    g_assert(got_it == dictionary_not_found);
```

```
        got_it = dictionary_find(d, "key1");
        g_assert_cmpstr(got_it, ==, "val1");
        got_it = dictionary_find(d, "key2");
        g_assert_cmpstr(got_it, ==, NULL);
    }

    void test_new(dfixture *df, gconstpointer ignored){
        check_keys(df->dd);
    }

    void test_copy(dfixture *df, gconstpointer ignored){
        dictionary *cp = dictionary_copy(df->dd);
        check_keys(cp);
        dictionary_free(cp);
    }

    void test_failure(){                                             ❹
        if (g_test_trap_fork(0, G_TEST_TRAP_SILENCE_STDOUT |
        G_TEST_TRAP_SILENCE_STDERR)){
            dictionary *dd = dictionary_new();
            dictionary_add(dd, NULL, "blank");
        }
        g_test_trap_assert_failed();
        g_test_trap_assert_stderr("NULL is not a valid key.\n");
    }

    int main(int argc, char **argv){
        g_test_init(&argc, &argv, NULL);
        g_test_add ("/set1/new test", dfixture, NULL,                ❺
                                    dict_setup, test_new, dict_teardown);
        g_test_add ("/set1/copy test", dfixture, NULL,
                                    dict_setup, test_copy, dict_teardown);
        g_test_add_func ("/set2/fail test", test_failure);           ❻
        return g_test_run();
    }
```

❶ 一組測試共用的元素稱為 *fixture*，GLib 要求所有的 fixture 都是結構，需要建立一個拋棄式結構，從設定傳到測試再傳到清除。

❷ 這部分是設定與清除程式，建立供測試使用的資料結構。

❸ 定義 setup 與 teardown 函式後，測試本身只是對 fixture 結構進行一連串的操作並驗證運算結果符合預期。GLib 測試器具提供了一些額外的斷言巨集，像是範例中使用的字串比較巨集 g_assert_cmpstr。

❹ GLib 的失敗測試使用了 POSIX fork 系統呼叫（這表示無法在不提供 POSIX 子系統的 Windows 平台上執行），fork 呼叫會產生新的程式執行 if 述句中的部

分，其應該會失敗並呼叫 abort。這個程式監控 fork 產生的版本，驗證執行失敗並將正確的訊息寫入 stderr。

❺ 測試透過類似於路徑的字串組織成集合，NULL 參數能夠指向供測試使用，但沒有包含在系統設定／清除函數的資料集。特別注意 new 與 copy 兩個測試使用了相同的 setup 與 teardown 函式。

❻ 如果呼叫測試前後不需要特別的 setup/teardown，可以使用這個簡化的型式呼叫測試。

將程式作為函式庫使用

函式庫與程式唯一的區別是程式包含了 main 函式，表示程式開始執行的位置。

偶爾筆者會有些執行簡單的工作，又沒有大到需要建立獨立函式庫的檔案，這些檔案仍然需要測試，這可以透過前置處理器的條件式將測試放到相同檔案。以下的程式片段中，如果定義了 Test_operations（稍後會介紹幾種不同的定義方式）就是個執行測試的程式；如果沒有定義 Test_operations（一般情況）就會編譯成不含 main 函式的型式，成為能被其他程式使用的函式庫。

```c
int operation_one(){
    ...
}

int operation_two(){
    ...
}

#ifdef Test_operations

    void optest(){
        ...
    }

    int main(int argc, char **argv){
        g_test_init(&argc, &argv, NULL);
        g_test_add_func("/set/a test", test_failure);
    }

#endif
```

有幾種定義 Test_operations 變數的方式，可以在 makefile 中用與一般旗標相同的方式，加上：

```
CFLAGS=-DTest_operations
```

-D 是 POSIX 標準編譯器旗標，相當於在每個 .c 檔的開頭加上 #define Test_operations。

第 3 章介紹 Automake 時，會看到它提供的 += 運算子，因此在 AM_CFLAGS 設定通用旗標後，可以用以下的方式加上 -D 旗標：

```
check_CFLAGS  = $(AM_CFLAGS)
check_CFLAGS += -DTest_operations
```

條件式加上 main 函式在其他地方也很有用。例如，筆者常常需要分析變化很大的資料集，在撰寫最後的分析時，會先寫函式讀取與純化（clean）資料，接著寫些函數產生摘要統計值，檢查資料與進度，這些函式都放在 modelone.c 中。下個星期，也許會有新想法，產生新的描述模型，自然會大量使用現有函式純化資料與顯示基本統計值。利用條件式在 modelone.c 中加入 main 函式，能夠很快的將原有程式轉換為函式庫。以下是 modelone.c 的基本結構：

```
void read_data(){
    [資料庫操作]
}

#ifndef MODELONE_LIB
int main(){
    read_data();
    ...
}
#endif
```

使用 #ifndef 而不是 #ifdef，因為 modelone.c 的一般用途是作為程式使用，但這個除外函式的用途是與為了測試加上 main 函數一樣。

覆蓋率

讀者的測試覆蓋率如何？有那些程式碼沒有被測到的？gcc 提供了輔助工具 gcov，能夠計算程式中每行程式的執行次數，使用方式如下：

- 在 gcc 的 CFLAGS 加上 -fprofile-arcs -ftest-coverage，讀者可能會想加上設定 -O0 旗標，不最佳化程式碼。

- 程式碼執行時，yourcode.c 原始碼檔案會額外產生一兩個資料檔，yourcode.gcda 與 yourcode.gcno。

- 執行 gcov yourcode.gcda 會從 stdout 顯示可執行行數的執行百分比，（宣告、#include 行等不列入計算），並產生 yourcode.c.cov。

- yourcode.*c.cov* 檔案的第一欄會顯示，每行可執行程式碼被測試操作到的次數，沒有執行到的程式則加上明顯的 ##### 標記，這些是需要考慮加上額外測試的部分。

範例 2-4 是個結合以上四個步驟的 shell 命令稿，為了將所有步驟放到相同檔案，使用 here 文件產生 makefile，在編譯、執行與 gcov 程式之後，執行 grep ##### 標記。GNU grep 的 -C3 旗標會顯示符合內文前後的三行內容，這不是 POSIX 標準，但同樣的 pkg-config 與測試覆蓋旗標同樣也不屬於 POSIX 標準。

範例 2-4　以下命令稿會編譯覆蓋率測試，執行測試，並檢查還沒有受到測試的程式碼（gcov.sh）

```
cat > makefile << '------'
P=dict_test
objects= keyval.o dict.o
CFLAGS = `pkg-config --cflags glib-02.0` -g -Wall -std=gnu99 \
         -O0 -fprofile-arcs -ftest-coverage
LDLIBS = `pkg-config --libs glib-2.0`
CC=gcc

$(P):$(objects)
------

make
./dict_test
for i in *gcda; do gcov $i; done;
grep -C3 '#####' *.c.gcov
```

檢查錯誤

一本完整的程式設計教科書，至少要包含一章對錯誤處理重要性的說明，介紹處理程式所呼叫的函式傳回錯誤的方法。

好，假裝我們已經介紹完重要性了，現在換個角度考慮，自己寫的函式何時與如何傳回錯誤碼。依據不同的情境會產生許多不同的錯誤，接下來將討論分為幾種情況：

- 使用者要怎麼處理錯誤訊息？
- 接收者是人或其他函式？
- 錯誤能用什麼方式與使用者溝通？

第三個問題會留到本書稍後的章節討論（參看「從函式傳回多個項目」），但前兩個問題已經有許多狀況需要考慮了。

發生錯誤時使用者該介入多少？

缺乏深思熟慮的錯誤處理，會持續在程式碼中塞入大量的錯誤檢查碼，畢竟錯誤檢查永遠不嫌多，但這不一定是好方法。錯誤處理程式碼與一般程式碼都需要維護，而且函式的使用者必須內化大量的錯誤碼與對應處理方式的資訊，因此，如果丟出沒有合理理由的錯誤碼，函式使用者可能會覺得有罪惡感或是無法確定，這就算是過多訊息（too much information，TMI）。

對於錯誤會被如何使用這個問題，可以先從考慮以下這個互補的問題開始，也就是，使用者與錯誤的關係。

有時無法在呼叫函式前知道輸入的參數是否合法。

> 最典型的例子就是在一個鍵/值串列中找特定的鍵值，但輸入了不在串列當中的鍵值，這種情況下，可以將函式視為尋找的鍵值不在串列時會拋出錯誤的函式，或是將函式視為同時具備查找輸入鍵值，或告知呼叫者串列中是否包含指定鍵值兩種功能。

> 以高中代數為例，二次方程式的解需要計算 sqrt(b*b - 4*a*c)，如果括號中的值為負，平方根就不是實數。要求使用者呼叫函式前先計算 b*b - 4*a*c 值並不可行，因此，可以合理的認為二次方程式函式要麼傳回二次方程式的根，或是回報函式的根是否為實數。

> 這些都是無法簡單檢查輸入值的例子，不適當的輸入值甚至不算是錯誤，而是常見且自然的使用方式。要是錯誤處理常式在發生錯誤會跳出（abort）或停止程式（如同後續的介紹），這些情況就不該觸發錯誤處理常式。

使用者傳入完全錯誤的數值，例如 NULL 指標或其他型式的錯誤資料。

> 函式必須檢查這些情況以避免區段錯誤（segfault）等失效，很難想像使用者能夠對這些錯誤訊息作些什麼。*yourfn* 的文件應該告知使用者指標不能是 NULL，如此一來，當使用者忽略文件的提醒，寫出 int* indata=NULL; *yourfn*(indata) 的程式，函式就會傳回 Error: NULL pointer input 錯誤訊息，呼叫者很難有其他的處理方式。

> 函式通常會在程式開頭有像 if (input1==NULL) return -1; ... if (input20==NULL) return -1; 這樣的程式碼，在筆者所處的環境中，認為正確回報文件的列舉條件中遺漏的部分恰恰就是 TMI。

錯誤完全是由內部處理造成。

這包含了「不該發生」的錯誤，因為某些原因導致內部計算產生了不可能的結果，也就是在《*Hair: The American Tribal Love Rock Musical*》所謂的真實的失敗（failure of the flesh），像是硬體沒有回應或網路、資料庫斷線等等。

硬體失效一般可以由接收端處理（例如調整網路線），或是在要求將 GB 級的資料儲存到空間不足的記憶體，就可以回報記憶體不足的錯誤。但是，萬一在配置 20 個字元的字串時發生失敗，可能是主機負載過重導致不穩定或是發生火警，這些情況通常無法藉助錯誤資訊採取補救措施。根據讀者們所在的環境，電腦起火的錯誤訊息可能並不恰當或太過囉嗦。

內部處理錯誤（也就是與外部條件無關，或是與非法輸入值沒有直接關聯的錯誤）無法由呼叫端處理，這種情況下，提供問題的細節說明可能太過瑣碎。呼叫者需要知道輸出結果不可靠，但是提供冗長的錯誤代碼（分別代表不同的應變方式）只會增加呼叫端大量無謂的工作。

使用者的工作情境

如前所述，通常會使用函式檢查輸入值的有效性，這樣的使用方式本質上不是錯誤，如果這些函式對於異常情況能傳回有意義的傳回值而非呼叫錯誤處理常式，會讓函式更為有用，接下來要考慮的是真正的錯誤。

- 如果程式的使用者有辦法使用除錯器或是處在能夠使用除錯器的情境，那麼回報失效最快的作法就是呼叫 abort 停止程式，使用者就能夠得到犯罪現場的區域變數與回溯資訊。abort 函式打從混沌之初就是 C 語言標準了（必須使用 #include <stdlib.h>）。

- 如果程式的使用者實際上對 Java 程式或除錯器完全沒有概念，那麼呼叫 abort 就會讓人十分討厭，正確的回應方式是傳回某種能表示失效情況的錯誤碼。

這兩種作法都很有道理，所以，自然應該有個 if-else 結構，讓使用者依據操作時的情境選擇適當回應方式。

筆者已經很久沒有遇過不自行實作錯誤處理巨集的函式庫了，只要是稍微複雜的函式庫都會這麼做。錯誤處理巨集差不多落在 C 語言標準不提供、但很容易自行實作的位置，幾乎每個人都會自己寫個新的。

標準的 assert 巨集（提示：#include <assert.h>）會檢查程式斷言的判斷條件，如果斷言計算後的結果為 false 就停止程式執行。實際上的實作方式各有不同，但基本型式都很類似：

```
#define assert(test) (test) ? 0 : abort();
```

assert 本身很適合用來檢查函式的各個步驟是否能如預期般的執行，筆者也喜歡把 assert 作為文件說明使用：assert 本身雖然由程式執行檢查，但是看到 asssert(matrix_a->size1 == matrix_b->size2) 的時候，人類讀者會補提醒兩個矩陣的維度必須符合指定的條件。然而 assert 只能夠提供第一種類型的回應（跳出程式），需要在 assert 外加上一層包裝。

範例 2-5 是個能夠同時滿足兩個條件的巨集，作者會在「variadic 巨集」一節中作進一步的說明。要特別注意的是雖然部分使用者能熟練的操作 stderr，但其他使用者則完全沒有概念。

範例 2-5　處理錯誤的巨集：回報或記錄錯誤，同時讓使用者決定發生錯誤時是否需要停止程式（stopif.h）

```
#include <stdio.h>
#include <stdlib.h> //abort

/** Set this to \c 's' to stop the program on an error.
    Otherwise, functions return a value on failure.*/
char error_mode;

/** To where should I write error? If this is \c NULL, write to \c stderr. */
FILE *error_log;

#define Stopif(assertion, error_action, ...) {                  \
        if (assertion){                                         \
            fprintf(error_log ? error_log : stderr, __VA_ARGS__);  \
            fprintf(error_log ? error_log : stderr, "\n");      \
            if (error_mode=='s') abort();                       \
            else                  {error_action;}              \
        } }
```

以下是幾個簡單的使用範例：

```
Stopif(!inval, return -1, "inval must not be NULL");
Stopif(isnan(calced_val), goto nanval, "Calced_val was NaN. Cleaning up, leaving.");
...
nanval:
    free(scratch_space);
    return NAN;
```

處理錯誤最常見的作法是傳回數值，如果在程式中直接使用這個巨集，會需要重複輸入很多 return，這可以看成優點。程式開發人員常常抱怨更先進 try-catch 機制實際上只是另一種型式的 goto 泥淖，而一般普遍認為 goto 對程式有害，例如，Google 的內部程式寫作規範（coding style guide）建議不要使用 try-catch 結構，理由與惡名昭彰的 goto 相同。這個建議提醒讀者程式的流向會在錯誤時被重新導到其他位置（或來自其他位置），應該要盡可能簡化錯誤處理常式。

如何傳回錯誤識別？

這個問題會在結構處理一章再作更詳細的介紹（主要是「從函式傳回多個項目」），一旦函式的複雜度超過一定程度，傳回 struct 就是很合理的選擇，同時，在 struct 中再加上回報錯誤的變數也是既簡單又合理的作法。例如函式傳回名為 out 的 struct，內容包含一個名為 error 的 char* 元素：

```
Stopif(!inval, out.error="inval must not be NULL"; return out
            , "inval must not be NULL");
```

GLib 的錯誤處理系統就自行定義了 GError 型別，所有的函式都必須傳入一個指向這個型別的指標。同時提供範例 2-5 之外的許多功能，包含錯誤範圍以及更容易將錯誤從子函式傳回父函式的機制，當然這個錯誤處理系統也付出了複雜性的代價。

交織的文件

開發人員都很清楚需要文件，也知道修改程式時需要維持文件符合最新狀況。然而，文件通常卻是最先脫軌的部分，很容易會說出「**程式能夠執行，晚點再補文件。**」這樣的話。

要讓寫文件像自然定律一樣容易，最直接的方式是將文件與程式碼放在相同的檔案，讓文件盡量接近描述的程式碼，這表示需要某些機制從程式檔中萃取出文件。

讓文件貼近程式碼也表示更可能閱讀文件，修改程式前先閱讀文件是個好習慣，不但更能了解程式的現況，也更容易發現程式的異動亦需要修訂文件。

以下將介紹兩種將文件交織到程式中的方式：Doxygen 與 CWEB，讀者使用的套件管理員應該能夠輕易的安裝這些工具。

Doxygen

Doxygen 是個目標單純的系統，很適合將說明文件與函式、結構等程式區塊結合。說明文件的內容是針對不閱讀程式碼的使用者撰寫，緊臨函數、結構上方的註解，很容易就能夠先寫文件註解，再撰寫符合說明內容的函式。

Doxygen 的語法十分簡單，以下幾點說明就能夠讓讀者用得很好：

- 如果註解區塊開頭有兩個星號（/** 像這樣 */），Doxygen 就會解析註解內容，單一星號開頭的註解（/* 像這樣 */）會被忽略。

- 如果希望 Doxygen 解析檔案，需要在檔案開頭加上 /** \ 檔案名稱 */，如果忘了加上這段註解，Doxygen 就不會產生這個檔案的輸出，也不會顯示任何錯誤訊息。

- 將註解放在函式、結構等區塊的上方。

- 函式說明可以（也應該）包含 \param 區塊說明輸入參數，並用 \return 區塊列出預期的傳回值，使用方式請參考範例。

- 用 \ref 交互參考其他文件內容（包含函數或頁）。

- 可以將以上的反斜線用 @ 號取代：@file、@mainpage 等等，這是模仿 JavaDoc 的符號，JavaDoc 則似乎是模仿 WEB 而來。身為 LaTex 使用者，筆者比較習慣用反斜線。

使用 Doxygen 時需要有一個包含大量參數的設定檔，Doxygen 有個小技巧，只要執行：

```
doxygen -g
```

就會產生設定檔，再依個人需要編輯設定檔；設定檔內容有非常詳細的說明，之後只要執行 doxygen 產生指定格式的輸出，輸出格式包含 HTML、PDF、XML 或 manual page。

如果系統中有安裝 Graphviz（使用套件管理員安裝），那 Doxygen 可以產生「呼叫圖」：由方塊與箭號組成的圖，表示函數間呼叫與被呼叫的關係。如果有人給了一份很龐大的程式，希望能儘快上手，這個方式能很快的瞭解整體流程。

「libxml 與 cURL」一節中的範例就是使用 Doxygen 註解，讀者可以看看能否理解註解的內容，也可以執行 Doxygen 看看輸出的 HTML 效果如何。

本書中所有以 /** 開頭的程式碼也都是 Doxygen 格式。

套件說明

文件至少必須包含兩個部分：技術文件描述各函式的細節，以及介紹套件目的與使用方式的套件說明。

在開頭包含 `\mainpage` 的註解區塊中寫上套件說明，輸出為 HTML 格式時，會產生 *index.html* 檔 — 應該是讀者看到的第一個頁面，之後可以依需要任意加入頁面。後續的頁面開頭形式如下：

```
/** \page onewordtag 頁面標題
*/
```

回到主頁面（或包含函數說明的其他任何頁面），加上 `\ref onewordtag` 會產生連結到新頁面的連結。需要的話，也可以在主頁面加上標記與名稱。

套件說明頁可以在程式的任何位置：可以放在程式碼旁，或是這些說明適合放在獨立檔案，與 Doxygen 的註解區塊分開，也許檔案名稱就是 *documentation.h*。

透過 CWEB 撰寫文學式程式（Literate Code）

TeX 是個文件排版系統，很常作為正確開發複雜系統的範本，本書完成時 TeX 已經大約有 35 年的歷史，而且（依作者的觀點）仍然能夠產生出最好的數學排版結果。許多新近的系統甚至不與其競爭，直接以 TeX 作為排版的後端系統；它的作者高納德（Donald Knuth）原先提供找到臭蟲的獎金，但在多年無人領獎後取消了獎金。

高納德博士在《*literate programming*》一書中解釋了如何開發出 TeX 這麼高品質的軟體，其中的所有程序（procedural）區塊都是用普通的英語解釋區塊的目的與功能，最終成果看起來像是形式自由的程式說明，再加上散落各處的程式碼片段，提供電腦需要的正規說明（和一般有註解的程式不同，比較像是程式碼而不是解說）。高納德用 WEB 開發 TeX，那是個以英文為主體點綴 PASCAL 程式碼的系統。目前，程式碼部分改用了 C 語言，而且既然 TeX 能夠產生美麗的文件，也可以用來作為描述端的標記語言，也就是 CWEB。

從輸出來看，很容易找到使用 CWEB 組織甚至呈現內容的教科書（例如 [Hanson 1996]），如果有其他人要讀你的程式碼（也許是同事或團隊的其他成員），那麼 CWEB 就有其意義。

筆者在「範例：Group Formation 的代理式模型」一節使用了 CWEB，以下是編譯以及 CWEB 特殊功能的大綱：

- CWEB 檔案通常是以 *.w* 為延伸檔名。

- 執行 `cweave` *groups.w* 產生 *.tex* 檔案，之後再執行 `pdftex` *groups.tex* 產生 PDF 檔。

- 執行 `ctangle` *groups.w* 產生 *.c* 檔，GNU `make` 內建這個規則，所以 `make groups` 就會執行 `ctangle`。

`ctangle` 步驟會移除註解，也就是說 CWEB 與 Doxygen 不相容，也許可以為每個公開函式與結構建立標頭檔供 Doxygen 使用，在主要程式內容部分使用 CWEB。

以下將 CWEB 手冊簡化為七個要點：

- CWEB 的特殊碼都是 @ 加上單一字元的型式，要注意應該寫成 `@<titles@>` 而不是 `@<incorrect titles>@`。

- 每個段落是先有註解之後才是程式碼，註解可以是空白，但必須保持註解-程式碼的格式，否則就會產生錯誤。

- 新的文字段落要用 @ 加上一個空白開頭，之後再使用 TeX 的格式命令撰寫說明內文。

- 未命名的程式段落以 `@c` 開頭。

- 有名稱的文件段落要以標題加上等號開始，因為這是個定義：`@<an operation@>=`。

- 有名稱的區塊會在每次使用標題名稱時逐字取代為對應的內容，也就是每個名稱實際上是個巨集，會擴展為指定的程式碼，但並沒有 C 語言前置處理程式巨集的其他規則。

- 小節（section）（如同範例中有關 group membership、設定 Gnuplot 畫圖等等），是以 `@*` 開頭，並有個以句號（.）結尾的標題。

這七點規則應該足以讓讀者用 CWEB 撰寫需要的內容，可以看看「範例：Group Formation 的代理式模型」的範例，看看能不能理解範例內容。

成為更好的打字員

本書許多主題都源自於筆者日常協助同事處理 C 語言程式碼而來，從中學會造成同事問題的原因，對某些人而言，設定環境真的十分困難，某些人則是對指標感到棘手，另外令人意外的，有許多人只是不習慣使用鍵盤。這可能不是讀者期待看到的 C 語言技巧，但不習慣使用鍵盤的人自然也不想要使用以 for (i=0; i<10; i++) 這樣包含大量符號作為標準工具的程式語言。

以下是筆者對有打字障礙讀者的建議：找件薄 T-shirt 舖在鍵盤上，把手伸到 T-shirt 下方打字。

目的是避免習慣性的偷看鍵盤位置，實際上按鍵的位置不太會變化，總是在上次敲擊的位置。但檢查按鍵位置的短暫停頓，常常是能夠以一定速度打字的信心與能力的來源。

看不到鍵盤一開始可能會覺得很挫折，撐過一開始的低潮期，認識少用按鍵位置之後，一旦鍵盤位置愈來愈有把握，也就愈能將腦力花在寫作內容上。

打包專案

Everything is building and it appears

That you're all architects and engineers.

— Fugazi, "Ex-spectator"

一路讀到這裡，已經遇過解決 C 語言程式碼核心問題的工具，像是除錯器與文件；如果急著想花更多時間在 C 語言程式碼上，可以先跳到第二部分。接下來這兩章會介紹一些用來協助合作與散佈程式碼的重量級工具：建立套件的工具以及版本控制系統。同時，獨自工作時該如何利用這些工具改善工作內容，也有許多地方值得思考。

前言提過，當然，沒有人會讀前言，所以再強調一次：C 語言社群對共通性（interoperability）有很高的標準，沒錯，看看辦公室或咖啡廳的四周，每個人用的工具都大同小異，在出了任何小區域之外就會有很大的差異。筆者個人經常會收到來自陌生友人的電子郵件，他們在各自的系統上使用筆者所寫的程式碼，但筆者從來沒真正見過這些使用者，筆者認為這十分神奇，也很慶幸自己盡可能的用較有共通性的方式，寫出執行在個人平台上的程式碼。

目前，Autotools 是散佈程式碼最主要的工具，這是個能夠在指定的系統上自動產生最佳化 makefile 的系統，「使用函式庫原始碼」一節就是利用 Autotools 快速安裝 GNU Scientific Library。即使沒有直接使用過這個工具，套件管理系統的套件維護人員可能正是使用這個工具，正確的建置出讀者主機所需的套件。

必須先對 makefile 有所理解，才能夠清楚認識 Autotools 的功能，所以本章會先更深入的介紹 makefile。makefile 是由多組 shell 命令組織而成，也就是得先認識 shell 提供的各種自動化工具。這是個漫長的過程，但最後讀者將能夠：

- 使用 shell 自動化日常工作。

- 使用 makefile 組織在 shell 中自動化的工作。

- 使用 Autotools 讓使用者在任何系統自動產生需要的 makefile。

Shell

符合 POSIX 標準的 shell 必須滿足以下條件：

- 豐富的巨集能力，能夠將文字擴展成其他文字，也就是提供**擴展**語法（*expansion syntax*）。

- 提供圖靈完備（Turning-complete）的程式語言。

- 提供互動式前端（命令列環境），可能包含許多對使用者友善的功能。

- 能記錄與重複使用之前輸入內容的系統：history。

- 其他許多筆者沒有提到的功能，例如工作管理（job control）及其他許多內建工具。

shell 命令稿有**許多**不同的語法，本節只介紹基本的部分；也有許多不同的 shell（稍後的邊欄建議讀者嘗試與目前不同的 shell），除非特別說明，本節都以 POSIX 標準為主。

筆者不打算花太多時間介紹互動性功能，但必須提到一個不在 POSIX 標準當中的功能：tab 鍵自動補齊。在 bash 中，可以在輸入部分檔名後按下 tab 鍵，如果只有一個符合的項目，就會自動補齊檔名，萬一有多個可能相符的項目，再按一次 tab 鍵會顯示所有可能相符的項目清單。如果想知道命令列可以使用哪些命令，直接在空白行按兩次 tab 鍵，bash 就會列出包含所有命令的清單。其他 shell 比 bash 提供更多的功能：在 Z shell 輸入 `make <tab>`，會讀取 makefile 中可能的目標值；Friendly Interactive shell（fish）會檢查 manual 頁的摘要說明，因此輸入 `man l<tab>` 會列出所有以 L 開頭命令的單行摘要說明，完全不用開啟任何 manual 頁。

shell 使用者分成兩種：不知道 tab 自動補齊功能以及~~每個命令~~都使用 tab 自動補齊功能的人。如果讀者屬於第一類，那一定很快就會成為第二類使用者了。

用輸出取代 Shell 命令

shell 的行為十分近似巨集語言，主要是將一大塊文字轉換為另一堆文字。在 shell 的世界中這稱為「擴展」（*expansion*），擴展有許多不同的型式：本節會介紹變數代換、命令代換以及一些 history 代換，也會介紹一個使用 tilde 擴展與運算代換的簡易計算機範例。但別名（alias）擴展、括號（brace）擴展、參數擴展、單詞切割、路徑擴展與 glob 擴展則必須自行查閱 shell 的使用手冊（manual）。

變數是簡單的擴展，如果在命令列將變數設定為：

    onething="another thing"

輸入以下命令就會在畫面上印出 another thing：

    echo $onething

shell 要求 = 兩邊不能有任何空白，這有時會對使用者造成困擾。

程式啟動另一個新程式時（在 POSIX C 中，代表使用了 fork() 系統呼叫），會傳送所有環境變數的副本給子程式。當然，這也是 shell 的運作方式：使用者輸入命令後，shell 會 fork 新的程序，將所有的環境變數送到子程序。

然而環境變數只是 shell 變數的一部分，先前指派變數值的方式只是設定了 shell 使用的變數；一旦使用：

    export onething="another thing"

就能夠設定 shell 內使用的變數，同時會 export 屬性的名稱，一旦設定 export 屬性，就可以改變變數的值。

接下來要談談 backtick（`）擴展，這並不是看起來比較垂直的單引號[譯註]。

垂直引號（'，不是 backtick）表示不使用擴展功能，以下命令：

    onething="anothger thing"
    echo "$onething"
    echo '$onething'

會印出：

    anothger thing
    $onething

backtick 會用命令的輸出結果取代命令，如同巨集一般，將命令文字用輸出文字取代。

[譯註] 大多數標準鍵盤上，backtick 的位置是左上角的~符號鍵，注意單引號的傾斜方向。

範例 3-1 是個計算 C 程式碼行數的命令稿，將所有以 ;、) 或 } 結尾的視為一行，由於程式碼行數經常用作為粗略估算的基準，這是個很有用的工具，而且只需要一行的 shell 程式。

範例 3-1　用 *shell* 變數與 *POSIX* 工具計算程式碼行數（*linecount.sh*）

```
#Count lines with a ;, ), or }, and let that count be named lines.
Lines=`grep '[;;]]]' *.c | wc -l`

# Now count how many lines there are in a directory listing; name it Files.
Files=`ls *.c |wc -l`

echo files=$Files and lines=$Lines

# Arithmetic expansion is a double-paren.
# In bash, the remainder is truncated; more on this later.
echo lines/file = $(($Lines/$Files))

# Or, use those variables in a here script.
# By setting scale=3, answers are printed to 3 decimal places.
# (Or use bc -l (ell), which sets scale=20)
bc << ---
scale=3
$Lines/$Files
---
```

讀者可以在命令列 . *linecount.sh* 執行上例中的命令稿，開頭的點在 POSIX 標準代表 source 指定的命令稿。有些 shell 能夠使用另一種非標準、但更容易理解的方式執行命令稿 source *linecount.sh*。

命令列 backtick 在大多數情況都等同於 $()，例如：echo `date` 等同於 echo $(date)。然而 make 將 $() 用於其他用途，所以在寫 makefile 時使用 backtick 較為容易。

用 Sehll 的 for 迴圈處理多個檔案

接下來用 if 命令與 for 迴圈寫點程式吧。

但首先要說明 shell 命令稿一些需要特別注意的地方：

- 作用域很糟 —— 幾乎所有的東西都是全域。

- 基本上是個巨集語言，因此在 C 語言前置處理程式的相關注意事項（參看「建立強固又靈活的巨集」），絕大部分都適用於 shell 命令稿的每一行程式碼。

- 即使是「使用除錯器」一節介紹的基本功能，也幾乎沒有除錯器可供使用，然而現代 shell 在執行命令稿時提供了一些追蹤錯誤或控制訊息詳細程度的功能。

- 必須慢慢習慣一些很容易忽略的小技巧，例如在 onething=another 式子中，= 的兩邊不能有空白，但是在 if [-e ff] 式子中 [與] 兩邊又一定要有空白（因為它們是關鍵字，只是碰巧不是用一般字元表示）。

有些人不覺得這些細節是什麼大問題，因而十分喜愛 shell。筆者會透過 shell 命令稿自動化從命令列重複輸入的命令，一旦工作變得複雜，需要呼叫其他函數，就會花時間用 Perl、Python、awk 或其他適當的工具重寫。

有了能夠直接從命令列輸入的程式語言，就能夠方便的對幾個檔案執行相同的命令。先用傳統的方式備份所有的 *.c* 檔案，複製到副檔案名 *.bkup* 的新檔案：

```
for file in *.c;
do
 cp $file ${file}.bkup;
done
```

注意到分號的位置，是在迴圈中表示檔案清單的最後，與 for 命令在同一行，特別提出這點是因為筆者在用以下這種在一行裡寫完整命令的型式時：

```
for file in *.c; do cp $file ${file}.bkup; done
```

總是會忘記正確的順序應該是 ; do 而不是 do ;。

for 迴圈適合用來連續執行 n 次相同程式的情況，在以下這個簡單的例子 *benford.sh* 會搜尋 C 程式碼，找尋特定數字開頭的數字（例如行首或目標數字緊接非數字的情況），將擁有指定數字的程式行寫入對應檔案中，如範例 3-2：

範例 3-2 對所有的數字 i，搜尋文字中的（非數字）序列，計算行數（benford.sh）

```
for i in 0 1 2 3 4 5 6 7 8 9; do grep -E '(^|[^0-9.])'$i *.c > lines_with_${i}; done
wc -l lines_with*        # 數字使用的簡略直方圖
```

測試是否符合班佛定律（Bendford's law）就留給讀者練習了[譯註]。

${i} 的大括號是用來區分變數名稱與後續的文字，並不一定需要，但如果希望有像 ${i}lines 的檔名，就一定得加上大括號。

[譯註] 班佛定律，在 b 進位制中，以 n 為開頭的數字出現的機率為 $\log\_b(n+1)-\log\_b(n)$，也就是說以 1 開頭的數字出現的機率大約是三分之一。

也許讀者的主機上有安裝 seq 命令（這是 BSD/GNU 標準但不是 POSIX 標準），那就可以用 backtick 產生序列：

```
for i in `seq 0 9`; do grep -E '(^|[^0-9.])'$i *.c > lines_with_${i}; done
```

透過這種方式，就算是要重複執行程式 1,000 次也是很簡單的事：

```
for i in `seq 1 1000`; do ./run_program > ${i}.out; done

# 或將所有輸出寫入相同的檔案
for i in `seq 1 1000`; do
  echo output for run $i: >> run_outputs
  ./run_program >> run_outputs
done
```

檢查檔案

假設程式需要的資料集必須先從文字檔讀到資料庫，但只想要讀入一次，以虛擬碼而言像是：if (資料庫存在) then (不做任何事), else (從文字檔產生資料庫)。

在命令列可以使用 test 命令，這是 shell 內建的多功能工具。要測試這個命令的行為，可以先用 ls 找出確定存在的檔名，再用 test 檢查檔案是否存在：

```
test -e a_file_i_know
echo $?
```

test 本身不會輸出任何東西，但 C 程式設計師都知道，所有有 main 函式的程式都會傳回整數值，上面的例子就是顯示傳回的數值。一般是將傳回值視為錯誤代碼之用，因此 0 表示一切正常，1 表示檔案不存在（這也是「main 函式不需要特別加上 return」中 main 函式預設傳回值是 0 的原因），shell 不會顯示傳回值，但會將傳回值存在 $? 變數，可以用 echo 顯示變數的數值。

 echo 命令也有傳回值，在執行完 echo $? 之後，就會將 $? 設成 echo 的傳回值。如果想要重複使用特定命令的 $? 數值，就必須將它指派給其他變數，例如，returnval=$?。

範例 3-3 在 if 指令中利用 test 檢查檔案是否存在，如同 C 語言，! 表示 not。

範例 *3-3* 用 *test* 建立 *if/then* 指令 — 重複執行（*.iftest.sh; .iftest.sh; .iftest.sh*）可以看到測試的檔案重複的出現又消失（*iftest.sh*）

```
if test ! -e a_test_file; then
    echo test file has not existed
    touch a_test_file
else
    echo test file existed
    rm a_test_file
fi
```

注意到和之前的 for 迴圈相同，分號位於筆者認為很奇怪的位置，而且還有個很可愛的規則，if 區塊必須用 fi 結束。此外，else if 不是正確的語法，要用 elif 關鍵字才對。

為了讓讀者更容易重複執行這個命令，讓我們把這段程式重新排版為超長的一行，[與] 關鍵字等同於 test，因此，看到其他人的命令稿中出現這個關鍵字，想要知道正確行為時，應該使用 man test。

```
if [ ! -e a_test_file ]; then echo test file had not existed;  ↩
    touch a_test_file; else echo test file existed; rm a_test_file; fi
```

由於許多程式都遵循 0 表示正常，非 0 值表示有問題，可以只用 if 指令而不需要透過 test 表示 *if 程式執行正常，then*…。例如，經常會用 tar 將整個目錄的內容打包成單一個 *.tgz* 檔，接著再刪除目錄。如果 tar 無法建立檔案卻刪除了目錄，會造成很大的問題，因此在刪除目錄內容之前，應該先檢查 tar 命令是否正確執行完畢：

```
#產生某些測試檔案
mkdir a_test_dir
echo testing ... testing > a_test_dir/tt

#壓縮目錄內容，壓縮成功就刪除目錄
if tar cz a_test_dir > archived.tgz; then
    echo Compression went OK. Removing directory.
    rm -r a_test_dir
else
    echo Compression failed. Doing nothing.
fi
```

如果想要看看程式執行錯誤的情況，可以在執行前先使用 chmod 000 archived.tgz 讓目標壓縮檔無法寫入，再重新執行命令稿。

切記，上述型式處理的是程式的傳回值，執行的程式可以是 test 也可以是其他程式，有時候會想要處理實際的輸出結果，這種情況就得回歸使用 backtick。例如 cat *yourfile* | wc -l 會輸出一個表示 *yourfile* 檔案行數的數字（假設檔案已經另行建立），所以也可以作為 test 的檢查條件：

```
if [ `cat yourfile | wc -l` -eq 0 ] ; then echo empty file.; fi
```

試試多工器（Multiplexer）

筆者很習慣在寫程式時開啟兩個終端機：一個編輯程式碼，另一個是編譯與執行程式（也許是在除錯器中執行），再加上一、兩個原始檔，這得要能夠靈活地在幾個終端機視窗切換才行。

有兩個終端機多工器可供選擇，分別來自 GNU 與 BSD 這兩個相互競爭的陣營：GNU Screen 與 tmux。讀者使用的套件管理員可能同時提供了這兩個套件。

兩者都採用單一命令鍵，GNU Screen 預設使用 Crl-A，Tmux 預設使用 Ctrl-B，但似乎所有使用者都將命令鍵重新對應到 Ctrl-A，在家目錄的 *.tmux_conf* 中加入：

```
unbind C-b
set -g prefix C-a
bind a send-prefix
```

手冊中還列出許多其他能加入設定檔的功能，附帶一提，在搜尋相關技巧與文件時，必須用 *GNU Screen* 作為搜尋的關鍵字，如果只用 *Screen* 不會得到任何有用的資料。

假設使用 Ctrl-A 作為命令鍵，那麼 Ctrl-A Ctrl-A 會在兩個視窗間切換，可以從手冊中看到 Ctrl-A （其他組合鍵）的相關說明，能夠在視窗清單中向前或向後移動，或是從完整的視窗清單中選擇要顯示的視窗。

這兩個多工器都解決了多重視窗的問題，同時提供其他功能：

- Ctrl-A-D 會脫離（detach）作業階段，也就是終端機不會顯示其他由多工器控制的虛擬終端機，但虛擬終端機仍然在背景執行。

  - 在 GNU Screen/Tmux 中工作一整天後，脫離工作階段，第二天再用 screen -r 或 tmux attach 回到前一天離開時的狀態。即使伺服主機遠在貝里斯或烏克蘭，網路狀況時好時壞，在斷線後還能夠回復作業階段是很有用的功能。

- 脫離作業階段後多工器仍然會在虛擬終端機中持續執行應用程式，這對於需要長時間執行的應用程式很有幫助。

- 剪下/貼上功能

  - 進入複製模式之後，可以只用鍵盤瀏覽最近終端機顯示的內容，標記段落，再複製到多工器內的剪貼簿，接著再將複製的文字貼到命令列。

  - 找尋需要剪下的內容時，可以瀏覽過去的顯示紀錄，搜尋特定字串。

這些多工器的確讓終端機一躍成為適合工作、而且是能夠愉快工作的環境。

fc

fc 是個（POSIX 標準）命令，能將在 shell 中輸入的命令轉換成可重複執行的命令稿。輸入以下命令：

```
fc -l    # l 表示 list，是很重要的功能
```

畫面上會顯示最近幾次使用的命令，每個命令前面都有個編號，部分 shell 也可以輸入 history 達到相同的效果。

-n 旗標不會顯示行號，因此可以用以下命令將編號 100 到 200 間的命令寫到檔案中：

```
fc -l -n 100 200 > a_script
```

再編輯檔案內容，刪除測試或用不到的命令，就能夠將在命令列玩弄各種命令的結果轉換為簡潔的命令稿。

一旦省略 -l 旗標，fc 就成為更立即也更有彈性的工具，會立即顯示編輯器（這表示用 > 重導向就會卡住），不顯示行號，離開編輯器時，會立刻執行所有仍在檔案的內容。這在快速重複之前輸入的命令十分方便，但也很容易造成不可挽回的災難；如果忘了加上 -l 或是意外發現自己處於編輯器中，要刪除畫面中所有的內容，以免執行某些預期之外的命令。

最後用個正向的說明結束，fc 是 *fix command* 的縮寫，也是這個命令最基本的用途。不指定任何旗標時只會顯示上一行命令，所以適合大量修正命令內容之用，而非修正簡單的打字錯誤。

嘗試其他 Shell

除了作業系統預設的 shell 之外，還有許許多多其他的 shell 存在。以下將示範一些 Z shell 的有趣功能，讓讀者感受離開 bash 可能帶來的好處。

Z shell 的功能與變數清單可是滿滿寫了好幾頁，雖然簡樸是個美德，但既然能夠享受互動性帶來的便利，何苦繼續過著斯巴達式的艱苦生活呢？（如果讀者擁有斯巴達精神，又想試試 bash 之外的 shell，例如 ash）。可以在 ~/.zshrc 中設定變數（或是直接從命令列輸入，試用變數的效果），以下是後續範例需要設定的變數：

```
setopt INTERACTIVE_COMMENTS
# 現在像這樣的註解就不會造成錯誤
```

擴展萬用字元，例如將 file.* 轉換為 file.c file.o file.h 是 shell 的責任，Z shell 擴展中最有用的是能夠用 **/ 讓 shell 在擴展時對子目錄遞迴擴展。POSIX 標準 shell 會將 ~ 轉換為家目錄，因此，如果想要列出所有的 .c 檔案，可以用：

```
ls ~/**/.c
```

以下命令會備份所有 .c 檔案的目前狀態：

```
# 以下命令可能會在家目錄下建立大量檔案
for ff in ~/**/*.c; do cp $ff ${ff}.bkup; done
```

還記得因為 bash 只能做整數運算，$((3/2)) 的結果只會是 1 ？只要將分子或分母轉換為浮點數，Zsh 與 Ksh 等類 C 語言的 shell 就提供真正的答案（而不只是整數結果）：

```
echo $((3/2.))    # 在 zsh 下能正常運算，bash 下則會產生語法錯誤

#重複先前的計算行數範例
Files=`ls *.c |wc -l`
Lines=`grep '[)};]' *.c | wc -l`

echo lines/file = $(($Lines/($Files+0.0)))    # 加上 0.0 轉型成浮點數
```

檔名中的空白在 bash 會造成問題，因為空白代表清單元素的分界，Zsh 有特別的陣列語法，不需要使用空白作分隔符號。

```
# 產生兩個檔案，其中一個檔名中有空白
echo t1 > "test_file_1"
echo t2 > "test file 2"

# 以下命令在 bash 會有錯誤，Zsh 下則正常
for f in test* ; do cat $f; done
```

如果決定要轉換到其他 shell，有兩種作法：可以使用 chsh 命令在 login 系統正式儲存更換的 shell（會修改 /etc/passwd），如果無法使用 chsh 可以在 .bashrc 的最後一行加上 exec -l /usr/bin/zsh（或是任何偏好的 shell 路徑），如此一來，bash 就會在每次啟動時都用指定的 shell 替換掉自己。

如果想要讓 makefile 使用非標準的 shell，就在 makefile 中加上：

```
SHELL=command -v zsh
```

（或其他任何 shell），POSIX 標準的 command -v 會印出命令的完整路徑，就不需要自行尋找 shell 所在的位置。SHELL 是個特殊的變數，只能在 makefile 或是以 make 的命令列參數設定，make 會忽略環境變數的 SHELL 值。

Makefiles 與 Shell 命令稿

讀者可能會有許多與專案相關的小程式散落各地（計算字數、拼字檢查、執行測試、寫入版本控制系統、推送到遠端版本控制系統、建立備份等等），這些都可以透過 shell 命令稿自動化。但除了為專案建立一堆只有一、兩行命令稿程式的小檔案之外，也可以將這些程序放到同一個 makefile 當中。

在「使用 Makefile」一節第一次提到 makefile，現在讀者對 shell 有了更進一步的瞭解，有更多能加入 makefile 的材料。以下是另一個取自筆者日常工作的真實範例，使用了 if/then shell 語法以及 test。筆者自己使用 Git，但有三個必須要處理的 subversion 儲存庫，可是筆者從來就記不得詳細的步驟，如同範例 3-4，現在有 makefile 可以記住這些步驟。

範例 3-4　在 *makefile* 中結合使用 *if/then* 與 *test*（*make_bit*）

```
push:
    @if [ "x$(MSG)" = 'x' ] ; then \        ❶
        echo "Usage: MSG='your message here.' make push"; fi
    @test "x$(MSG)" != 'x'                  ❷
    git commit -a -m "$(MSG)"
```

```
        git svn fetch
        git svn rebase
        git svn dcommit

pull:
        git svn fetch
        git svn rebase
```

❶ 每次送交（commit）都需要指定說明訊息，所以透過環境變數指定訊息內容：MSG="This is a commit." make push，這行程式使用 if-then 指令，可以在忘了指定訊息內容時提醒自己。

❷ 檢查 "x$(MSG)" 是否擴展成 "x" 以外的值，也就是 $(MSG) 不是空字串，這是在 shell 命令稿檢查空字串的常用技巧，如果測試失敗，make 就不會繼續執行。

命令在 makefile 中執行的方式有時與直接在命令列輸入相同，有時則會有巨大的差異：

- 每行命令在個別的 *shell* 中獨立執行，如果在 makefile 中有以下程式：

    ```
    clean:
        cd junkdir
        rm -f *              # 不要在 makefile 中使用這個命令
    ```

    會有悲慘的結果，這兩行命令等同於以下的 C 語言程式碼：

    ```
    system("cd junkdir");
    system("rm -f *");
    ```

    或是，由於 system("*cmd*") 等同於 sh -c "*cmd*"，所以上述的 make 命令稿也等同於：

    ```
    sh -c "cd junkdir"
    sh -c "rm -f *"
    ```

    對於習慣操作 shell 的人而言，(*cmd*) 會在子 shell 中執行 *cmd*，因此 make 命令稿也等同於直接在命令列視窗輸入：

    ```
    (cd junkdir)
    (rm -f *)
    ```

    不論如何，第二個子 shell 不知道前一個子 shell 發生的事，make 會先產生一個 shell，並切換到需要清除目錄的位置，但這個 shell 立刻與 make 失去聯繫。接著 make 產生第二個子 shell，這個新的子 shell 的目錄是在原先執行 make 所在的目錄，執行 rm -f * 命令。

這樣的好處是，make 會刪除這個有錯誤的 makefile，如果想要正確表示，應該使用：

```
cd junkdir && rm -f *
```

&& 會以類似 C 語言 short-circuit 序列的方式執行命令（也就是，如果第一個命令失敗，就不會執行第二個命令），或使用反斜線將兩行命令連結成一行：

```
cd junkdir&& \
rm -f *
```

雖然對於這種情況，筆者不會信任反斜線，但在真實的情況下，最好直接使用 rm -f junkdir/*。

- make 會將 $x（一個字元或一個符號的變數名稱）或 $(xx)（多字元變數名稱）替換為適當的數值。

- 如果想要由 shell 而不是 make 作替換，可以使用 $$。例如，在 makefile 中使用 shell 的變數擴展功能：for i in *.c; do cp $$i $${i%%.c}.bkup; done。

- 在「使用 Makefile」一節中提過在執行命令前先指派環境變數數值的技巧，例如 CFLAGS=-O3 gcc test.c。在每行程式擁有獨立系統的情形下這個技巧就十分方便。切記必須在命令前直接加上指派，而不是加在 if 或 while 等 shell 關鍵字之前。

- 行首加上的 @ 代表執行程式，但不在螢幕上顯示任何結果。

- 行首加上 - 表示即使命令傳回非零值仍然繼續執行，否則，命令稿會在第一個非零傳回值時停止。

對於簡單的專案或是日常重複性的工作，makefile 搭配 shell 提供的功能就能夠完成許多工作。讀者知道日常使用電腦需要處理的工作，makefile 能讓你將這些重複的命令寫在相同位置，不需要再花費精神記得這些內容。

個人的 makefile 是否適合其他同事使用？如果程式有相同的 .c 檔案，安裝了必要的函式庫，同時 makefile 中的 CFLAGS 與 LDLIBS 在其他系統上也正確無誤，也許就能夠共用，最多就是需要幾次 email 釐清部分細節。如果是要建立共享函式庫，那就忘了這些事吧 — Mac、Linux、Windows、Solaris 各種系統上建立共享函式庫的方式都不相同，即使只是版本不同也有很大的差異。派送給大眾時，很難與成千上百的人透過 email 釐清個別系統上的問題，需要盡可能將程序自動化，而且大部分人也不會花太大的精神，只為了讓某個陌生人寫的程式碼能夠運作；由於這種種原因，需要針對大量散佈建立另一層的機制。

使用 Autotools 打包程式碼

Autotools 能讓使用者下載函式庫或程式，只要依序執行以下命令：

```
./configure
make
sudo make install
```

（不需要其他工作）就能夠安裝並設定完成，請注意這個由現代科技帶來的奇蹟：開發人員完全不知道使用者擁有的是什麼電腦、程式或函式庫的安裝位置（*/usr/bin? /sw? /cygdriver/c/bin?*），電腦上還有哪些與眾不同的設定？由於 configure 會弄清楚所有的情況，make 可以輕鬆的執行完畢。因此，Autotools 是現代程式派送的核心，如果想要讓親密朋友之外的人使用程式碼（或是想讓 Linux 版本將程式納入套件管理工具），使用 Autotools 產生建置命令能夠大大提高這樣的機會。

很多套件都是透過某些現存的框架安裝，如 Scheme、Python ≥ 2.4 但 < 3.0，Red Hat Package Manger（RPM）等，只要先安裝了這些框架，就能夠輕易的安裝套件。特別是對於沒有root 權限的使用者，這樣的要求也就表示無計可施，Autotools 則只要求使用者擁有與 POSIX 相容的電腦即可。

使用 Autotools 能夠十分複雜，但基本用法卻非常簡單。在本章的最後，會看到只需要六行打包文字，再執行四個命令，就能夠擁有一個完整（雖然很簡單）的套件可以派送給其他人使用。

Autoconf、Automake 與 Libtool 實際上的發展歷史並不清楚：這些工具原本是獨立的套件，有各自發展的原因，以下是筆者想像的情況。

美諾：我喜歡 make，能夠將建置專案所需要的各種小步驟寫在同一個地方真的很好。

蘇格拉底：是的，自動化很好，所有的東西都應該持續自動化。

美諾：是的，我開始在 makefile 加入許多新的目標，讓使用者輸入 make 就可以產生程式，make install 可以安裝，make check 會執行測試等等。撰寫這些 makefile 目標花費很多功夫，但完成之後又執行的十分順暢。

蘇格拉底：是的，我應該寫個系統，我會將它稱為 Automake，能夠從十分簡單的前置 makefile 說明，產生出包含常用目標的 makefile。

美諾：真是太好了，特別是產生共享函式庫最為麻煩，每個系統的流程都不相同。

蘇格拉底：這的確很惱人，有了系統資訊，我應該寫個程式從原始程式產生共享函式庫所需的命令稿，再將這些加入 Automake makefiles 當中。

美諾：哇，那就是說只需要告訴你使用的作業系統，以及使用的編譯器是 cc、clang 或是 gcc 等等，就能夠為我使用的系統產生出正確的程式？

蘇格拉底：那很容易出錯，我會寫個稱為 Autoconf 的系統，能夠知道系統的所有情況，並產生一份報告，包含 Automake 與程式對系統所需的所有資訊。接著 Autoconf 會執行 Automake，利用報告中的變數清單產生出 makefile。

美諾：我真是嚇壞了，你自動化了整個自動產生 makefile 的過程，但這聽起來只是將我的工作從檢查各個系統，轉換成為 Autoconf 寫設定檔，並為 Automake 寫 makefile 樣板。

蘇格拉底：你說的沒錯，我應該寫個工具，Autoscan，能夠掃描你為 Automake 寫的 *Makefile.am*，自動產生 Autoconf 所需的 *configure.ac*。

美諾：接下來只需要自動產生 *Makefile.am* 了。

蘇格拉底：沒錯，不論如何，你都需要自己閱讀使用手冊。

故事中每個步驟都對前一個步驟的自動化更進一步，Automake 用簡單的命令稿產生 makefile（比起手動逐步輸入命令，makefile 已經是十分自動化的編譯程序）；Autoconf 檢查環境，透過這些資訊執行 Automake；Autoscan 檢查程式碼找出執行 Autoconf 所需的資訊，Libtool 則在背後協助 Automake。

Autotools 範例

範例 3-5 是能夠自動編譯 *Hello, World* 的命令稿範例，使用 shell 命令稿的型式，讀者可以用剪貼的方式貼上命令列視窗執行（但要確定反斜線之後沒有空白）。當然，必須要先透過套件管理工具安裝 Autotools：Autoconf、Automake 與 Libtool，才能夠順利執行。

範例 3-5　打包 *Hello, World.*（*auto.conf*）

```
if [ -e autodemo ]; then rm -r autodemo; fi
mkdir -p autodemo                                    ❶
cd autodemo
cat > hello.c <<\
"--------------"
#include <stdio.h>
```

```
int main(){ printf("Hi.\n"); }
--------------

cat > Makefile.am <<\                      ❷
"--------------"
bin_PROGRAMS=hello
hello_SOURCES=hello.c
--------------

autoscan                                   ❸
sed -e 's/FULL-PSCKAGE-NAME/hello/' \       ❹
    -e 's/VERSION/1/'    \
    -e 's|BUG-REPORT-ADDRESS|/dev/null|' \
    -e '10i\
AM_INIT_AUTOMAKE' \
        < configure.scan > configure.ac

touch NEWS README AUTHORS ChangeLog        ❺

autoreconf -iv                             ❻
./configure
make distcheck
```

❶ 建立目錄並透過 here 文件在目錄中建立 *hello.c*。

❷ 需要手寫 *Makefile.am*，內容只有兩行程式碼，hello_SOURCES 行並非必要，Automake 可以從原始檔的名稱 *hello.c* 猜到要建置名為 *hello* 的執行檔。

❸ autoscan 產生 *configure.scan*。

❹ 編輯 *configure.scan* 指定專案的規格（名稱、版本、聯絡 email），並加上一行 AM_INIT_AUTOMAKE 初始化 Automake（這的確有點麻煩，特別是 Autoscan 已經使用 Automake 的 *Makefile.am* 收集資訊，應該很清楚知道有使用 Automake）。讀者可以手工編輯檔案內容，筆者使用 sed 將修改過後的串流重新導向到 *configure.ac*。

❺ 依據 GNU 程式碼規範需要有這四個檔案，因此少了這四個檔案 Autotools 就會停止動作。筆者作弊使用 POSIX 標準的 touch 命令建立空檔案；在專案中應該加入實際的內容。

❻ 有了 *configure.ac* 之後，執行 autoreconf 就會產生所有派送時需要的檔案（特別是 *configure*），-i 旗標會產生系統需要的額外檔案的樣板。

這些巨集做了多少事？*hello.c* 程式本身只是簡單的三行程式碼，*Makefile.am* 也只有兩行，加起來總共是五行由使用者輸入的文字。讀者系統上的執行結果可能有所不同，但筆者在執行完命令稿的目錄中執行 `wc -l *`，產生的結果是有 11,000 行的文字，包含一個 4,700 行的 `configure` 命令稿。

因為可攜性的緣故，套件體積大幅成長：使用套件的人可能還沒有安裝 Autotools，而且，天知道系統上還少了哪些東西，所以產生的命令稿只使用 POSIX 相容的命令。

筆者算了一下在 600 行的 makefile 中有 73 個目標。

- 預設目標，如果從命令列直接輸入 `make`，會產生可執行檔。

- `sudo make install` 會依照使用者要求安裝程式；執行 `sudo make unintsall` 則會刪除已安裝的程式。

- 甚至還有個令人印象深刻的 `make Makefile`（這事實上蠻方便的，如果想要調校 *Makefile.am*，可以用來快速重新產生 makefile）。

- 身為套件的作者，可能會對 `make distcheck` 有興趣，這個目標會建立一個 tar 檔，內容包含執行 `./configure & make & sudo make install` 所需的所有內容（完全不需要像開發主機上安裝的 Autotools），同時驗證派送打包內容正確，執行開發人員指定的所有測試等。

圖 3-1 用流程圖的方式呈現了整個程序。

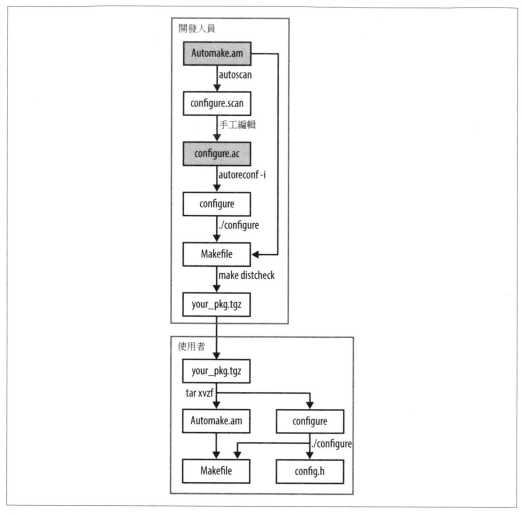

圖 3-1 Autotools 流程圖，只需要撰寫兩個檔案（灰底方框），其他檔案都可以透過命令自動產生

開發人員只需要手工撰寫圖中兩個灰底方框標記的檔案，其他內容都是透過執行命令產生，先從圖的下半部開始：使用者以 tarball 的型式取得套件，用 `tar xvzf your_pkg.tgz` 解開套件，命令會產生一個目錄，內容包含程式碼、*Makefile.am*、*configure* 以及其他輔助用的檔案。接著使用者輸入 `./configure` 產生 *configure.h* 以及 *Makefile*，一切準備就緒，接下來使用者就能夠執行 `make; sudo make install`。

套件作者的目標是建立含有高品質 *configure* 與 *Makefile.am* 的 tarbarll 檔案，讓套件使用者順利執行安裝所需的命令。從撰寫 *Makefile.am* 開始，執行 `autoscan` 產生初步的 *configure.scan*，接著手動編輯產生 *configure.ac*（圖中並沒有列出 GNU 程式規範要求的四個檔案：*NEWS*、*README*、*AUTHORS* 以及 *ChangeLog*），然後執行 `autoreconf`

-iv 產生 configure 命令稿（加上許多其他的輔助檔案）。有了 configure 命令稿，就能夠執行命令稿產生 makefile；有了 makefile 就能夠執行 make distcheck 產生派送用的 tarball 了。

注意在圖中有部分重疊：開發人員與使用者會使用相同的 *configure* 與 *Makefile*，但開發人員的目標是產生套件包，使用者的目的則是安裝套件；這表示開發人員不需要先行打包就擁有安裝與測試程式碼所需的機制，而如果願意，使用者也擁有再次打包套件需要的所有機制。

使用 Makefile.am 描述 Makefile

通常 makefile 可以分為兩個部分，一部分表示專案各部分的相依性，另一部分則定義了變數以及需要執行的程序。*Makefile.am* 著重於描述需要編譯的部分及其相依性的結構，以及由 Autoconf 以及 Automake 對不同平台編譯內建的知識補齊的規格。

Makefile.am 包含兩個部分的項目，以下分別稱為**型式變數**（*form variable*）與**內容變數**（*content variabl*e）。

型式變數

需要由 makefile 處理的檔案可能包含許多不同的作用，Automake 透過簡短的字串加以標記。

bin

程式安裝位置，例如 */usr/bin* 或 */usr/local/bin*。

include

標頭檔安裝位置，例如 */usr/local/include*。

lib

函式庫安裝位置，例如 */usr/local/lib*。

pkgbin

如果專案名稱是 *project*，安裝到主程式目錄下的子目錄，如 */usr/local/bin/project/*（pkginclude 和 pkglib 也是類似）。

check

> 用於在使用者輸入 make check 時測試程式。

noinst

> 不作安裝，僅供其他目標使用的檔案。

Automake 產生 make 命令稿樣板，包含幾種不同的樣板：

```
PROGRAMS
HEADERS
LIBRARIES        （靜態函式庫）
LTLIBRARIES      （利用 Libtool 產生的共享函式庫）
DIST             （與套件一同派送的項目，例如無法納入其他分類的資料檔案）
```

作用結合樣板就成了型式變數，例如：

```
bin_PROGRAMS        建置與安裝的程式
check_PROGRAMS      為測試建置的程式
include_HEADERS     安裝在系統 include 目錄的標頭檔
lib_LTLIBRARIES     利用 Libtool 產生的動態與共享函式庫
noinst_LIBRARIES    靜態函式庫（不使用 Libtool），留供後續使用
noinst_DIST         與套件一同派送，僅此而已
python_PYTHON       Python 程式碼，編譯成位元碼並安裝到 Python 套件所在的位置
```

定義完需要的型式變數，就能夠使用型式變數指定個別檔案的處理方式，在稍早的 Hello, World 範例中只需要處理一個檔案：

```
bin_PROGRAMS = hello
```

以下的範例，noinst_DIST 放置了編譯後測試所需的資料，但並不值得與套件一同安裝，每行都可以依需要加上任何數量的項目，例如：

```
pkginclude_HEADERS = firstpart.h secondpart.h
noinst_DIST = sample1.csv sample2.csv \
              sample3.csv sample4.csv
```

內容變數

noinst_DIST 指定的項目只會被複製到派送套件，而 HEADERS 只會被複製到目標目錄下並設定適當的權限，基本上都設定好了。

對於 ..._PROGRAMS 與 ..._LDLIBRARIES 等的編譯步驟，Automake 還需要知道更多編譯工作的細節，至少得知道需要編譯哪些原始碼檔案。因此，在需要編譯的型式變數等號

右側的每個項目，都需要有另一個變數指明對應的來源（source）。例如，以下這兩個程式就需要兩行 SOURCES：

```
bin_PROGRAMS= weather wxpredict
weather_SOURCES= temp.c barometer.c
wxpredict_SOURCES=rng.c tarotdeck.c
```

對於基本的套件這些資訊差不多就夠了。

 我們再次違反了一個重要的原則，不同作用的東西應該要有不同的外觀：內容變數同樣也使用 lower_UPPER 的型式，跟之前的型式變數使用相同的格式，但卻是由完全不同的部分組成，目的也不相同。

在介紹基本 makefile 時提過 make 內建了一些預設的規則，能透過 CFLAGS 調整細部行為。Automake 的型式變數實際上定義了更多的預設規則，各自都有一組可作細部控制的相關變數。

例如，連結目的檔成為執行檔的規則可能是：

```
$(CC) $(LDFLAGS) temp.o barometer.o $(LDADD) -o weather
```

 GNU Make 在連結命令的第二部分使用 LDLIBS 作為函式庫變數；GNU Automake 在連結命令的第二部分則使用 LDADD。

在網路上很容易就可以找到文件，能清楚說明簡單的型式變數成長為最終 makefile 裡一整組目標的過程，但最快的方式是直接執行 Automake，直接檢視輸出的 makefile 內容。

開發人員可以對個別程式或函式庫設定參數，例如 weather_CFLAGS=-O1，或透過 AM_VARIABLE 設定所有編譯或連結共同的相關變數。以下是筆者常用的編譯器旗標，在「使用 Makefile」一節曾作過介紹：

```
AM_CFLAGS=-g -Wall -O3
```

上述設定中少了讓 gcc 使用較現代標準的 -std=gnu99 旗標，因為這是個編譯器專用旗標，如果在 *configure.ac* 中加上 AC_PROG_CC_C99，Autoconf 就會自動在 gcc 的 CC 變數加上 -std=gnu99。Autoscan 還不夠聰明，不會自動在 *configure.scan* 中加上這個設定值，開發人員必須自行修改 *configure.ac* 加入設定（本書寫作時，AC_PROG_CC_C11 巨集還不存在）。

特定規則會覆寫 **AM_** 開頭的規則，如果想要保存通用的設定值，必須使用如以下的型式：

```
AM_CFLAGS=-g -Wall -O3
hello_CFLAGS = $(AM_CFLAGS) -O0
```

加入測試

雖然還沒有介紹字典函式庫（dictionary library，稍後會在「延伸結構與字典」一節中介紹），但「單元測試」一節已經介紹過測試器具，當 Autotools 抽取出函式庫時，應該要再執行一次測試，建置的規劃如下：

- 以 *dict.c* 與 *keyval.c* 為基礎的函式庫，擁有 *dict.h* 與 *keyval.h* 兩個標頭檔，需要與函式庫一同派送。

- 測試程式，Automake 需要知道這是作為測試之用，不用安裝。

- 使用函式庫完成的 dict_use 程式。

範例 3-6 實現了上述的規劃，先建置完成函式庫，再用函式庫產生程式與測試器具，TESTS 變數指定了使用者輸入 make check 時需要執行的程式或命令稿。

範例 3-6　處理測試的 Automake 檔案（dict.automake）

```
AM_CFLAGS=`pkg-config --cflags glib-2.0` -g -O3 -Wall      ❶

lib_LTLIBRARIES=libdict.la                                 ❷
libdict_la_SOURCES=dict.c keyval.c                         ❸

include_HEADERS=keyval.h dict.h

bin_PROGRAMS=dict_use
dict_use_SOURCES=dict_use.c
dict_use_LDADD=libdict.la                                  ❹

TESTS=$(check_PROGRAMS)                                    ❺
check_PROGRAMS=dict_test
dict_test_LDADD=libdict.la
```

❶ 這有點作弊，不是每個系統上都有安裝 pkg-config，如果不能假設 pkg-config 存在，最安全的方式是透過 Autoconf 的 AC_CHECK_HEADER 與 AC_CHECK_LIB 檢查函式庫是否存在，要求使用者在函式庫不存在時修改 CFLAGS 或 LDFLAGS 環境變數，指定正確的 -I 或 -L 旗標。由於還沒有介紹 *configure.ac*，就先使用 pkg-config。

❷ 第一個動作是產生共享函式庫（使用 Libtool，所以 LTLIBRARIES 是以 *LT* 開頭）。

❸ 將檔名轉變為內容變數名稱時，將字元、數字以及 @ 之外的字元都轉換為底線，例如 libdict.la → libdict_la。

❹ 指定產生共享函式庫的方式之後，可以使用共享函式庫建置程式與測試。

❺ TESTS 變數指定了使用者輸入 make check 時執行的測試，通常是不需要編譯的 shell 命令稿，範例中使用了另一個變數 check_PROGRAMS，表示驗證用的程式需要編譯。以這個例子而言，兩者程式一樣，所以設定相同的名稱。

加入 makefile 細節

稍加研究 Automake 會發現它無法處理某些特殊的目標，這時可以自行在 *Makefile.am* 中加入需要的目標，寫法和 makefile 一樣。只要在 *Makefile.am* 的任意位置加入需要的目標及對應行為即可：

```
目標: 相依
    命令
```

Automake 會將這些內容一字不漏的複製到最終的 makefile 當中。例如在「Python Host」一節中的 *Makefile.am*，由於 Automake 不知道編譯 Python 套件的細節，特別指定了 Python 套件的編譯方式（Automake 只知道將 *.py* 檔案編譯成位元碼的方式）。

Automake 格式之外的變數也會原封不動複製到 makefile，這與 Autoconf 搭配使用時特別有用，例如在 *Makefile.am* 中指定變數：

```
TEMP=@autotemp@
HUMIDITY=@autohum@
```

然後在 configure.ac 中加上：

```
#configure is a plain shell script; these are plain shell variables
autotemp=40
autohum=.8

AC_SUBST(autotemp)
AC_SUBST(autohum)
```

那麼最後的 makefile 內容會是：

```
TEMP=40
HUMIDITY=.8
```

能夠很方便的將 Autoconf 吐出來的 shell 命令稿內容轉接到最後的 makefile。

configure 命令稿

configure.ac shell 命令稿會輸出兩個檔案：makefile（借助 Automake）以及 *config.h* 標頭檔。

打開先前範例的任一個 *configure.ac* 檔案，會注意到看起來完全不像是 shell 命令稿，這是因為使用了大量 Autoconf 預先定義的巨集（使用 m4 巨集語言），其他部分保證展開後會變成一般熟悉的 shell 命令稿。也就是說 *configure.ac* 並不是產生 configure shell 命令稿的指令或規格，它就是 configure，只是被非常優秀的巨集壓縮了。

m4 語言並沒有太多語法，每個巨集都如同函式，在巨集名稱之後都有用小括號括起來、以逗號分隔的參數列（不需要參數時通常會省略小括號）。雖然大多數語言使用 'literal text'，Autoconf 中的 m4 需要使用 [literal text]，以避免 m4 過度解讀輸入內容產生問題，建議將所有的巨集輸入值都用中括號括起來。

Autoscan 產出檔案的第一行就是很好的例子：

```
AC_INIT([FULL-PACKAGE-NAME], [VERSION], [BUG-REPORT-ADDRESS])
```

這些會產生出上百行的 shell 程式碼，這些程式碼當中的某些元素會設定為這幾個數值，中括號中的數值應該修改為符合專案的情況，通常會省略某些部分。例如，如果不想收到使用者意見，就可以使用以下命令：

```
AC_INIT([hello], [1.0])
```

在極端的情況，`AC_OUTPUT` 之類巨集的參數可以全部省略，那就不需要加上累贅的小括號了。

目前 m4 文件的慣例是用中括號標記可省略的參數（真的！！），所以要記得，對於 Autoconf 的 m4 巨集，中括號表示不會擴展的文字，但在 m4 巨集文件中，中括號表示可省略的參數。

還記得可以在命令稿裡把 if test ...; 寫成 if [...];這樣的結構，由於 *configure.ac* 只是壓縮後的命令稿，自然可以包含像這樣的語法結構。但因於中括號會先被 m4 處理，必須要使用 if test ...; 這樣的結構才行。

一個能夠正常運作的 Autoconf 檔案需要包含哪些巨集？依照出現的順序：

- `AC_INIT(…)`，已經介紹過了。

- `AM_INIT_AUTOMAKE` 讓 Automake 產生 makefile。

- **LT_INIT** 設定 Libtool，只有在安裝共享函式庫時才會需要。

- **AC_CONFIG_FILES([*Makefile subdir/Makefile*])**，告訴 Autoconf 處理所有列出的檔案，同時將 **@cc@** 等變數替換為適當的數值。如果有多個 makefile（通常會放置在子目錄），都得列在這裡。

- **AC_OUTPUT** 產出結果。

現在有了建置套件所需的規範，能夠用四、五行程式碼建置出適用於所有 POSIX 系統的套件，Autoscan 還可能產生了其中三行。

要將能夠運作的 *configure.ac* 加上智慧，真正的困難在於需要預測使用者可能發生的問題，以及找出 Autoconf 偵測對應問題的巨集（可能的話，還要修正問題）。之前介紹過這樣的範例：建議在 *configure.ac* 中加上 **AC_PROG_CC_C99** 檢查 C99 編譯器，POSIX 標準要求系統中必須以 **c99** 的命令名稱提供 C99 編譯器，但並不是每個系統都會完全符合 POSIX 標準的要求，這就是良好的 configure 命令稿應該檢查的部分。

是否擁有必要的函式庫是一定要檢查的必要條件，先回到 Autoconf 的輸出檔案，*config.h* 是標準 C 語言標頭檔，內容是一連串的 **#define** 命令。如果 Autoconf 檢查系統中有 GSL 存在，就會在 *config.h* 發現：

```
#define HAVE_LIBGSL 1
```

如此一來，開發人員就能夠在 C 語言程式碼加上 **#ifdef**，在適當的情況下有正確的行為。

Autoconf 並不只是依據命名規則尋找函式庫，期待能符合實際情況；它會產生許多不做任何事的程式，引用函式庫中的某個函式，試著連結函式庫，連結成功就表示連結器能夠如預期般找到並使用函式庫。Autoscan 無法自動產生函式庫檢查程序的原因就是因為不知道函式庫中包含了哪些函式。檢查函式庫的巨集只需要一行，指定函式庫名稱以及檢查用的函式，例如：

```
AC_CHECK_LIB([glib-2.0],[g_free])
AC_CHECK_LIB([gsl],[gsl_blas_dgemm])
```

對於使用到的函式庫，無法 100% 確認符合 C 語言標準的部分，在 *configure.ac* 加上一行檢查巨集，這些巨集就會在 **configure** 當中擴展成適當的 shell 命令稿程式碼。

讀者應該還記得，套件管理員大多將函式庫分為二進位共享目的套件（binary shared object package）以及包含標頭檔的開發套件。函式庫的使用者可能忘了（或甚至不知道）要安裝標頭檔套件，可以用以下方式檢查：

```
AC_CHECK_HEADER([gsl/gsl_matrix.h], , [AC_MSG_ERROR(
    [Couldn't find the GSL header files (I searched for \
    <gsl/gsl_matrix.h> on the include path). If you are \
    using a package manager, don't forget to install the \
    libgsl-devel package, as well as libgsl itself.])])
```

特別注意其中有兩個連續的逗號，`AC_CHECK_HEADER` 巨集的參數是檢查的標頭檔、標頭檔存在的對應動作，不存在的對應動作，範例中將第二個參數留白。

編譯過程可能發生哪些問題？要通曉所有電腦上的各種特點成為這方面的權威十分困難，畢竟每個人經常使用的電腦數量十分有限，Autoscan 可以提供許多有用的建議，而且重新執行 `autoreconf` 也會吐出進一步的警告訊息，提示可以加入 *configure.ac* 的元素。它提供了很好的建議 — 應該照著建議做，筆者見過最好的參考資料是 Autoconf 的使用手冊，是一份應該一再詳讀的文件，內容包含了 POSIX 標準、實作可能的遺漏以及務實的建議；同時也列出 Autoconf 處理的細部行為，一般開發人員就不需要費心在這些方面[7]，某些內容對撰寫程式也是十分良好的建議，某些則描述系統行為以及對應的 Autoconf 巨集，可以在專案的 *configure.ac* 中依據需要加入對應巨集。

VPATH 建置

假設原始碼套件位於 *~/pkgsrc*；那麼一般常見方式是在套件所在目錄編譯：
cd ~/pkgsrc; ./configure，但也可以從任何地方編譯：

```
mkdir tempbuild
cd tempbuild
~/pkgsrc/configure
```

這種作法被稱為 vpath 建置，對於 *pkgsrc* 是個共享唯讀路徑的情況十分方便，也很適合用來建置相同套件的不同設定版本。

為了做到 vpath 建置，Autoconf 定義了 srcdir 環境變數，開發人員可以透過以下方式使用：

- 在 configure.ac shell 程式碼中透過 $srcdir 使用

- 在自動產生的 makefile 中透過 $(srcdir) 使用

---

[7] 例如「Solaris 10 dtksh 以及 UnixWare 7.1.1 Posix shell.... mishandle braced variable expansion that crosses a 1024- or 4096-byte buffer boundary within a here-document」。

- 在 configure.ac 中以 AC_CONFIG_FILES 列出檔案時，以 @srcdir@ 的方式使用，Autoconf 會替換為目前所在的目錄

很值得偶爾花些時間測試套件能夠順利在其他目錄建置，要是無法找到檔案（筆者的測試資料檔常常發生這個問題），也許需要用上述的方式指定檔案所在的位置。

shell 的細節

因為 *configure.ac* 是使用者執行的 configure 的壓縮版本，可以依據需要加入任意的 shell 程式碼。在這麼做之前，千萬要再次確認現有巨集的確無法滿足需求 —— 情況真的獨特到以往沒有任何 Autotools 使用者遇過嗎？

如果無法在 Autoconf 中找到合適的巨集，可以查查 GNU Autoconf 巨集庫（*http://bit.ly/autoconf-a*）中的擴充巨集，可以儲存在專案的 *m4* 子目錄，Autoconf 就能夠找到並使用這些巨集。參考 [Calcote 2010]，對 Autotools 這些複雜的細節有很仔細的說明。

提供一塊明顯的資訊，告訴使用者接下來要進行的設定程序是不錯的做法，這不需要任何巨集，只需要使用 echo 就夠了。以下是簡單的例子：

```
echo \
"----------------------------------------------------------

Thank you for installing ${PACKAGE_NAME} version ${PACKAGE_VERSION}.

Installation directory prefix: '${prefix}'
Compilation command: '${CC} ${CFLAGS} ${CPPFLAGS}'

Now type 'make&& sudo make install' to generate the program
and install it to your system.

----------------------------------------------------------"
```

提示訊息使用了幾個 Autoconf 定義的變數，使用手冊中記載了系統定義可供使用的變數，但也可以自行在 configure 檔案中找到變數的定義。

另一個較為複雜、用於實際情況的 Autotools 範例，可以參考「Python Host」中連結 Python 函式庫的作法。

## 第四章

版本控制

Look at the world through your Polaroid glasses

Things'll look a whole lot better for the working classes.

— Gang of Four, "I Found that Essence Rare"

本章介紹版本控制系統（revision control system，RCS），能夠在專案發展過程記錄不同版本的快照（snapshot），例如書籍寫作的不同階段、反覆修改的情書或是程式。

使用版本控制系統改變了筆者的工作方式，可以把寫作想像成攀岩，沒有攀岩經驗的讀者可以想像一面高聳的岩壁，爬上岩壁是令人害怕又需要冒著生命危險的一件事。但在現代，整個過程是由一連串的小步驟所構成，綁好繩子，先向上爬幾公尺，接著利用特殊的設備（凸輪類保護器械、岩石釘、鐵鎖鉤環等等）把繩索釘到岩壁上，現在，就算落下，繩索也會被最近的鉤環勾住，相當地安全。過程中，注意力從攀上岩壁上方轉換為更可以處理的問題：找到下個適合釘上鉤環的位置。

回到用版本控制系統寫作，每天的工作內容不再是單調的朝向最終成品努力，而是一連串的小步驟，我可以加上什麼功能？可以修正哪個問題？完成每個步驟之後，都會確保程式碼安全，處在乾淨的狀態，要是下一步出了大問題，可以回到先前登錄（commit）的版本，不用從頭開始。

然而，要將寫作過程結構化，建立安全的回覆點只是個開始：

- 現在檔案系統加入了時間維度，能夠從版本控制系統的儲存庫查詢上星期的檔案狀態、了解上星期到現在期間的變化過程，單單這項能力就能夠大幅提昇工作時的信心。

- 追蹤專案的多個版本，例如自己以及工作伙伴的版本，即使是個人的工作內容，也可能想要為專案的某個實驗功能記錄獨立版本（**分支**，*branch*），讓實驗版本與能夠正常運作的穩定版本各自獨立。

- GitHub（*http://github.com*）有 314,000 個專案，宣稱主要使用 C 語言開發，在如 GNU 的 Savannah 等規模較小的版本儲存庫代管平台上，還有更多以 C 語言完成的專案，即使不打算修改程式碼，克隆（clone，複製）儲存庫是快速取得這些程式或函式庫供自己使用的方法；當個人專案已能足以供大眾使用（或在此之前），可以將儲存庫公開作為另一種派送的途徑。

- 假設有兩個人都擁有同一專案的版本，有相同的能力能夠修改程式碼，版本控制系統能夠讓這兩個人輕易合併彼此的工作進度。

本章會介紹 Git，這是個分散式版本控制系統（*distributed revision control system*），這表示專案的每個複本都是專案的完整儲存庫，擁有專案所有的歷史紀錄。Mercurial 與 Bazaar 是其他很受歡迎的分散式版本控制系統，這些系統的功能幾乎都可以一對一對應，主要的差異也隨著多年開發逐漸消失，讀者讀完本章後應該能夠輕易的使用這幾個分散式版本控制系統。

使用 diff 建立 Changes

版本控制最基本的工具是 `diff` 與 `patch`，兩者都是 POSIX 標準，系統中應該會有這兩個工具，讀者也許有兩個相當相似的文字檔；如果沒有，找個文字檔，修改後儲存成新檔名，接著試試：

```
diff f1.c f2.c
```

會產生一個清單，使用較適合機器而非人類使用的格式呈現，內容是兩個檔案間不同的文字行，利用 `diff f1.c f2.c > diffs` 將輸出重導向到文字檔，再用文字編輯器打開 *diffs* 檔案，文字編輯器可能會加上顏色標注，便於閱讀。讀者會看到某幾行標明了檔案名稱以及檔案中的位置，以 + 或 - 開頭的行顯示了這行的內容是加入檔案或從檔案中移除。執行 `diff` 時加上 `-u` 旗標會在增/減的資料前後多加上幾行內容。

假設有兩個目錄，內容分別是專案的兩個不同版本 *v1* 與 *v2*，使用 `-r` 旗標會產生一個包含兩個目錄所有差異的檔案：

```
diff -ur v1 v2 > diff-v1v2
```

patch 命令讀取 diff 檔案，執行檔案中列出的更動。假設團隊其他成員有專案的 *v1* 版本，只要將 *diff-v1v2* 寄給對方，再執行：

```
patch < diff-v1v2
```

就能夠將你做的更動加入對方的 *v1* 版本。

假始沒有其他團隊成員，也可以經常執行 diff，記下過程中的更動。當程式中出現臭蟲，更動的部分是最佳提示，能找出不該更動的程式碼。如果這些功能還不夠，假設已經刪除了 *v1*，也能夠在 *v2* 目錄反向使用異動檔 patch -R < *diff-v1v2*，取消 *v2* 的所有異動回到 *v1*；即使已經到了 *v4*，也可以「想像」透過取消一連串的異動，回到最初的狀態：

```
cd v4
patch -R < diff-v3v4
patch -R < diff-v2v3
patch -R < diff-v1v2
```

最後，會用「想像」是因為維護一連串的異動檔十分麻煩，也很容易出錯。因此需要版本控制系統，幫助開發人員維護與追蹤不同版本間的異動檔。

Git 的物件

Git 同樣是個 C 語言程式，由一組小型物件構成，其中最主要的物件是 commit 物件，類似於通用的 diff 檔案。有了前一個 commit 物件以及以此為基準之後的異動，就能夠建立新的 commit 物件封裝這些資訊。另外還需要索引（*index*）的協助，索引物件會記錄上一個 commit 物件之後登錄的異動，用來產生下一個 commit 物件。

commit 物件間的連結形成樹狀結構，每個 commit 物件（至少）有一個父 commit 物件，在樹狀結構向上或向下移動，就相當於在版本間執行 patch 與 patch -R 命令。

在 Git 程式碼中，儲存庫（repository）本身並不是個正式的物件，但筆者將它視為物件，因為通常的操作，如新建（new）、複製（copy）以及釋放（free），都是以整個儲存庫為操作標的，在目前的工作目錄建立新儲存庫使用：

```
git init
```

這樣就有了個版本控制系統，由於 Git 將所有資訊儲存在 .git 目錄，一般使用者可能不會發現，使用 ls 等常用命令時不會顯示出以 . 開頭的檔名，必須透過 ls -a 或是在檔案管理工具中強制顯示隱藏檔案才會顯示。

其次，可以使用 `git clone` 複製儲存庫，能夠從 Savannah 或 Github 取得專案。以下命令可以取得 Git 的原始碼：

```
git clone https://github.com/gitster/git.git
```

對於想要複製本書範例程式碼的讀者，可以使用以下的命令：

```
git clone https://github/b-k/21st-Century-Examples.git
```

如果想要對 *~/myrepo* 的儲存庫做些嘗試又擔心弄壞了東西，可以建立暫時目錄（例如 `mkdir ~/tmp; cd ~/tmp`），透過 `git clone ~/myrepo` 複製儲存庫後再開始實驗。等到實驗完成後刪除副本（`rm -rf ~/tmp/myrepo`），完全不會對原始版本造成任何影響。

由於儲存庫的所有資料都在專案目錄的 `.git` 子目錄，釋放儲存庫資料只需要：

```
rm -rf .git
```

擁有完整的儲存庫內容就表示在家中與工作環境都有額外的副本，將所有的東西複製到暫時目錄作些嘗試等等，不需要擔心額外的問題。

就快要可以開始建立 commit 物件，但因為 commit 物件記錄了目前狀態到初始點或前一個 commit 的差異，需要先產生差異才能夠建立 commit。索引（Git 程式碼：`struct index_state`）是會被包含在下一次 commit 的異動清單，索引物件存在的目的是避免將專案目錄的所有異動都記錄到 commit 物件，例如：*gnomes.c* 與 *gnomes.h* 會產生 *gnomes.o* 以及執行檔 *gnomes*。版本控制系統應該記錄 *gnomes.c* 與 *gnomes.h* 的變動，其他部分則可以在需要時產生，因此，索引的主要操作就是將元素加入異動清單當中：

```
git add gnomes.c gnomes.h
```

其他對已追蹤檔案列表的操作也需要加入索引：

```
git add newfile
git rm oldfile
git mv file file
```

對於曾經使用過其他版本控制系統的使用者而言，修改已納入 Git 追蹤的檔案不會自動將更動加入索引是很奇怪的事（參看以下的解釋），使用 `git add changedfile` 加入個別檔案，或是使用：

```
git add -u
```

將所有已納入 Git 追蹤檔案的異動加入索引。

當索引中包含足夠數量異動，應該記錄為儲存庫中的 commit 物件時，就可以執行以下命令建立新的 commit 物件：

```
git commit -a -m "註解內文"
```

-m 旗標會將訊息指定給新建立的版本，以後使用 `git log` 時就會看到這些訊息；如果省略訊息，Git 會自動帶出文字編輯器讓使用者輸入訊息，可透過 EDITOR 環境變數指定啟動的文字編輯器（通常預設編輯器是 vi，如果想要使用其他編輯器，可以在 shell 的啟動命令稿，如 .bashrc 或 .zshrc 中使用 export 命令指定環境變數值）。

-a 旗標告訴 Git 使用者可能忘了執行 `git add -u`，要求 Git 在建立 commit 之前先執行這個命令，實務上，這表示不需要另外執行 `git add -u`，只要記得在執行 `git commit` 命令時加上 -a 旗標就行了。

很容易發現有經驗的 Git 使用者會盡量為 commit 建立一致、清楚的註解，不會使用「加入 index 物件，以及一些其他的修正」這樣的註解訊息，有經驗的 Git 使用者分別對「加入 index 物件」以及「修正臭蟲」建立兩個 commit 物件，因為所有的異動都不會自動加入索引。作者有能力控制需要納入索引的異動內容，只加入能夠精確描述修改目的的程式異動，將索引寫為 commit 物件，接著再將其他異動納入新的索引建立另一個 commit 物件。

筆者曾經看過某個部落格作者花了好幾頁的篇幅說明他的 commit 程序：「對於很複雜的情況，會印出 diff 內容，用六種不同的顏色標記…」，然而，在成為 Git 高手之前，對於索引的高度控制能力可能遠超乎需求，也就是說不使用 -a 旗標的 `git commit` 命令是很多人從來不會考慮的進階用法。在理想情況下應該預設為 -a，但實際上並不是這樣，別忘了加上 -a 旗標。

`git commit -a` 會在儲存庫中依據索引中能夠追蹤的異動，建立新的 commit 物件後清除索引區內容，儲存工作進度之後，可以繼續進行後續工作；或是能夠刪除任何檔案，有把握能夠在需要時再作復原。這也是目前版本控制系統真正也最主要的好處，不需要再在程式碼中留下許多註解掉的無用程式了，直接刪除就好！

建立 commit 之後，幾乎總是會想起忘了某些東西，這時候不需要建立另一個 commit，可以執行 `git commit --amend -a` 取消上一次的 commit 物件。

建立 commit 物件之後，使用者與它的互動主要是檢視其內容，可以使用 git diff 檢視異動，也就是 commit 物件的核心，或是使用 git log 檢視後設資料（metadata）。

最主要的後設資料是物件名稱，命名規則對使用者很不友善但卻有其意義：SHA1 雜湊值，一個被指派給 commit 物件的 40 位元十六進位數值，可以假設沒有任何兩個物件有相同的雜湊值，以及相同的物件即使在不同的儲存庫副本也會有相同的雜湊值。為檔案建立 commit 物件時，會在畫面上看到雜湊值的前幾個位數，可以執行 git log 看到目前 commit 物件過往歷史的 commit 物件清單，清單內容包含雜湊值以及建立 commit 物件時附帶的註解（參看 git help log 對其他後設資料的介紹），所幸使用時只需要輸入前幾位雜湊值，只要不跟儲存庫中其他的雜湊值重複就行了。因此，假設看完 log 清單，決定取出編號 fe9c49cddac5150dc974de1f7248a1c5e3b33e89 的版本，只需要輸入：

```
git checkout fe9c4
```

這提供了類似 patch 命令的時間回溯能力，能將專案狀態回溯到 fe9c4 commit 物件。

由於每個 commit 物件只有指向親代的指標，沒有指向子代的指標，透過 git log 檢查舊 commit 物件時，只會回溯到更早的 commit 物件，而非延伸到更新的 commit 物件。很少使用的 git reflog 會顯示儲存庫中所有 commit 物件的完整列表，但是要跳到最新版本最簡單的方式是使用標籤（*tag*），這是個對人類友善的名稱，不需要透過 log 命令找出正確的版本名稱，儲存庫中透過個別物件維護標籤，持有指向與標籤關聯的 commit 物件的指標。最常用的標籤是 master，指向主幹（master branch）上最新的

commit 物件（因為還沒有介紹分支，這可能是儲存庫中唯一的分支），因此，回到最後狀態只需要使用：

```
git checkout master
```

再回到 git diff，這個命令會顯示上次 commit 版本到目前的所有變動，輸出的就是下一次使用 git commit -a 命令建立的 commit 物件內容，如同傳統 diff 程式，git diff > diffs 會將結果寫入檔案，適合用支援顏色標記的文字編輯器觀看。

不帶任何參數時，git diff 會顯示索引與目前專案目錄的差異，指定 commit 物件名稱時，git diff 會顯示指定的 commit 物件到目前專案目錄間的所有變動，指定兩個名稱則會顯示兩個 commit 之間的變動：

```
git diff              顯示工作目錄與上次 commit 間的 diff
git diff --staged     顯示索引與上個 commit 間的 diff
git diff 234e2a       顯示工作目錄與指定 commit 物件間的 diff
git diff 234e2a 8b90ac 顯示從第一個 commit 物件到第二個 commit 物件間的 diff
```

還有一些慣例的名稱，能夠省下開發人員使用十六進位碼的麻煩，HEAD 表示最近一次簽出（check-out）的 commit，通常也就是目前所在分支的尖端；不是的話，Git 會顯示「detached HEAD」的錯誤訊息。

在 commit 名稱後加上 ~1 代表指定 commit 的親代，~2 表示祖父，依此類推，以下都是合法的使用方式：

```
git diff HEAD~4        #比較工作目錄與第四個 commit
git checkout master~1  #比較 master 分支的最新兩個 commit 的差異
git checkout master~   #前一個命令的簡寫
git diff b8097~ b8097  #顯示 b8097 commit 改變的內容
```

到現在，已經介紹了：

- 經常儲存專案的持續變動。

- 取得 commit 版本的清單。

- 找出最近改變或更改的內容。

- 取得較早的版本，以便在需要的時候回復到先前的狀態。

擁有組織化的備份系統能讓人有信心刪除程式碼，有把握能夠在需要時回復，就能成為更好的程式設計師。

Stash

commit 物件是絕大多數 Git 操作的參考點，例如 Git 傾向於對 commit 套用 patch，開發人員可以跳躍到任何一個 commit 所在的版本，但要是從沒有對應到任何 commit 的工作目錄跳到其他版本，就沒辦法回到先前的狀態，Git 會在目前工作目錄含有未記錄（uncommitted）更動時發出警告，大多數情況下也會拒絕執行使用者輸入的指令。這種情況下，要回到特定 commit 的方法之一是將上次 commit 之後的所有進度寫下來，將專案回到上一個 commit 的狀態，執行指令，接著再於執行完跳躍或 patch 後重新執行先前儲存的進度。

因此有了 *stash*，這是個特殊的 commit 物件，幾乎等同於 `git commit -a` 的功能，再加上其他的特性，例如保持工作目錄中所有未追蹤的東西。以下是常見的使用情境：

```
git stash
# 現在程式碼回到最新版本的狀態
git checkout fe9c4

# 到處看看

git checkout master    # 或其他之前處理的 commit 物件
# 程式碼現在回到了最新版本的狀態，重新加上之前處理中的 diff
git stash pop
```

另一個取消工作區中所有變動的做法是使用 `git reset --hard`，這會讓工作目錄回到上一個 `checkout` 命令的狀態。這個命令看起來很嚴重，實際上也的確如此，上一個 checkout 命令之後所有的工作都會被丟棄。

樹與分支（Branch）

當第一個作者執行 `git init` 建立儲存庫時，會在儲存庫中產生一顆樹，讀者可能很熟悉資料結構中的樹，樹是由許多節點（node）構成，每個節點有些指向子代的連結以及一個指向親代的連結（Git 的樹十分特殊，節點能夠有多個親代）。

事實上，除了初始的 commit 物件之外，所有的 commit 物件都有親代，commit 物件儲存自己與親代間的 diff，終端節點也就是分支末端，會標上分支名稱的標籤。為了接下來的說明，在分支末端以及分支上的 diff 序列間有一對一的對應，這個一對一的對應表示分支以及分支末端的 commit 物件在使用上有相同的效果。因此，如果 master 分支末端的 commit 物件是 234a3d，那麼 `git checkout master` 與 `git checkout 234a3d` 兩個命令完全等價（直到建立新的 commit 物件，移動了 master 標籤的位置），這也表示任何時候都能夠從標籤的末端的 commit 重建分支中所有 commit 物件的列表，回溯到樹的源頭。

一般慣例是讓 master 分支隨時都處於能夠正常執行的狀態，想要增加新功能（feature）或是嘗試新方法時，先建立新的分支，等到分支能夠完全正常執行，就使用接下來介紹的命令將新功能合併（merge）回到 master 中。

有兩個方式可以從專案目前的狀態建立新的分支：

```
git branch new_leaf          # 建立新分支
git checkout new_leaf        # 接著取出剛才建立的新分支
    # 或是使用以下命令，相當於同時執行上面兩個步驟：
git checkout -b new_leaf
```

建立新分支之後，可以用 **git cehckout master** 與 **git checkout** *newleaf* 命令在兩個分支的末端切換。

想知道目前位於哪個分支？可以用以下命令：

```
git branch
```

這個命令會列出所有分支，並在目前分支之前加上 * 標記。

如果有時光機器，那麼回到出生之前殺了自己的父母會發生什麼事？從科幻小說中得到的啟示，改變歷史並不會改變現在，而是產生全新的歷史分支；因此，如果簽出舊版本修改，再用這些全新的修改建立 commit 物件，就會從 master 分支上產生全新的分支。使用這種方式從過去產生分支時，**git branch** 會顯示目前處於 (no branch)；沒有任何標籤標記的分支很容易發生問題，一旦發現目前處於 (no branch)，就該執行 **git branch -m** *new_branch_name* 為全新產生的分支命名。

視覺化輔助

圖形化介面在追蹤分支的產生與合併時有很大的幫助，**gitk** 或 **git gui** 是以 Tk 為基礎的 GUI 程式、**tig** 則是使用於終端機視窗（curses）的 GUI 工具，也可以透過 **git instaweb** 啟動網頁伺服器，透過瀏覽器操作；又或透過套件管理工具或搜尋引擎找到許多其他的圖形化工具。

合併（Merge）

到目前為止，新的 commit 物件都是從原有的 commit 物件加上索引中的 diff 列表所產生，分支也是由一連串的 diff 構成，因此，任意的 commit 物件再加上分支中的 diff 列表，應該也可以將分支中所有的 diff，套用到原有的 commit 物件上產生新的 commit 物件；這就是合併（*merge*），要將 *newleaf* 分支上發生的所有更動合併到 master 分支，必須先切換回 master 再執行 git merge 命令：

```
git checkout master
git merge newleaf
```

如果是從 master 建立新的分支開發新功能，等到新功能通過所有測試後，再將開發分支中所有的 diff 套用到 master 上，就會建立一個包含新功能的 commit 物件。

假設開發新功能期間，從來不曾切換到 master 做任何更動，那麼將分支的一系列 diff 套用到 master，就只是單純的在 master 分支重新執行一次分支中 commit 物件記錄的所有 diff，Git 的術語將這稱為 *fast-forward*（快轉）。

但如果在 master 存在其他更動，就無法直接套用所有的 diff；例如，假設在分歧點時的 *gnomes.c* 是：

```
short int height_inches;
```

在 master 中，移除了型別限制：

```
int height_inches;
```

而 *newleaf* 的目的是轉換為公制：

```
short int height_cm;
```

這時候 Git 就無法自動處理，必須理解程式設計師的意圖才有辦法合併這幾行程式碼。Git 的解決方式是修改文字內容，同時包含兩個版本：

```
<<<<<<< HEAD
int height_inches;
=======
short int height_cm;
>>>>>>> 3c3c3c
```

合併會先暫停，等待使用者修改檔案，明確表示要採用的方案，以這個例子，開發人員也許會將 Git 留在檔案中的 5 行程式碼縮減為：

```
int height_cm;
```

以下是 commit 非 fast-forward 合併的步驟，也就是兩個分支在分歧點後各自都有變動：

1. 執行 git merge *other_branch*。

2. 很有可能會看到提示，顯示有需要處理（resolve）的衝突（conflict）。

3. 使用 git status 列出未合併檔案清單。

4. 逐個檔案檢查，用文字編輯器編輯檔案內容，找出內容衝突的合併標記，如果是檔名或檔案位置衝突，就將檔案移到正確的位置。

5. 執行 git add *your_now_fiexed_file*。

6. 重複步驟 3 到步驟 5，直到處理完所有未合併檔案。

7. 執行 git commit 確認合併結束。

要習慣這些人工程序 ，Git 對合併十分保守，不會依據預先指定的原則自動處理，遺失工作成果。

處理完合併之後，所有被合併分支中的 diff 都會呈現在合併分支當中，成為合併分支最新的一個 commit 物件，一般在合併完成後會刪除被合併的分支：

```
git branch -d other_branch
```

雖然 *other_branch* 標籤被刪除，但形成分支的 commit 物件仍然存在於儲存庫中，作為參考之用。

重設基線（Rebase）

假設有個主分支以及在星期一建立的測試用子分支，在星期二到星期四之間，兩個分支都做了許許多多的修改，到了星期五將測試分支合併回主分支時，面臨的是大量需要解決的衝突。

讓這個星期重來一次，在星期一從主分支建立了測試分支，表示兩個分支共同的 commit 物件是星期一主分支上的 commit 物件；到了星期二，主分支上的新 commit 物件是 abcd123，當天下班前，可以將主分支上所有的 diff 都套用到測試分支上：

```
git branch testing     # 切換到測試分支
git rebase abcd123     # 也可以用 git rebase main
```

透過 rebase 命令，可以將主分支上共同親代之後所有的更動都套用到測試分支，過程中也許會需要手動合併一些內容，但只需要合併一天的工作量，希望有比較處理得來的合併數量。

現在 abcd123 之前的所有 change 同時存在兩個分支，就如同 abcd123 是兩個分支的分歧點，而不是星期一一早的 commit 物件。這也是這個過程名稱的來源：測試分支的基準點被重新設定到主分支上新的位置。

同樣在星期三、四、五最後都重設基線，因為測試分支跟上了週間的工作進度，每次的合併過程都比星期五一次合併容易處理。

重設基線通常被視為 Git 的進階功能，其他使用功能較少的 diff 程式的系統就無法提供這個功能；但實際上重設基線與合併有相同的地位：都是套用其他分支的 diff 建立 commit 物件，唯一差別在於合併兩個分支的末端（也就是合併）或是兩個分支持續有各自的發展（也就是重設基線）。一般的使用是在子分支上使用重設基線取得主分支上的 diff，將子分支上的 diff 合併回主分支上，兩個命令彼此對稱；附帶一提的是，讓 diff 同時出現在兩個分支中會造成合併上很大的困擾，最好是經常重設基線。

遠端儲存庫

目前介紹的所有功能都發生在同一棵樹，但如果從其他地方複製（clone）儲存庫，在那個當下，雙方擁有完全相同的樹與完全相同的 commit 物件。然而，兩個人會持續修改，也就會在各自的樹中建立不同的 commit 物件。

儲存庫中有個 remotes 清單，內容是世界各地與本身儲存庫相關儲存庫的指標，如果是透過 git clone 取得目前的儲存庫，那麼在新的儲存庫中會將 clone 的原始儲存庫稱為 origin，一般而言，這也是唯一會使用的遠端儲存庫。

在初次 clone 後執行 git branch 命令，不論原始儲存庫中有多少分支都只會看到一個分支，但執行 git branch -a 就會顯示 Git 所知的所有分支，包含遠端儲存庫與本地儲存庫中的分支。如果從 Github 等服務 clone 儲存庫，能夠利用這個命令觀看是否有其他使用者將自己的分支推送（push）到中央儲存庫（central repository）。

本地儲存庫中的分支複本會維持與第一次拉取（pull）時相同，一週之後，執行 git fetch 命令，從原始儲存庫中取得資訊，更新遠端分支等訊息。

本地儲存庫有了最新的遠端分支資訊之後，可以使用分支的完整名稱合併分支，例如：
`git merge remotes/origin/master`。

`git fetch; git merge remotes/oriign/master` 命令也可以簡化為：

```
git pull origin master
```

能夠取得遠端 changes 並合併到目前儲存庫當中。

相反的動作就是 push，能夠將最新的 commit 物件更新到遠端儲存庫（而不是本地端索引或工作目錄），如果正在修改 bbranch 分支，想要用相同的名稱推送到遠端，可以使用以下命令：

```
git push origin bbranch
```

推送 changes 將本地分支中的 diffs 套用到遠端分支時，很有可能並不是 fast-forward 合併（如果是，那表示團隊其他成員還沒有推送任何進度），解決非 fast-forward 合併一般需要人力介入，但遠端儲存庫並沒有能夠處理的人。因此，Git 只允許 fast-forward 推送，那麼要如何確保推送內容是 fast-forward？

1. 執行 `git pull origin` *bbranch* 取得上次推送之後，遠端儲存庫上所有的 changes。

2. 使用之前介紹的方式合併，人工解決電腦無法處理的 changes。

3. 執行 `git commit -a -m` *"dealt with merges"*。

4. 執行 `git push origin` *bbranch*，因為現在 Git 只需要套用一個 diff，自然能夠自動完成。

目前的介紹都假設本地分支的名稱與遠端分支相同（例如都稱為 master），要是名稱不同，就必須使用 *source:destination* 的方式表示分支。

```
git fetch origin new_changes:master   #將遠端 new_changes 分支合併到本機 master 分支
git push origin my_fixes:version2     #將本機分支合併到遠端不同名稱的分支
git push origin :prune_me             #刪除遠端分支
git fetch origin new_changes:         #拉取遠端更動，不寫入任何分支，產生一個名稱
                                        FETCH_HEAD 的 commit
```

這些命令都不會改變目前所在的分支，而是建立可以用 `git checkout` 切換的新分支。

中央儲存庫

儘管有許多分散式（decentralization）的討論，最簡單的共享設定仍然是有個供所有人 clone 的中央儲存庫（central repository），也就是所有的人都有相同的原始儲存庫，這也是一般從 Github 與 Savannah 下載的運作方式。用這種方式設定儲存庫時要使用 `git init --bare` 命令，表示沒有人能直接在那個目錄中作業，使用者必須透過 clone 才能進行作業。也有一些很方便的權限旗標，如 `--shared=group`，能讓相同 POSIX 群組的成員讀取儲存庫。

對於非 bare 遠端儲存庫，如果儲存庫所有者簽出（check out）儲存庫，其他人就無法推送分支到儲存庫。發生這種情況時，得請同事 `git branch` 到其他分支，再推送到暫時無人使用的目標分支。

或是，同事可以建立一個公開的 bare 儲存庫以及一個私有的工作儲存庫，其他人可以推送到公開儲存庫，同事再於適當的時間將公開儲存庫的 changes 拉取到工作儲存庫。

Git 儲存庫的結構並不會太過複雜：有代表從親代 commit 物件之後更動的 commit 物件，將 commit 物件組織成樹，再透過索引收集用於下次 commit 的更動；透過這些元素能夠組織作品的多種版本，開發人員能夠放心的刪除內容、建立實驗性分支並在通過所有測試後合併回主分支，以及將同事的工作成果合併到自己的作品當中。接下來，讀者可以透過 `git help` 或是網路搜尋，找到許多讓工作流程更流暢的教學以及各式各樣的技巧。

## 第五章

攜手合作

世界上有無數的程式語言，絕大多數都有 C 語言介面，本章簡短介紹與其他語言介接的程序，並以 Python 程式語言示範其中的細節。

每個語言都有各自打包與派送（distribution）的規範，也就是寫完 C 語言與主語言（host language）的橋接程式碼之後，接著必須讓打包系統編譯與連結各個部分，這個過程能夠示範 Autotools 的進階技巧，例如條件式處理子目錄以及加入安裝掛勾（hook）。

動態載入

在進入其他程式語言之前，可以花些時間欣賞實現這一切的 C 語言函式：dlopen 與 dlsym，這些函式會開啟動態函式庫以及從函式庫中讀取符號（symbol），如靜態物件與函式。

這兩個函式都是 POSIX 標準的一部分，Windows 系統也有類似的機制，但使用的函式是 LoadLibrary 與 GetProcAddress，為了簡化後續的介紹，以下就只使用 POSIX 的函式名稱。

「共享物件檔」（shared object file）這個名字取得很好，很清楚的說明了檔案的作用：這類檔案包含了一系列的物件，包含了供其他程式使用的函式以及靜態定義的結構。

使用這類檔案類似於從文字檔中取得檔案的內容，處理文字檔時，會先呼叫 fopen 取得檔案的識別標記（handle），接著呼叫適當的函式尋找檔案內容，傳回找到項目的位置。在處理共享物件檔時，開啟檔案的函式是 dlopen，搜尋符號使用的函式則是 dlsym，神奇的地方是對傳回指標的使用方式，對於一連串的文字項目，指標是指向純文字內容，能夠進行一般的文字處理。如果是使用 dlsym 取得指向函式的指標，就能夠呼叫指標指到的函式，如果指標指到的是個 struct，就能夠立即使用指標指向的 struct，像是已經初始化的物件一般。

這就是 C 語言程式呼叫函式庫函式時，取得與使用函式的過程，擁有外掛（plugin）系統的程式會透過這樣的機制載入其他開發人員開發的程式，想要呼叫 C 語言程式的命令稿語言也必須呼叫相同的 dlopen 與 dlsym 函式。

範例 5-1 是個很簡單的 C 語言解譯器，示範 dlopen/dlsym 的功能，解譯器的程式邏輯是：

1. 要求使用者輸入 C 語言函式的程式碼

2. 將函式編譯為共享物件檔

3. 透過 dlopen 載入共享物件檔

4. 透過 dlsym 取得函式

5. 執行使用者於步驟 1 輸入的函式

以下是執行範例：

```
I am about to run a function. But first, you have to write it for me.
Enter the function body. Conclude with a '}' alone on a line.

>> double fn(double in){
>>   return sqrt(in)*pow(in,2);
>> }
f(1) = 1
f(2) = 5.65685
f(10) = 316.228
```

範例 5-1　本程式可以讓使用者提供函式，即時編譯後執行（*dynamic.c*）

```
#include <dlfcn.h>
#include <stdio.h>
#include <stdlib.h>
#include <readline/readline.h>

void get_a_function(){
    FILE *f = fopen("fn.c", "w");
    fprintf(f, "#include <math.h>\n"              ❶
               "double fn(double in){\n");
    char *a_line = NULL;
    char *prompt = ">>double fn(double in){\n>> ";
    do {
        free(a_line);
        a_line = readline(prompt);                ❷
        fprintf(f, "%s\n", a_line);
```

```
        prompt = ">> ";
    } while (strcmp(a_line, "}"));
    fclose(f);
}

void compile_and_run(){
    if (system("c99 -fPIC -shared fn.c -o fn.so")!=0){         ❸
        printf("Compilation error.");
        return;
    }

    void *handle = dlopen("fn.so", RTLD_LAZY);                  ❹
    if (!handle) printf("Failed to load fn.so: %s\n", dlerror());

    typedef double (*fn_type)(double);                         ❺
    fn_type f = dlsym(handle, "fn");
    printf("f(1) = %g\n", f(1));
    printf("f(2) = %g\n", f(2));
    printf("f(10) = %g\n", f(10));
}

int main(){
    printf("I am about to run a function. But first, you have to write it for me.\n"
        "Enter the function body. Conclude with a '}' alone on a line.\n\n");
    get_a_function();
    compile_and_run();
}
```

❶ 這個函式將使用者的輸入寫成函式，引入數學函式庫的檔頭（也就是能夠使用 pow、sin 等函式），並加上正確的函式宣告。

❷ 主要是 Readline 函式庫的介面，程式設計師指定提示符號，函式配備了能方便使用者在提示符號後輸入文字的機制，同時會傳回使用者輸入的字串。

❸ 現在使用者的函式是個完整的 .c 檔案，用通用的 C 語言編譯器編譯，讀者可以修改這行內容，加上自己常用的旗標。

❹ 開啟共享物件檔讀取物件，延遲聯繫（lazy binding）表示函式名稱只有在用到的時候才會解析。

❺ dlsym 函式會傳回 void * 指標，所以必須指定函式的型別。

這是本書所有程式範例中與系統關係最深的了，其中使用了 GNU Readline 函式庫，某些系統預設會安裝這個函式庫，只需要一行程式碼就能夠解決處理使用者輸入的麻煩。另外使用了 system 命令呼叫編譯器，但編譯器的旗標完全沒有標準化，所以讀者必須依據自己系統上的編譯器，調整範例程式使用的旗標。

動態載入的限制

如果進一步整理程式碼，加上正確的 #ifdefs 讓程式能夠在 Windows 平台執行時使用
LoadLibrary （實際上 GLib 已經幫我們做完這些工作了，讀者可以參看 GLib 對
gmodules 的相關文件），將程式編譯成完整的讀取-運算-輸出迴圈不是更加完善嗎？

不幸的是，使用 dlopen 與 dlsym 沒辦法做到這事，程式該叫 dlsym 讀取什麼樣的資訊？
一定不會是區域變數，因為 dlsym 只能夠讀取宣告在檔案內全域範圍的靜態變數，以
及共享物件函式庫裡的函式，單單這個很基本的例子，就已經讓 dlopen 與 dlsym 遇到
困難了。

即使只考慮 C 語言裡的函式與全域變數，也能夠做到許多事。函式可以依需要建立新
物件，全域變數則可能是維護函式列表的 struct，甚至是代表呼叫程式的函式名稱字
串，這些資訊都能夠透過 dlsym 達到。

當然，呼叫系統需要知道該取得什麼樣的符號，以及取得符號的使用方式，範例中要
求函式原型是 double fn(double)。如果是外掛系統，呼叫系統的開發人員可能會提供
詳細的文件，說明必要的符號以及各個符號會被使用的方式；如果提供給命令稿語言
載入的程式碼，那麼共享物件檔案的開發人員，就還得提供正確呼叫目的的命令稿程
式碼。

流程

接下來要討論撰寫便於讓主程式透過 dlopen/dlsym 使用程式碼，必須要考慮的問題：

- 在 C 語言端，必須撰寫易於其他程式語言呼叫的函式。

- 用主語言撰寫呼叫 C 函式的外覆（wrapper）函式。

- 處理 C 語言端的資料結構，這些資料結構能不能在兩個程式語言間來回傳遞？

- 連結 C 函式庫，也就是一旦編譯完所有的東西，必須確保在執行期系統能夠找
  到需要的函式庫。

考慮其他語言的注意事項

dlopen/dlsym 的限制對於可呼叫 C 程式碼的寫法有明顯的影響：

- 巨集是由前置處理器讀取，因此最後的共享函式庫中不會有巨集的蹤跡；第 10
  章會介紹各種 C 語言中使用巨集的方式，不需要依靠命令稿語言就能夠有更友

善的介面。但是當函式與 C 語言之外的世界連結時，這些巨集就英雄無用武之地，外覆函式必須重複實作函式呼叫巨集的行為。

- 開發人員必須讓主語言知道透過 dlsym 使用各個目的檔的方法，例如以主語言能夠理解的方式提供函式標頭；也就是說每個可視物件在主語言端都需要額外、重複的工作，因此必須限制介面函式的數量。某些 C 語言函式庫（例如「libxml 與 cURL」介紹的 libXML）有一組提供完整控制能力的函式，以及另一組適合一般情況使用的「簡易」外覆函式；如果讀者開發的函式庫包含大量函式，可以考慮寫幾個簡化的介面函式，只提供 C 語言函式庫核心功能的主語言套件，比起難以維護終至崩潰的函式庫要來得好。

- 物件在這種情況十分有用，第 11 章會更詳細介紹這個主題，簡單的說就是在一個檔案定義結構與幾個作為結構介面的函式，包含 *struct_new*、*struct_copy*、*struct_free*、*struct_print* 等等。定義良好的物件只會有少量的介面函式，或是有最小子集合併主語言端使用；如同下一節的討論，有個維護資料的核心結構會讓一切變得十分容易。

外覆函式

對於每個打算讓使用者呼叫的 C 語言函式，都需要在主語言端有一個外覆函式，主要目的如下：

服務使用者

不熟悉 C 語言的主語言使用者，不會想要花精神了解 C 語言呼叫系統，他們會希望有個說明函式的輔助系統，輔助系統也許會直接連結到主語言端的函式與物件。如果使用者習慣函式屬於物件的一部分，而 C 語言端的函式庫並沒有這樣的設定，那麼可以依據主語言端的習慣需要設定物件。

轉譯進出的資訊

主語言對整數、字串與浮點數的表示方式可能是 int、char* 與 double，但在很多情況下需要在主語言與 C 語言的資料型別間轉換。事實上需要轉換兩次，從主語言到 C 語言，之後呼叫 C 語言函式，最後再從 C 語言轉換回主語言，參看稍後的 Python 範例。

使用者會預期與主語言端的函式互動，因此很難避免為每個 C 語言函式都提供一個主語言函式，突然間需要維護的函式數量多了一倍。其中會有重複，因為在 C 語言端指定的預設值常常要在主語言端重複設定一次，而且每次修改 C 語言端參數都需要重複檢查主語言端的參數，非做不可：這些重複就是會存在，而且每次修改 C 語言端介面，都必須記得修改主語言端的介面，事情就是這樣。

讓資料結構穿越邊界

暫時先忘掉非 C 語言的部分，假設有兩個 C 語言檔案 struct.c 與 user.c，一個作為內部變數使用的資料結構，在第一個檔案以內部連結產生，並需要在第二個檔案裡使用。

跨檔案參照資料最簡單的方式是指標：struct.c 配置指標，user.c 接收指標，一切都很完美；結構的定義可以是公開的，以便於 user 檔案可以檢視指標指向的資料內容並作修改。由於 user 檔案中的程序是修改指標指向的資料，struct.c 與 user.c 兩個檔案使用到的資料不會不一致。

相反的，如果 struct.c 傳送的是資料副本，那麼一旦使用者做了更動，兩個檔案內部的資料就會不一致；如果預期收到的資料會立刻使用並丟棄，或是只作讀取，又或者是 struct.c 再也不會使用資料，那麼將所有權交給 user.c 也不會有任何問題。

因此，對於 struct.c 打算再次使用的資料結構的情況應該送出指標；如果是可拋棄的資料就可以直接傳送資料本身。

但萬一資料結構的結構沒有公開又該如何？user.c 當中的函數似乎收到指標後無法做任何操作，但實際上可以做一件事：把指標送回給 struct.c。從這個角度思考，這其實是十分常見的型式，使用者可能會透過串列配置函式取得串列物件（雖然 GLib 沒有提供串列配置函式），接著使用 g_list_append 加入元素，使用 g_list_foreach 操作串列中的每個元素等等，這一切都只需要將指向串列的指標在函式間傳送。

橋接 C 語言與其他不知道如何讀取 C struct 的程式語言時，這種作法被稱為**不透明指標**（*opaque pointer*）或**外部指標**（*external pointer*）。由於 typedef 並不屬於能夠使用 dlsym 從目的檔取得的資料內容，所有 C 語言程式碼中的結構都必須在呼叫語言端成為不透明指標[8]。如同先前兩個 C 語言程式碼的例子，不會誤解資料的所有權，透過

---

[8]　有時候遇到像 Julia 或 Cython 這樣的程式語言，這些程式語言的作者將 dlopen/dlsym 機制進一步的推廣，能夠在主語言端描述 C 語言結構，能夠輕易的在主語言端取得不透明指標的內容，這些開發人員都是作者心中的英雄。

適當的介面函式，仍然能夠完成許多工作，許多主語言都明確定義了透明指標的傳遞機制。

如果主語言不支援不透明指標，那麼還是要傳回指標，位址是個整數，用整數的方式寫入並不會產生任何誤會（範例 5-2）。

範例 *5-2* 　將指標位址視為整數完全沒有問題 ── 在純 *C* 語言中沒有任何理由這麼做，但與其他主語言溝通時會有需要（*intptr.c*）

```
#include <stdio.h>
#include <stdint.h> //intptr_t

int main(){
  char *astring = "I am somwhere in memory.";
  intptr_t location = (intptr_t)astring;      ❶
  printf("%s\n", (char*)location);            ❷
}
```

❶ `intptr_t` 型別能夠保證有足夠的空間儲存指標 [C99 §7.18.1.4(1) 以及 C11 §7.20.1.4(1)]。

❷ 當然，將指標轉型為整數會失去型別資訊，因此需要將資料明確的表示指標型別，這很容易出錯，因此這個技巧只應該在不認識指標的系統時使用。

可能發生哪些問題？如果主語言的整數型別太小，可能會無法完整儲存資料所在位置的資訊，這種情況下可能要將指標以字串的方式傳遞，接著當收到傳回的字串時，使用 `strtoll`（字串轉換為 `long long int`）解析回整數。總是會有辦法處理的。

另外，以上還假設了當指標傳送給主語言之後以及主語言再次要求指標時，指標位置不會改變也不會被釋放。例如，如果在 C 語言端呼叫了 `realloc`，就必須傳遞新的不透明指標（不論以任何型式）給主語言端。

連結

在先前的章節介紹了，動態連結到共享物件檔的問題，能夠透過 `dlopen/dlsym` 或是 Windows 平台上對應的函式解決。

但還有另一個層級的連結：如果 C 語言使用了系統上其他的函式庫，需要使用執行期連結（如同「執行期連結」中的介紹）又該如何？在 C 語言的世界裡，比較簡單的答案是使用 Autotools，從函式庫路徑尋找需要的函式庫並設定正確的編譯旗標。如果主語言的建置系統支援 Autotools，那連結系統上的其他函式庫並不會有什麼問題；如果能夠使用 `pkg-config`，可能也足以滿足開發人員的需求。萬一無法使用 Autotools 與

pkg-config，那只能祝你好運，希望讀者能夠在安裝主語言的系統上找出可靠的方式，正確連結使用的函式庫。似乎許多命令稿程式語言的作者仍然認為 C 語言函式庫間的連結是十分特殊的情況，需要每次人工處理。

Python Host

本章接下來以 Python 作為範例，使用範例 10-12 中的理想氣體方程式，示範先前介紹的整個步驟；目前，先假設函式正確無誤，只需要考慮打包的問題。Python 有大量線上文件詳細說明這些步驟的細節，但範例 5-3 足以展示這些抽象步驟實際的運作方式：註冊函式、將主語言格式的輸入轉換為 C 語言格式，以及將 C 語言的輸出轉換為主語言的格式，接著就可以連結了。

理想氣體函式庫只提供一個函式：計算輸入溫度下理想氣體的壓力值，因此最終的套件只比單純在畫面上印出「Hello, World」會稍微有趣些。無論如何，要先啟動 Python 並執行：

```
from pvnrt import *
pressure_from_temp(100)
```

第一行程式會將 pvnrt 套件中的所有元素載入目前的 Python 命名空間（namespace），接著執行 Python 的 pressure_from_temp 命令，就會載入實際執行工作的 C 語言函式（ideal_pressure）。

一切要從範例 5-3 開始，範例中的 C 語言程式碼使用 Python API 包覆了 C 函式，並將 C 語言函式宣告為接下來會設定的 Python 套件的一部分。

範例 5-3 理想氣體函式的外覆（py/ideal.py.c）

```
#include <Python.h>
#include "../ideal.h"

static PyObject *ideal_py(PyObject *self, PyObject *args){
    double intemp;
    if (!PyArg_ParseTuple(args, "d", &intemp)) return NULL;      ❶
    double out = ideal_pressure(.temp=intemp);
    return Py_BuildValue("d", out);                              ❷
}

static PyMethodDef method_list[] = {                            ❸
    {"pressure_from_temp", ideal_py, METH_VARARGS,
     "Get the pressure from the temperature of one mole of gunk"},
    {}
```

```
};

PyMODINIT_FUNC initpvnrt(void) {
    Py_InitModule("pvnrt", method_list);
}
```

❶ Python 送進一個物件，包含了函式所有的參數，類似 C 語言的 argv，這行程式
   會依據指定的格式（類似 scanf）將參數讀進 C 語言變數。如果需要解析 double、
   字串以及 integer，就會像是：PyArg_ParseTuple(args, "dsi", &indbl, &instr,
   &inint)。

❷ 輸出也是採取型別列表與 C 語言數值的方式，合併在一起傳回供 Python 端使用。

❸ 檔案的其他部分是註冊，先建立一個由函式組成的方法列表串列（包含 Python 名
   稱、C 語言函式、呼叫方式、一行說明文字），串列必須以 { } 結尾，接著再寫
   個 initpkgname 的函式，讀進方法串列。

從範例可以看到，Python 在處理輸出輸入轉譯的部分並不會太麻煩（在 C 語言端處理，
但也有些系統是在主語言端處理），這個檔案以註冊段落結束，也不算太糟。

接下來是編譯的問題，這需要真正解決一些問題。

編譯與連結

如同在「使用 Autotools 打包程式碼」一節的介紹，設定 Autotools 產生函式庫只需要
兩行 *Makefile.am* 程式碼，以及稍微修改由 Autoscan 產生的 *configure.ac* 樣板。Python
在這之上還加了一個自己使用的建置系統 Distutils，需要一些額外的設定，再修改
Autotools 檔案，讓 Distutils 能夠自動執行。

Automake 的條件式子目錄

筆者決定在專案主目錄下建立子目錄，放置所有 Python 相關的檔案，如果 Autoconf 偵
測到正確的 Python 開發工具，就要求 Autoconf 進入子目錄進行相關處理；如果找不
到開發工具，就可以忽略子目錄。

範例 5-4 的 *configure.ac* 檔案檢查了 Python 及其開發工具，如果找到正確的元件就編
譯 *py* 子目錄；前幾行與先前的範例差不多，來自於 autoscan 產生的內容，加上之前
額外加上的部分。接下來幾行檢查 Python，是筆者從 Automake 文件裡複製而來，會
產生 PYTHON 變數，內容是 Python 的路徑；對 *configure.ac* 來說需要兩個變數

HAVE_PYTHON_TRUE 與 HAVE_PYTHON_FALSE，在 makefile 裡就只有一個 HAVE_PYTHON 變數。

如果找不到 Python 或標頭檔，會將 PYTHON 變數設為：供稍後比較；如果找到需要的工具，就透過一個簡單的 shell if-then-fi 區塊，讓 Autoconf 設定目前所在的目錄以及 *py* 子目錄。

範例 *5-4* 　包含 *Python* 建置工作的 *configure.ac* 檔案（*py/configure.ac*）

```
AC_PREREQ([2.68])
AC_INIT([pvnrt], [1], [/dev/null])
AC_CONFIG_SRCDIR([ideal.c])
AC_COFNIG_HEADERS([config.h])

AM_INIT_AUTOMAKE
AC_PROG_CC_C99
LT_INIT

AM_PATH_PYTHON(,, [:])                                    ❶
AM_CONDITIONAL([HAVE_PYTHON], [test "$PYTHON" != :])

if test "$PYTHON" != : ; then                             ❷
AC_CONFIG_SUBDIRS([py])
fi

AC_CONFIG_FILES([Makefile py/Makefile py/setup.py])       ❸
AC_OUTPUT
```

❶　這幾行檢查 Python，如果 Python 不存在就將 PYTHON 變數設為：，接著根據檢查結果將 HAVE_PYTHON 設為適當的數值。

❷　如果 PYTHON 變數沒有設為：，Autoconf 就會進入 *py* 子目錄，否則就會忽略子目錄。

❸　*py* 子目錄下有個需要轉換為 makefile 的 *Makefile.am* 檔，接著列出 Autoconf 用來產生 *setup.py* 使用的 *setup.py.in* 檔案。

本章出現許多新的 Autotools 語法，例如上面的 AM_PATH_PYTHON 巨集，稍後還會介紹 Automake 的 all-local 及 install-exec-hook 目標；Autotools 本質上是基本系統（希望在第 3 章已經解釋得夠清楚了），並盡可能提供各種可能的狀況或例外所需的掛鉤（hook）。絕大多數掛鉤都不用特別記住，這些掛鉤都無法從基本原則推導出來，然而依據 Autotools 的運作原則，一旦出現特殊情況，總能夠在手冊或網路上找到大量適當的處方。

還需要告訴 Automake 子目錄的資訊，其實也就是另一個 if/then 區塊，如範例 5-5。

範例 5-5　含有 Python 子目錄專案的根目錄 Makefile.am 檔（py/Makefile.am）

```
pyexec_LIBRARIES=libpvnrt.a
libpvnrt_a_SOURCES=ideal.c

SUBDIRS=.

if HAVE_PYTHON          ❶
SUBDIRS += py
endif
```

❶　Autoconf 會產生 HAVE_PYTHON 變數，這裡則是使用變數的位置。如果變數存在，
   Automake 會將 py 加入處理目錄清單，否則就只會處理目前的目錄。

前兩行設定了名為 libpvnrt 的函式庫，指定這個函式需要與 Python 執行檔一同安裝，
並指定函式庫是由 ideal.c 原始碼產生。之後，指定需要處理的第一個子目錄，也就是 .
（目前目錄），靜態函式庫必須先於 Python 外覆函式庫之前建立，將 . 放在 SUBDIRS 清
單的開頭能夠確保順序正確。接下來如果 HAVE_PYTHON 檢查通過，就使用 Automake 的
+= 運算子將 py 目錄加入清單。

這個時候，已經有了一個只會在有 Python 開發工具存在時才會處理 py 子目錄的設定，
接下來該是進入 py 目錄，看看如何讓 Autotools 與 Distutils 兩個工具共同合作了。

用 Autotools 支持 Distutils

現在，讀者應該已經很熟悉編譯程式與函式庫的程序：

- 指定使用的檔案（例如，在 *Makefile.am* 中指定 *your_program*_SOURCES，或是直
  接使用本書提供的 makefile 範例，修改當中的 objects 清單）。

- 指定編譯器旗標（一般都是透過 CFLAGS 變數）。

- 指定連結器使用的旗標以及其他的函式庫（例如 GNU Make 使用的 LDLIBS 或是
  GNU Autotools 使用的 LDADD）。

總共就這三個步驟，雖然真正操作時會遇上各種千奇百怪的問題，但整個程序是十分
清楚明確的。本書目前示範了幾種不同的方式連結這三個部分：直接使用 makefile、
Autotools，以及 shell 別名。接下來要連結到 Distutils，範例 5-6 是用來控制產生 Python
套件的 *setup.py* 檔案。

範例 5-6　控制產生 *Python* 套件的 *setup.py* 檔（*py/setup.py.in*）

```python
from distutils.core import setup, Extension

py_modules=['pvnrt']

Emodule = Extension('pvnrt',
        libraries=['pvnrt'],                ❶
        library_dirs=['@srcdir@/..'] ,      ❷
        sources = ['ideal.py.c'])           ❸

setup (name = 'pvnrt',                       ❹
        version = '1.0',
        description = 'pressure * volume = n * R * Temperature',
        ext_modules = [Emoudle])
```

❶ 原始檔與連結器旗標，`libraries` 行表示會將 `-lpvnrt` 旗標送至連結器。

❷ 這行會在連結器旗標加上 `-L`，表示在指定的位置搜尋函式庫，可以採用與第 92 頁「VPATH 建置」所述相同的作法，透過 Autoconf 填入原始檔目錄的絕對路徑。

❸ 如同 Automake，要列出原始檔。

❹ 提供供 Python 與 Distutils 使用的套件後設資料。

Python 的 Distutils 透過 *setup.py* 設定建置程序，範例 5-6 是很標準的套件樣板：名稱、版本以及單行說明等等，這些資訊說明了以下三件事：

- 表示供主語言使用外覆的 C 原始檔（相對於供 Autotools 使用的函式庫）會列在 `sources` 陣列。

- Python 認識 `CFLAGS` 環境變數，Makefile 變數並不會延續到被 make 呼叫的程式，因此 *py* 目錄的 *Makefile.am*（範例 5-7）會先將 shell 變數 `CFLAGS` 指派給 Autoconf 的 `@CFLAGS@` 變數，接著再呼叫 `python setup.py build`。

- Python 的 Distutils 要求分離函式庫與函式路徑，由於這些資訊並不會經常變動，也許可以採用與範例相同的作法，手動修改函式庫清單（別忘了納入主要 Autotools 建置的靜態函式庫）。然而目錄會依主機而異，這也是使用 Autotools 協助產生 `LDADD` 的原因。

筆者選擇設定套件的方式是使用者呼叫 Autotools，再由 Autotools 呼叫 Distutils，所以接下來就是讓 Autotools 知道要呼叫 Distutils。

事實上，這也是 Automake 在 *py* 目錄下唯一的責任，所以子目錄裡的 *Makefile.am* 只處理這個問題。範例 5-7 中，需要一個編譯套件的步驟以及一個安裝步驟，兩個步驟分別對應到各自的 makefile 目標。設定步驟對應的是 all-local 目標，會在使用者執行 make 時自動呼叫；安裝則對應到 install-exec-hook，會在使用者執行 make install 時呼叫。

範例 *5-7*　設定 *Automake* 驅動 *Python* 的 *Distutils*（*py/Makefile.py.am*）

```
all-local: pvnrt

pvnrt:
        CFLAGS='@CFLAGS@' python setup.py build

install-exec-hook:
        python setup.py install
```

故事說到這裡，Automake 擁有在主目錄產生函式庫所需的所有資訊，Distutils 也有了在 *py* 目錄所需的資訊，而 Automake 則能夠在正確的時刻執行 Distutils。現在，使用者可以像往常一般執行 ./configure && make && sudo make install 命令，建置出 C 函式庫與對應的 Python 外覆。

## 第二部分

語言

這部分會考慮 C 語言的一切。

過程包含兩個部分：找出 C 語言中不該使用的部分，接著介紹新加入 C 語言的特性。某些新特性有語法上的好處，例如能夠透過名稱初始化一連串的結構元素；某些則是以往必須自行開發的函式成為一般標準，例如能夠更輕易處理字串的函式。

筆者假設讀者對 C 語言有基本的認識，不熟悉 C 語言的讀者可以先讀一下附錄 A。

本部分章節介紹如下：

第 6 章提供指標容易產生誤會（或較困難）部分的建議。

第 7 章從破壞開始建設，內容涵蓋許多教科書中常見的主題，筆者認為應該降低這些主題的重要性或是已經太過老舊。

第 8 章從另一個方向介紹，針對一般教科書簡單帶過或忽略的主題作深入的探討。

第 9 章特別著重在字串，介紹不需要使用記憶體配置以及避免計算字元個數的方式。malloc 會感到失落，因為幾乎用不到了。

第 10 章介紹新語法，能夠在 ISO 標準的 C 語言中，用任意長度的串列作參數撰寫函數（如 sum(1, 2.2, [...] 39, 40)），或是用名稱與可省略的元素（例如 new_person(.name="Joe", .age=32, .sex='M')）。和搖滾樂一樣，這些語法上的改進讓筆者覺得方便很多，少了這些功能，筆者可能早就拋棄 C 語言了。

第 11 章解構物件導向程式設計的概念，這是個多頭海怪，要將所有物件導向概念轉換到 C 語言，是難如赫克力士的艱鉅任務卻只能帶來有限的好處，但物件導向設計典範中的部分特質，能夠很容易的在需要的時候用 C 語言實作出來。

也許好得不像是真的，但只需要一行程式碼，就能夠讓程式執行速度有兩倍甚至四倍（或更多）的改進，祕訣就是平行執行緒（parallel threads），第 12 章會介紹三種將單執行緒程式轉換為多緒（multithreaded）程式的系統。

介紹完函式庫結構等相關概念之後，第 13 章會利用這些概念進行高階數學計算、與網路伺服器使用不同的通訊協定溝通、執行資料庫等等各種酷炫的應用。

## 第六章

指標好伙伴

He's the one

Who likes all our pretty songs

And he likes to sing along

And he likes to shoot his gun

But he don't know what it means.

— Nirvana, "In Bloom"

就像是描寫音樂的歌曲或是介紹好萊塢的電影，指標是描述其他資料的資料；讓人很容易弄不清楚：全部一起處理時，很容易迷失在參考的參考（reference to reference）、別名、記憶體管理以及 malloc。還好可以拆解成各自獨立的部分。例如，可以使用指標作為別名而不使用 malloc；malloc 並不像 90 年代教科書中所說的那麼常用。一方面來說，C 語言在星號的使用上很容易產生誤會；另一方面，C 語言的語法又提供能建構出如函數指標（pointer to function）等十分複雜指標的工具。

本章主題著重在常見的錯誤與指標容易產生誤會的部分，要是讀者已經有不少 C 語言的經驗，本章提到的重點可能已經成為第二本能，那麼可以跳過本章或稍作瀏覽即可。本章內容主要針對（為數不少）還不習慣處理指標的讀者。

Automatic、Static 以及自行管理記憶體

C 語言提供三種記憶體管理模型，比大多數程式語言多了兩種，也比大多數真正的需要多了兩種。為了各位讀者，本書之後還會再額外介紹兩種記憶體模型（「Thread Local」一節的 thread-local 以及「使用 mmap 處理大資料集」的 mmap）。

Automatic

程式在初次用到變數時宣告，當變數離開生存空間（scope）時移除，不指定 static 關鍵字時，函式內的所有變數都是 automatic（自動）變數，大多數程式語言都只有 automatic 型別資料。

Static

Static（靜態）變數在程式執行期間都位於相同位置，陣列大小在啟動時就固定下來，但陣列中的數值可以改變（所以不是完全的靜態），資料在 main 開始之前完成初始化，所以初始化過程只能使用到不需要計算的常數。宣告在函式之外的變數（在檔案生存空間）以及函式之內加上 static 關鍵字宣告的變數都屬於 static 變數，如果忘了初始化 static 變數，static 變數會初始化為 0 （或是 NULL）。

自行管理

自行管理需要使用 malloc 和 free，也是大多數 segfault 的原因[9]，這種記憶體模式即使是佛都會頭大。此外，這也是唯一一種能讓陣列在宣告後改變大小的記憶體模式。

表 6-1 列出三種能夠放置資料的位置的差別，本書接下來幾個章節會討論這些特點。

表 6-1　三種記憶體類型，三組不同的特性

	Static	Auto	自行管理
啟動時指派為零	◇		
生存空間有限	◇	◇	
初始化時能指定數值	◇	◇	
可以使用非常數初始化		◇	
sizeof 會計算陣列大小	◇	◇	
在函數間傳遞時一致	◇		◇
可以是全域變數	◇		◇
可以在執行期設定陣列大小		◇	◇
可以改變大小			◇
神都頭大			◇

---

[9] C99 與 C11 的 §6.2.4 將以 malloc 配置的記憶體稱為配置記憶體（ allocated memory ），但筆者決定使用另一個更能夠與在堆疊上配置的記憶體有明確區別的名稱。

這其中一部分的特性與變數有關，例如改變大小或方便的初始化；某些則是記憶體系統在技術上造成的結果，例如能不能在初始化時設定數值。因此，如果需要不同的特性，例如在執行期間改變大小，突然間，就得開始注意 malloc 以及指標堆積（heap）了。如果一切可以重來，也許不會讓三組特性與技術細節交互影響，但事已至此，只能勇敢面對了。

堆疊與堆積

每個函式都在記憶體中佔有一席之地，*frame* 持有函式相關的資訊，例如執行結束的回傳位址以及供所有 automatic 變數使用的空間。

當函式（例如 main）呼叫其他函式，第一個函式 frame 的相關行為會先暫停，同時在 frame **堆疊**中加入新函式的 frame；新函式結束後，對應的 frame 會從堆疊彈出（pop），frame 中的所有變數也隨之消失。

堆疊空間的大小限制雖然各有不同，但大都比可供使用的記憶體要少得多（本書寫作時 Linux 的預設值），大約只有二、三百萬位元組（megabyte），但仍然足以存放所有的莎士比亞劇本，所以不需要擔心配置 10,000 個整數會不會發生問題。但也很容易發現更大的資料集，由於目前堆疊的大小限制，只能透過 malloc 配置在其他的記憶體位置。

透過 malloc 配置的記憶體不是放置在堆疊，而是在系統的其他地方，稱為**堆積**（*heap*）的空間。堆積不一定會有數量大小的限制，在一般的個人電腦上，可以合理的假設堆積大小大約等同於所有可用的記憶體數量。

以下是沒有出現在 C11 標準規範的一些詞彙：

Transistor	C++
CPU	Frame
Joy	Heap
Love	Stack

標準規範一般不會提到環境與實作的細節，而 frame 堆疊就屬於實作的細節，然而，一般的共識幾乎都是採取這種型式的實作，C 語言標準規範對自動（automatic）配置變數的說明完全符合變數在堆疊框架的配置與消除，對配置記憶體的描述則與在堆積取得記憶體的行為一致。

這一切都與資料在記憶體中的位置有關，這與變數本身不同，變數有其他有趣的特性。

1. 如果將 struct、char、int、double 等變數宣告在函式之外，或是宣告在函數之內但加上了 static 關鍵字，那麼這些就都是 static 變數，其他變數則是 automatic。

2. 如果宣告了指標，指標本身有一種記憶體型別，可能是 auto 或是符合規則 1 成為 static，但指標可以指向使用任何一種記憶體模型的資料：static 指標指向 malloc 配置的資料或是 automatic 指標指向 static 資料；任何組合都有可能。

規則二表示沒辦法從表示方式判斷記憶體模型，使得自動陣列與自行管理的陣列就不會使用不同的表示法；另一方面，開發人員仍然需要知道資料實際上使用的記憶體模型，才不會試著改變 automatic 陣列的大小，或是忘了釋放自行管理陣列的記憶體。

指向自行管理記憶體指標與指向 automatic 記憶體指標的差異，說明了一個很常讓 C 語言初學者弄錯的重點：int an_array[] 與 int *a_pointer 的差異？

當執行到以下的程式宣告：

```
int an_array[32];
```

程式會：

- 在堆疊準備足以容納 32 個整數的空間

- 宣告 an_array 是個指標

- 將指標指向先前配置的空間

配置的記憶體空間是 automatic 配置，表示無法改變大小或是在因為脫離生存空間而自動清除後，繼續保有記憶體空間。另外一個限制是無法將 an_array 指向其他的記憶體位置，因為 an_array 變數不能與為它所配置的 32 個整數空間分離，K&R 與 C 語言標準規範都將 an_array 稱為陣列（array）。

儘管有諸多限制，an_array 的確是個指向記憶體空間的指標，也同樣適用一般用來解參考（dereference，稍後會詳加說明）指標的規則。

當程式執行到以下宣告：

```
int *a_pointer;
```

程式只會執行上述步驟中的一步：

- 宣告 a_pointer 是個指標

這個指標不會關聯到記憶體的特定位置，也就能夠任意將指標指派到任何位置。以下都是合法的作法：

```
//自行配置新區塊，將 a_pointer 指向這個區塊
a_pointer = malloc(32*sizeof(int));

//將指標指向如先前宣告的陣列 an_array
a_pointer = an_array;
```

因此，int_an_array[] 與 int *a_pointer 這兩種不同的宣告方式，的確會造成實質的差異，但是在 typedef 宣告（如新的 struct）或是函式呼叫等其他的情況，就沒有太大的區別。例如，假設函式宣告為：

```
int f(int *a_pointer, int an_array[]);
```

a_pointer 與 an_array 會有相同的行為，既然沒有配置任何記憶體，指向自行配置記憶體的指標（pointer-to-manual）或指向自動配置記憶體的指標（pointer-to-automatic）間的差異自然就沒有討論的意義了。C 語言函式會接收到輸入引數（argument）的複本，而不是收到原始引數，而指向自動配置記憶體指標的複本，並不會受到原始陣列相同的限制，也就是作為函式的參數，兩者完全沒有任何差異，C99 §6.7.5.3(7) 與 C11 §6.7.6.3(7) 的說法是：宣告為「型別的陣列」（array-of-type）的參數應該調整為「修飾後的指向型別的指標」（修飾子如 const、resttrict、volatile、_Atomic 等，在型別的陣列到指向型別的指標（pointer-to-*type*）轉換過程中都會保留。上述範例中的陣列沒有指定大小，但即使是宣告為 int g(int an_array[32]) 仍然會發生指標衰退（*pointer decay*）。

筆者的習慣是在函式標頭與 typedef 使用 *a_pointer 的型式，這種型式較不需要思考，也能夠維持由右往左讀取複雜宣告的慣例（參看「使用名詞-形容詞」）。

輪到你了： 檢查手邊程式碼中的型別：哪些資料在 static 記憶體、auto 或是自行管理；哪些變數是指向自行管理記憶體的 auto 指標、指向 static 數值的 auto 指標等等。如果手邊沒有現成的程式碼，可以用範例 6-6 練習。

Persistent 狀態變數

本章主要介紹 automaitc、自行管理記憶體以及指標間的交互關係,幾乎沒什麼提到 static 變數。但 static 變數仍然有很多用途,值得先暫停看看它們的作用。

static 變數可以有區域的生存空間,也就是可以讓變數只存在於函式內部,但函式結束時,變數會持續保有原來的數值。有個內部計數器或是可重複使用的空間還蠻不錯的,也因為 static 變數從來不會移動,指向 static 變數的指標即使在函式結束之後,也依然持有合法的位址。

範例 6-1 是傳統教科書上的範例:費伯納希數列(Fibonacci sequence),先宣告頭兩個元素為 0 跟 1,之後的每個元素都是之前兩個元素的和。

範例 6-1   使用狀態機產生費伯納希數列(fibo.c)

```c
#include <stdio.h>

long long int fibonacci(){
    static long long int first = 0;
    static long long int second = 1;
    long long int out = first+second;
    first=second;
    second=out;
    return out;
}

int main(){
    for (int i=0; i< 50; i++)
        printf("%lli\n", fibonacci());
}
```

看看 main 有多簡單,fibonacci 函式是個自行運作的小機器,main 只是一再要求機器吐出下一個數值而已;也就是說函式是個簡單的狀態機(*state machine*),而 static 變數是 C 語言實作狀態機的主要手法。

在每個函式都必須多緒安全(thread-safe)的現實世界中,該如何使用這些 static 狀態機呢?ISO C 委員會體認到這樣的需求,在 C11 納入了 _Thread_local 記憶體型別,只需要加入宣告當中:

```c
static _Thread_local int counter;
```

就能夠在每個執行緒都有獨立的計數器,在「Thread Local」一節中有更深入的說明。

不使用 malloc 的指標

告訴電腦將 *A* 設定為 *B* 時，可能代表兩種不同的意義：

- 將 B 的值指派給 A，使用 A++ 增加 A 的值時，不會影響到 B。
- 讓 A 成為 B 的別名，A++ 也會改變 B 的值。

在程式碼中將 *A* 設為 *B* 時，程式設計師要很清楚的知道是在建立副本還是別名，C 語言並沒有明確的表示方式。

對 C 語言而言都是建立副本，但如果複製的是資料的位址，建立指標副本就是為資料建立新的別名，這是個還不錯的別名方式。

其他的程式語言有不同的做法：LISP 體系的程式語言大量使用別名，必須透過 set 命令表示複製；Python 一般會複製常量[10]，但對列表使用別名（除非明確的使用 copy 或是 deepCopy）。再次提醒，知道程式語言的意義能夠很快的排除掉大量的臭蟲。

---

[10] 一開始 a=b 會讓 a 成為 b 的別名，但是在改變其中一個別名時，會將改變的別名置換為另一個副本，這樣的行為實際上是延遲複製（lazy copy）或寫入時複製（copy-on-write）。

GNU Scientific 函式庫包含了向量（vector）與矩陣（matrix）物件，兩者都有 data 元素，data 元素是由 double 陣列組成。假設有個以 typedef 定義的向量/矩陣資料對以及資料對的陣列：

```
typedef struct {
    gsl_vector* vector;
    gsl_matrix* matrix;
} datapair;

datapair your_data[100];
```

假設在處理這個結構一陣子之後，發現常常需要用到第一個矩陣的第一個元素，那麼第一個矩陣的第一個元素就是：

```
your_data[0].matrix->data[0]
```

只要熟悉區塊間的關係，就能夠輕易了解以上的程式，但輸入實在太過麻煩，還是建立個別名吧：

```
double *elmt1 = your_data[0].matrix->data
```

在指派代表的兩種不同意義中，這裡的等號表示的是建立別名：只複製指標，如果改變 *elmt1 的值，your_data 結構內部的資料也會隨之改變。

別名是個與 malloc 無關的體驗，示範了不需要煩惱記憶體管理，也能夠在許多場合使用指標。

以下是另一個幾乎不需要用到 malloc 的範例，假設有個接受兩個指標參數的函式：

```
void increment(int *i){
    (*i)++;
}
```

對於太習慣將指標與 malloc 連結在一起的使用者而言，可能會以為必須先配置記憶體才能將指標傳入函式：

```
int *i = malloc(sizeof(int));        //真是太麻煩，也太浪費時間了
*i = 12;
increment(i);
...
free(i);
```

實際上，最簡單的方式是使用 automatic 記憶體配置：

```
int i=12;
increment(&i);
```

> **輪到你了：** 本節提到每次在程式碼中出現將 *A* 設定為 *B* 時，要很清楚知道是在建立別名或是副本。利用手邊有的程式碼作練習（可以是任何程式語言），看看能不能很清楚的說明每個指派命令代表的意義；有沒有任何情況能夠合理的將複製用別名替換？

結構被複製，陣列產生別名

在範例 6-2 中可以看到，複製結構內容只需要一行程式碼。

範例 *6-2* 不！不需要逐個複製結構中的元素（*copystructs.c*）

```
#include <assert.h>

typedef struct{
    int a, b;
    double c, d;
    int *efg;
} demo_s;

int main(){
    demo_s d1 = {.b=1, .c=2, .d=3, .efg=(int[]){4,5,6}};
    demo_s d2 = d1;

    d1.b=14;                ❶
    d1.c=41;
    d1.efg[0]=7;

    assert(d2.a==0);        ❷
    assert(d2.b==1);
    assert(d2.c==2);
    assert(d2.d==3);
    assert(d2.efg[0]==7);
}
```

❶ 修改 *d1* 的內容，看看 *d2* 會不會隨著改變。

❷ 這些 assert 命令都會通過。

和之前相同，程式設計師總是要知道指派是複製資料或只是建立別名，那麼，範例中是什麼情況？修改了 **d1.b** 與 **d1.c** 而 **d2** 並沒有隨著改變，所以應該是複製。但複製的指標會影響原始資料，所以改變了 **d1.efg[0]** 也會影響到指標副本 **d2.efg**，這裡的建議是，如果需要連指標指向的資料一起複製的 *deep copy*，就需要有個 struct 複製函式；如果沒有任何需要擔心的指標，那複製函式就過頭了，簡單的等號就足以符合要求。

對陣列而言，等號會複製別名而非資料，在範例 6-3 中，用複製的方式進行相同的實驗，修改原始值並檢查副本的數值：

範例 6-3 *struct 會複製，但將陣列指派給另一個陣列則會建立別名（copystructs2.c）*

```
#include <assert.h>

int main(){
    int abc[] = {0, 1, 2};
    int *copy = abc;

    copy[0] = 3;
    assert(abc[0]==3);        ❶
}
```

❶ 測試通過，原始值會隨著副本變動。

範例 6-4 是火車事故的慢動作重播，主要是兩個配置自動區塊的函式：第一個函式配置 struct，第二個函式則配置陣列。由於兩個區塊都位於 automatic 記憶體，當函式結束記憶體區塊也會被釋放。

函式會在 **return x** 時結束，將 x 數值傳回給呼叫端函式【C99、C11 §6.8.6.4(3)】，這看起來似乎很簡單，但因為函式框架即將被消滅，必須將要傳回的數值複製到函式之外。如同之前的說明，對 struct、數值甚至是指標，呼叫端函式會得到傳回值的副本，對陣列而言，呼叫端函式則會取得陣列的**指標**，而非陣列中資料的副本。

最後一點是個陷阱，因為傳回的指標可能指向 automatic 陣列的資料，會隨著函式結束而消失，一個指向被自動釋放記憶體的指標，比沒用還糟。

範例 6-4 *可以從函式傳回結構，但不要傳回陣列（automem.c）*

```
#include <stdio.h>

typedef struct powers {
    double base, square, cube;
} powers;
```

```
powers get_power(double in){
    powers out = {.base   = in,                              ❶
                  .square = in*in,
                  .cube   = in*in*in};
    return out;                                              ❷
}

int *get_even(int count){
    int out[count];
    for (int i=0; i< count; i++)
        out[i] = 2*i;
    return out;    //不好                                    ❸
}

int main(){
    powers threes = get_power(3);
    int *evens = get_even(3);
    printf("threes: %g\t%g\t%g\n", threes.base, threes.square, threes.cube);
    printf("evens: %i\t%i\t%i\n", evens[0], evens[1], evens[2]);   ❹
}
```

❶ 透過指定的初始子初始化，如果不曾見過這種表示法，再等幾章就會介紹。

❷ 這是合法的作法，函式結束時，會自動配置 out 的副本傳回，接著消除區域副本。

❸ 這樣做不行，陣列實際上是以指標的方式處理，所以函式結束時，會建立 out 指標的副本，但消除自動配置記憶體時，指標會指向垃圾資料，如果編譯器夠聰明就會針對這點發出警告。

❹ 回到呼叫 get_even 的函式，evens 是個合法的指向整數指標，但指到的資料卻已經被釋放了，這可能造成區段錯誤、印出垃圾或很幸運的印出正常數值（像這次一樣）。

如果需要複製陣列，仍然可以只用一行程式碼完成，只是得回到記憶體操作語法，例如範例 6-5。

範例 6-5 複製陣列需要使用 memmove — 很有歷史的寫法，可是有用（memmove.c）

```
#include <assert.h>
#include <string.h>    //memmove

int main(){
    int abc[] = {0, 1, 2};
    int *copy1, copy2[3];

    copy1 = abc;
    memmove(copy2, abc, sizeof(int)*3);
```

```
        abc[0] = 3;
        assert(copy1[0]==3);
        assert(copy2[0]==0);
    }
```

malloc 與記憶體調校

接下來是關於記憶體的部分，要直接操作記憶體位址，通常會透過呼叫 malloc 自行配置。

要避免與 malloc 相關的臭蟲，最簡單的方式就是不要使用 malloc，歷史上（在 1980 與 1990 年代），各式各樣的字串操作都需要用到 malloc；第 6 章會完整介紹不使用 malloc 的字串操作。另外也經常需要透過 malloc 才能在執行期間設定陣列長度，但如同「讓宣告流動」一節的介紹，這也已經是過時的做法。

以下是筆者對使用 malloc 所能想到的所有理由：

1. 改變現有矩陣大小需要使用 realloc，但這個函數只對以 malloc 配置的記憶體有意義。

2. 先前討論過，無法從函式傳回陣列。

3. 某些物件存續的時間遠超過初始化的函式，在「以指向物件的指標作為程式基礎」中所述，會提供多個範例，將記憶體管理包覆在 new/copy/free 函數當中，避免影響程式的程序。

4. automatic 記憶體是配置在函式框架的堆疊之上，可能會有最大數量的限制（大約是百萬位元組以內）。因此，大區塊資料（例如以百萬位元組為計算單位的數量）應該配置在堆積而非堆疊。如果是透過函式將資料儲存在物件，那麼實務上會用 *object*_new 函式包覆操作細節而非直接使用 malloc。

5. 偶爾會發現某些函式型式需要傳回指標，例如在「Pthreads」一節的樣板需要撰寫傳回 void * 的函式，雖然可以用傳回 NULL 的方式避免這個問題，仍然會有無法避免的情況。此外，「從函式傳回多個項目」一節討論到從函式傳回結構，不需要記憶體配置就能夠傳回相當複雜的傳回值，這也免除了另一種常見需要在函式內配置記憶體的情況。

這個清單並不算太長，其中第五點十分少見，而第四點常常是第三點的特例，因為大量資料通常會放在其他物件（如資料結構）當中。產品的程式碼應該會愈來愈少使用 malloc，通常也會透過 new/copy/free 函式作為外覆，讓主程式碼不需要處理進一步的記憶體管理。

問題出在星號

清楚的說明指標與記憶體管理是兩個獨立的概念，即使如此，處理指標本身仍然存在不少問題，好吧，這都是因為星號造成的困擾。

指標宣告的語法表面上是為了讓使用與宣告指標有類似的語法，意思是說當宣告：

```
int *i;
```

*i 是個整數，所以自然而然的 int *i 宣告表示 *i 是個整數。

這看起來很不錯，如果對程式設計師有幫助就更好了。筆者也沒有把握能夠提出其他更清楚明確的宣告方式。

然而在《設計日常生活：如何選擇安全好用的日常生活用品》[Norman 2002]一書中一再強調的設計通則：功能不同的物品不應該有類似的外觀。書中用飛機控制器為例，兩個功能完全不同的拉桿有著幾乎相同的外觀，在緊急情況下，很容易發生人為錯誤。

所以，C 語言的語法問題很大，因為 *i 在宣告中以及宣告之外是完全不同的東西。例如：

```
int *i = malloc(sizeof(int));      //正確
*i = 23;                           //正確
int *i = 23;                       //錯誤
```

筆者將宣告看起來如同使用的想法踢出腦中，以下是筆者個人的使用規則，效果還不錯：宣告裡的星號表示指標；宣告外的星號則表示指標指到的數值。

以下是正確的用法：

```
int i = 13;
int *j = &i;
int *k = j;
*j = 12;
```

利用這些規則能夠看出第二行程式是正確的初始化，因為 *j 是宣告，所以是個指標；而在第三行，*k 也是指標宣告，所以指派為 j，另一個指標的值，也是合理。而最後一行的 *j 不是宣告，而是表示整數值，所以可以指派為 12（結果會連帶影響 i 的值）。

這是第一個技巧：要記住在宣告看到 *i，代表的是指向某個地方的指標，而在宣告以外的地方看到 *i，則代表指標指到的數值。

在介紹完指標運算之後，會再為詭異的指標宣告語法提供另一個技巧。

指標運算到此為止

陣列裡的元素可以表示為陣列基底再加上一定的位移所在的位置，可以宣告 double *p 指標，這也就是基底，接著可以像指標一樣使用基底加上位移：在基底是第一個元素 p[0]，從基底移動一個位置就是第二個元素 p[1] 等等。所以只要有了指標以及元素間的距離，就等於是個陣列。

也可以直接使用基底加上位移的表示方式，如 (p+1)。這種作法完全合乎 C 語言語法，C 語言教科書上都會說明 p[1] 實際上就是 *(p+1)，這也說明了為什麼陣列的第一個元素 p[0] == *(p+0)，K&R 花了六頁的篇幅說明這個特質 [2nd ed. 5.4 與 5.5 節]。

這個原則引申出幾個實務上表示陣列與其元素的幾個規則：

- 陣列的宣告必須使用明確的指標宣告（如 double *p）或是 static/automatic 型式的 double p[100]。

- 不論使用何種宣告方式，陣列中的第 *n* 個元素都是 p[n]，千萬要記得第一個元素的索引值是 0 而不是 1；所以 p[0] == *p，也就可以用 *p 這個特殊的型式表示陣列的第一個元素。

- 需要第 *n* 個元素的位址（而不是元素的值）要寫成 &p[n]。當然，第 0 個指標其實就是 &p[0] == p。

範例 6-6 示範了這些規則的使用方式：

範例 6-6　一些指標運算（*arithmetic.c*）

```
#include <stdio.h>

int main(){
    int evens[5] = {0, 2, 4, 6, 8};
    printf("The first even number is, of course, %i\n", *evens);       ❶
    int *positive_evens = &evens[1];                                   ❷
    printf("The first positive even number is %i\n", positive_evens[0]); ❸
}
```

❶ 用 *evens 特殊形式顯示 evens[0] 的值。

❷ 將第一個元素的位址指派給新指標。

❸ 一般表示陣列第一個元素的方式。

這裡要介紹一個很好用的技巧，根據指標運算規則，p+1 是陣列下一個元素的位址（也就是 &p[1]），利用這個規則，不需透過索引就能夠逐個檢視陣列的各個元素。範例 6-7 利用額外的指標，從陣列的開頭，透過 p++ 逐個檢視陣列中的元素，直到表示陣列結束的 NULL。接下來要介紹的指標宣告技巧會讓這個技巧更加容易。

範例 6-7 可以使用 p++ 表示「移到下一個位置」簡化 for 迴圈（*pointer_arithmetic1.c*）

```
#include <stdio.h>

int main(){
    char *list[] = {"first", "second", "third", NULL};
    for (char **p=list; *p != NULL; p++){
        printf("%s\n", p[0]);
    }
}
```

> **輪到你了**： 如果不用 p++ 該怎麼實作？

基底加上位移的思維除了語法技巧外似乎沒有其他的好處，但這種觀點可以解釋許多 C 語言的運作方式。事實上，考慮如下的 struct 結構：

```
typedef struct{
    int a, b;
    double c, d;
} abcd_s;

abcd_s list[3];
```

在概念上可以將 list 視為基底，而 list[0].b 就是足夠移到 b 位置的位移，也就是，有了以整數表示的 list 位址 (size_t)&list，b 就位於 (size_t)&list + sizeof(int) 的位置，而 list[2].d 就位於 (size_t)&list + 6*sizeof(int) + 5*sizeof(double)。在這種思路之下，struct 與陣列十分類似，只是元素有個別的名稱而非透過數字索引，以及每個元素可以有不同的資料型別罷了。

這種說法不完全正確，因為還有資料對齊（*alignment*）：系統可能會要求資料以特定的數量為單位排放，所以每個欄位可能得佔用多餘的空間，才能讓下個欄位對齊到正確的位置，而且 struct 末端可能還會加上額外的空間，讓下一個 struct 可以對齊邊界 [C99 與 C11 §6.7.2.1(15) 與 (17)]。*stddef.h* 標頭檔中定義了 offsetof 巨集，可以讓基底加上位移的思考方式得到正確的結果：list[2].d 實際的位置是在 (size_t)&list + 2*sizeof(abcd_s) + offsetof(abcd_s, d)。

另外，struct 的開頭不會留白，所以 list[2].a 的位置是 (size_t)&list + 2*sizeof(abcd_s)。

以下是個用遞迴計算陣列元素個素，直到遇到零值才停止的無聊函式。假設（這其實不是個好主意）想要使用這個函式處理任何有零值型別的陣列，那就應該使用 void 指標：

```
int f(void *a_list){
    if (*(int*)a_list==0) return 1;
    else return 1 + f(&(a_list[1])); //這樣沒用
}
```

基底加上位移規則說明了沒用的原因，要表示 a_list[1] 編譯器需要知道 a_list[0] 的確切長度，才能夠知道從基底需要增加的位移，但少了型別資料就無法計算出正確的大小。

多維陣列

陣列的陣列的陣列是多維陣列的一種作法，例如 int an_array[2][3][7]，這和 another_array[2][3][6] 是稍有不同的型別，實務上使用這種作法造成的問題比解決的問題更多，特別是需要撰寫能同時支援這兩種型別函式時更是如此。教科書上的範例通常會使用固定大小的陣列（畢竟每年固定都是 12 個月），或是永遠不需要傳入陣列的陣列給函式。

我說，忘了這些吧，要讓程式處理這些些微差異的型別太麻煩了。每個人對程式碼的世界都有不同的觀點，很少在教科書外的真實世界看到這種型式，其底加上位移的作法要常見得多了。

實作 N1-N2-N3 的多維 double 陣列較為可行的作法是：

• 定義包含一個資料指標（也就是 data）以及 *strides* 串列的 struct。

• 定義一個配置函式，透過 data=malloc(sizeof(double)*N1*N2*N3) 的方式設定指標，並記錄各個維度 S1=N1、S2=N2、S3=N3，另外還需要一個釋放函式，釋放由配置函式所配置的記憶體。

• 定義 get/set 函式，get(x, y, z) 會取得 data[x + S1*y + S1*S2*z]，而 set 則會將數值設定到對應的位置。透過這些 get/set 函式，第一個 S_1 區塊的資料位置會以 (x, 0, 0) 型式表示，下一個區塊（從 $S_1 + 0$ 到 $S_1 + S_1$）的資料則會表示為 (x, 1, 0)。以逐列（row）的方式重複相同的模式就能

夠涵蓋所有 (x, y, 0) 型式的數值，全部需要 S_1*S_2 個位置，下一個位置會是 (0, 0, 1)，依此類推就能夠填滿所有 $S_1*S_2*S_3$ 個格子。

因為 struct 中包含了 stride 值，get/set 函式能夠檢查存取的位置是否超出陣列邊界。雖然在存取與寫入資料時並不會用到 S3 的值，但保留 S3 值能夠作為邊界檢查之用。

GNU Scientific Library 對二維陣列提供了很完善的實作，它們採用的實作方式稍有不同，包含第一個維度的 stride 以及一個位移標記，顯然要取得行向量或列向量或子矩陣只需要改變起始點與 stride 就行。對於三維以上的陣列，可以透過搜尋引擎找到很多以基底加上位移系統實作的函式庫。

用 Typedef 作為教學工具

每當發現自己在建立複雜型別的時候，也就是遇到了指標的指標的指標之類的時候，可以想想能不能用 typdef 讓程式碼更為清楚。

例如以下這個常見的定義：

```
typdef char* string;
```

這樣的宣告提高了字串陣列視覺上的辨識度，也更清楚的表示程式設計師的意圖。在之前的指標運算 p++ 範例中，宣告是否清楚表達了 char *list[] 是個 字串陣列，而 *p 是個字串？範例 6-8 重寫了範例 6-7 的迴圈部分，用 string 取代原先的 char *。

範例 6-8　使用 *typedef* 能讓難懂的程式碼較容易理解（*pointer_arithmetic2.c*）

```
#include <stdio.h>
typedef char* string;

int main(){
    string list[] = {"first", "second", "third", NULL};
    for (string *p=list; *p != NULL; p++){
        printf("%s\n", *p);
    }
}
```

這樣一來，list 的宣告變得清楚得多，能夠明確表示是個由字串組成的陣列，string *p 也能夠表示 p 是個指向字串的指標，所以 *p 是個字串。

最後，開發人員仍然需要記得字串是個指向 char 的指標，例如 NULL 是個合法的數值。

也可以更進一步，例如使用 typdef 宣告字串的二維陣列 typedef stringlist string*，這有時會有幫助，但有時只是多一個需要記得的符號。

typedef 對處理指標函式有很大的幫助，如果函式的標頭宣告為：

```
double a_fn(int, int);        //函式宣告
```

接著只要加上昇號（以及確定優先順序的小括號），就成了指向這個型別函式的指標：

```
double (*a_fn_type)(int, int);           //型別：指向函式的指標
```

接著再於前面加上 typedef，就定義出了型別：

```
typedef double (*a_fn_type)(int, int);      //指向函式的指標的 typedef
```

接著就能夠將這個新定義的型別當作一般型別使用，例如宣告以其他函式為參數的函式：

```
double apply_a_fn(a_fn_type f, int first_in, int second_in){
    return f(first_in, second_in);
}
```

能夠定義指向特定型別函式的指標型別，讓撰寫接受函式作為參數的函式，從艱難的星號位置考驗成為很簡單的工作。

最後，操作指標實際上比大多數教科書上宣稱的要容易得多，因為就只是個位置或是別名——完全不是不同型式的記憶體管理。像是字串的指標的指標這樣的結構總是很難懂，但這是因為遠古狩獵的人類從來不需要處理這些問題，透過 typedef，C 語言至少提供了處理這些問題的工具。

## 第七章

教科書過分強調的進階語法

I believe it is good

Let's destroy it.

— Porno for Pyros, "Porno for Pyros"

C 語言雖然是個相對簡單的程式語言，但 C 語言標準規範仍然有 700 頁的篇幅，除非讀者打算花上一生深入研究，否則就需要知道略過哪些部分。

先從二元組（digraph）與三元組（trigraph）開始，要是鍵盤上缺少了 { 與 } 符號，可以用 <% 與 %> 作為替換（例如 int main() <% … %>），這源自於 1990 年代，當時的鍵盤有許多不同型式的客製設定，但現代鍵盤大都有相同的排列設計，很少會有缺少大括號的情況。C99 與 C11 §5.2.1.1(1) 提到的三元組（??< 與 ??>）也有相同的作用，這些符號少用到連 gcc 與 clang 都不願意加上對應的剖析邏輯。

像三元組這樣的程式語言不起眼的角落，因為很少被提到，經常會被忽略，但過去十多年來，在教科書中花了許多篇幅介紹如 C89 的定址要求以及 1990 年代的計算機硬體。如今已經沒有這樣的限制，程式設計師能夠用更流暢的方式撰寫程式，如果想要痛快的刪除程式碼與消除重複，本章正式為你而寫。

main 函式不需要特別加上 Return

讓我們先從為每個程式減少一行程式碼作為暖身吧。

每個程式都一定有個 main 函式，而且一定要傳回 int 型別，所以程式中一定有以下的程式碼：

```
int main(){ ... }
```

大多數人會認為應該要有 return 命令，表示從 main 函式傳回了整數。然而，C 語言標準規範上是這麼說：「... reaching the 」that terminates the main function returns a value of 0」（到達 main 函式結尾的 } 會傳回數值 0，C99 與 C11 §5.1.2.2(3)），也就是說，如果沒在程式最後加上 return 0;，編譯器就會假設要傳回 0。

還記得先前提過，執行程式時可以用 $? 取得程式的傳回值，讀者可以用這種作法來檢查 main 結束後是否真的傳回了 0。

之前，筆者展示過這個版本的 *hello.c*，現在讀者可以理解除了 #include 之外，main 函式只有一行的程式碼的原因了[11]：

```
#include <stdio.h>
int main(){ printf("Hello, world.\n"); }
```

> **輪到你了**：刪除所有程式碼中 main 函式結尾的 return　0，看看會不會有任何不同。

讓宣告流動

回想上次閱讀劇本時，最開頭是*劇中人物*（*Dramatis Personæ*），列出了閱讀本文前還沒有太多意義的人物姓名，筆者大都跳過這部分直接進入本文。當讀者深陷情節當中，忘了 Benvolio 是誰時，可以很快的翻到劇本開頭簡單的人物介紹（他是羅密歐的朋友，Montague 的姪子），但這是因為閱讀紙本，如果是在螢幕上閱讀，也許就會搜尋 Benvolio 第一次出現的位置。

簡單的說，*劇中人物*對讀者並沒有太大的用處，在人物第一次出現時再作介紹會比較好。

---

[11] 附帶一提，這種宣告方式，從另一方面又比傳統要求少了四次按鍵，在 K&R 第二版中稱為「舊式宣告」的作法，像 int main() 這樣在小括號中不含任何東西的宣告方式，表示沒有任何參數資訊，而不是代表沒有任何參數。在舊有的規則裡，必須要宣告為 int main(void) 才能清楚的表示 main 函式沒有任何引數。但打從 1999 年之後，「An empty list in a function declarator that is part of a definition of that function specifies that the function has no parameters（在函式定義的函式宣告部分的空串列，表示函式沒有任何參數）」[C99 §6.7.5.3(14) 與 C11§6.7.6.3(14)]。

筆者常常看到像這樣美觀的程式碼：

```c
#include <stdio.h>

int main(){
    char *head;
    int i;
    double ratio, denom;

    denom=7;
    head = "There is a cycle to things divided by seven.";
    printf("%s\n", head);
    for (i=1; i<= 6; i++){
        ratio = i/denom;
        printf("%g\n", ratio);
    }
}
```

上述程式中有三、四行程式碼可歸類為介紹資訊（讀者可自行決定空白行的計算方式），接著才是函式主體。

這是 ANSI C89 的返祖現象，ANSI C89 要求所有的宣告都必須在區塊的開頭，這是早期編譯器技術造成的限制。雖然仍需要宣告變數，但可以減輕程式碼作者與讀者的負擔，等到第一次使用變數時再行宣告：

```c
#include <stdio.h>

int main(){
    double denom = 7;
    char *head = "There is a cycle to things divided by seven.";
    printf("%s\n", head);
    for (int i=1; i<= 6; i++){
        double ratio = i/denom;
        printf("%g\n", ratio);
    }
}
```

如此一來，只在需要時才宣告，宣告的責任只剩下在變數第一次使用時標記型別名稱，如果使用的編譯器提供語法提示（syntax highlight），就能夠輕易地找到宣告位置（如果讀者使用的編輯器不支援彩色，那真的太落後了，有成千上百的編輯器可以選！）。

筆者在閱讀不熟悉的程式碼時，看到變數的第一個反應是回頭找尋宣告的位置，如果宣告位於第一次使用或是第一次使用的前一行，就可以省下幾秒鐘回頭瀏覽的時間。此外，根據應該盡量縮小變數的生存空間這個規則，第一次使用再作宣告能大量減少先前程式碼的作用中變數量，在較長的函式會有明顯的差異，最後，在第 12 章可以看到，迴圈內宣告（decaration-in-loop）這種型式，很容易就能夠利用 OpenMP 平行化。

在這個範例中，宣告是各自所屬區塊的開頭，接著的是非宣告程式碼，這只是範例採用的方式，實際上可以任意夾雜宣告與非宣告程式碼。

範例將 denom 變數的宣告保留在函式的開頭，但也可以搬到迴圈內部（因為 denom 變數只用在迴圈裡）。可以相信編譯器不會浪費資源重複配置與釋放迴圈內部每次循環使用的變數[雖然這是理論上該有的行為 — 參看 C99 與 C11 §6.8(3)]。至於索引，是只供迴圈使用的免洗變數，自然會將它的生命空間縮限到與迴圈的生命空間相同。

新語法會不會拖慢程式？

不會。

編譯器會先將程式解析成與程式語言無關的內部表示法，gcc（GNU Compiler Collection）就是使用這種方式對 C、C++、ADA 與 FORTRAN 產生相容的目的檔，在剖析完成之後，這些語言都會有相同的目的檔。因此，C99 讓程式碼更易於閱讀所帶來的語法變化，在產生執行檔之前就已經被抽離了。

同樣的，執行程式的目標設備只會看到編譯後的機械指令，不論原始程式使用 C89、C99 或 C11 語法都沒有任何差異。

在執行期決定陣列大小

另外有一個與任意放置宣告位置緊密相關的議題，就是能夠等到執行期再配置陣列，依據當時計算的結果決定陣列大小。

同樣的，這也不是一直都這樣：在四分之一世紀之前，程式設計師不是得在編譯期間決定陣列大小，就是得用 malloc。

以筆者親身經驗為例，假設需要建立一些執行緒，但使用者可以透過命令列參數決定執行緒的數量。作者採用的方式是使用 atoi(argv[1]) （也就是將第一個命令列參數轉換為整數）取得使用者設定的陣列大小，當執行期間取得正確的數量後，再配置正確大小的陣列：

```
pthread_t *threads;
int thread_count;
thread_count = atoi(argv[1]);
```

```
threads = malloc(thread_count * sizeof(pthread_t));
...

free(threads);
```

現在有更精簡的作法：

```
int thread_count = atoi(argv[i]);
pthread_t threads[thread_count];
```

這種作法減少了可能出錯的地方，讀起來像是宣告一個陣列而非初始化記憶體暫存器。自行配置的陣列需要自行呼叫 free，但自動配置的陣列可以就這麼放著不管，一旦程式離開生存空間就會自動釋放[12]。

減少轉型

在 1970 與 1980 年代，malloc 會傳回 char* 指標，需要額外的轉型（除非是配置字串），例如以下的型式：

```
// 不再需要這麼麻煩了
double* list = (double*) malloc(list_length * sizeof(double));
```

現在不再需要這麼做了，如今 malloc 轉回的是 void *，編譯器能夠自動轉型為任何指標型別。轉型最簡單的方式就是將新變數宣告為正確的型別，例如，接受 void 指標參數的函數一開始會宣告這種型式：

---

[12] C99 標準要求符合標準規範的編譯器必須要能夠接受變動長度陣列（variable-length array，VLA），C11 標準退後了一步，將這項功能定為非必要功能。筆者個人認為這個決定不符合標準委員會一慣的作風，標準委員會通常會盡一切可能確保所有的既有程式碼（即使使用了三元組）持續能夠順利編譯。

由於 VLAs 只是標準中的非必要功能，就必須考慮這個功能是否可靠，編譯器作者為了取得市佔率，會寫出能夠讓最大量現有程式碼正常編譯的編譯器，所以，不意外的，所有努力符合 C11 標準規範的編譯器都能夠支援 VLA。即使讀者是針對 Arduino microcontroller 開發，必須使用 AVR-gcc，這個特殊版本的 gcc 仍然支援了 VLAs，筆者認為使用 VLAs 的程式碼能夠可靠的在許多不同平台上使用，也能夠在未來持續使用。

如果讀者想要對符合標準規範，但不支援 VLAs 的編譯器特別作準備，可以使用功能檢查巨集確認是否能夠使用 VLAs，參看「測試用巨集」一節的介紹。

```
int use_parameters(void *params_in){
    param_struct *params = params_in;        //有效率的將指向 NULL 的指標轉型為指向
    ...                                        //param_struct 的指標
}
```

更一般的來說,如果某個型別的項目能夠合法的指派給另一種型別,C 語言就會自動轉型,不需要特別加上轉型命令;萬一指派不合法,那就需要另外寫個轉換函式。在 C++ 就不是這樣,C++ 更加依賴型別資訊,所有的轉型都必須明確的標示清楚。

如今仍然有兩個需要使用型別轉換語法,將變數轉換為其他型別的理由。

第一個理由是兩個數字相除時,例如整數與整數相除只會傳回整數結果,使得以下兩個命令都是正確:

```
4/2 == 2
3/2 == 1
```

第二行程式是許多錯誤的來源,但也很容易修正:如果 i 是個整數,那麼 i + 0.0 就是與整數對應的浮點數,別忘了加上括號,這麼一來就能夠解決問題。對常數而言,2 是個整數,2.0 或是只用 2. 都是浮點數。因此,以下幾種方式都可以:

```
int two=2
3/(two+0.0) == 1.5
3/(2+0.0) == 1.5
3/2.0 == 1.5
3/2. == 1.5
```

也可以使用轉型命令:

```
3/(double)two == 1.5
3/(double)2 == 1.5
```

出於美學上的原因,筆者偏愛加零的型式;讀者可能會比較喜歡轉型的型式。不管選用哪一種型式,重要的是養成固定的習慣,每次遇到 / 鍵都使用相同的方式,因為這是許許多多的錯誤(不只是 C 語言,許多其他的程式語言也都有 int / int → int 的特性,但並不表示這樣的行為是可以接受的)。

第二點,陣列索引只能是整數,這是法律規定 [C99 與 C11 § 6.5.2.1 (1)],如果用浮點數作索引值,就會讓編譯器發出警告。需要將數值轉型成整數型別,即使程式設計師很明確的知道計算式的結果必然是整數也必須轉型。

```
4/(double)2 == 2.0          //這是浮點數而不是整數
mylist[4/(double)2]         //所以這會造成用浮點數作索引的錯誤

mylist[(int)(4/(double)2)]  //這樣可以，要注意括號

int index=4/(double)2       //這個型式也可以，而且比較容易閱讀
mylist[index]
```

可以看到即使有些需要轉型的合理理由，仍然可以透過加上 0.0，或宣告整數變數作為陣列索引的方式避開轉型語法。

這並不只是為了讓程式碼更為簡潔，編譯器會檢查型別，並依據檢查結果拋出警告，明確的轉型就是告訴編譯「**不要管我，我知道我在幹什麼**」。例如以下這段程式，試著設定 `list[7]=12`，但犯了兩次使用指標而不是指標指到的數值的典型錯誤：

```
int main(){
    double x = 7;
    double *xp = &x;
    int list[100];

    int val2 = xp;          //Clang 會警告把指標當作整數使用
    list[val2] = 12;

    list[(int)xp] = 12;     //Clang 不會發出警告
}
```

Enum 與字串

enum 是個立意良善卻結果不良的概念。

好處當然很清楚：整數完全無法輔助記憶，只要在程式中遇到一連串的整數，最好就給每個整數明確的名稱。以下是少了 enum 關鍵字時，達到類似效果卻更加不良的工具。

```
#define NORTH 0
#define SOUTH 1
#define EAST 2
#define WEST 3
```

有了 enum，可以將四行程式碼縮減成一行，除錯器也更能夠理解 EAST 代表的意義。以下是上列 #define 的改善：

```
enum directions {NORTH, SOUTH, EAST, WEST};
```

但如此一來就在全域生存空間中增加新的符號：directions、NORTH、SOUTH、EAST 與 WEST。

為了發揮 enum 的作為，一般會將 enum 放在全域（global）範圍（也就是宣告在標頭檔，能夠在專案的任何地方引用）。例如，在函式庫的公開標頭檔中常常會找到很多 enum 的定義，為了降低命名空間衝突的機率，函式庫作者通常會使用像 G_CONVERT_ERROR_NOT_ABSOLUTE_PATH 或是比較簡短的 CblasConjTrans 等的名稱。

這時，一個原先無害而且有意義的概念開始崩壞，程式設計師並不願意輸入這麼長的字串，這些名稱太少使用，每次使用都得再查閱正確的名稱（特別是一些少用的錯誤碼或是輸入旗標等每隔很長一段時間才會使用的資訊）。另外，全部大寫看起來就像是在喊叫什麼似的。

筆者的習慣是用單一字元，如用 't' 表示換位（transposition），用 'p' 表示路徑錯誤，筆者認為這樣的提示就夠了。事實上，比起記住那一長串冗長的全大寫名稱，筆者更喜歡記住一個 'p' 字就好，而且也不會在命名空間中加入新的項目。

筆者認為在這個問題上，可用性比效率還要重要，即使如此，要注意到 enum 一般而言都是整數值，而 char 實際上是 C 語言對單一位元組的另一種表示法。因此在比較 enum 時，很可能需要比較十六個以上的位元值，但比較 char 時只需要比較八個位元，因此，即使真的對執行速度有所影響，這樣的影響對 enum 也比較不利。

有時會需要結合多個旗標，例如用 open 系統呼叫開啟檔案時，可能需要送出 O_RDWR|O_CREAT 這樣由兩個 enum 做位元運算的數值。也許不常直接使用 open，而是使用 POSIX 標準裡較友善的 fopen，這個版本使用一或兩個字元的字串作為旗標，而不是使用 enum，例如用 "r" 或 "r+" 等等的字元表示可讀、可寫、可讀寫等等。

可以從函數的使用情境，清楚的知道 "r" 表示可讀（read），如果還沒記住這個慣例，用過幾次 fopen 之後大概就可以記得很清楚了，但對於使用 enum 的函式，即使已經用了很多次，筆者仍然每次都得確認到底是 CblasTrans、CBLASTrans 或是 CblasTranspose。

enum 的好處在於有一小組固定的符號，編譯器可以找出打字錯誤，強制要求程式設計師修正。使用字串就得等到執行期才能發現錯誤，相反的，字串並不是一組固定的符號，更容易擴充所代表的值域。例如，筆者曾經遇過一個可以供其他系統使用的錯誤處理常式，前提是新系統產生的錯誤與原系統的 enum 值相符，如果用字串值作為 enum 就容易擴充得多。

但有些理由支持應該使用 enum：在某些情況下用陣列比起結構方便，但陣列中的各個元素又分別代表著不同名稱的成員；或者是在處理 kernel 層級運算時，給各種不同的位元樣式獨立的名稱也是十分必要的作法。但在大多數用 enum 表示簡短的錯誤碼列表等情況，用一、兩個字元的字串就能夠達到相同的效果，又不會污染命名空間或使用者的記憶。

Label、goto、switch 與 break

過去，組合語言碼並不像現在有 while 或 for 等方便的迴圈，那時只有條件判斷、label 與 jump，while (a[i] < 100) i++; 這樣的程式碼在以往可能得寫成：

```
label 1
if a[i] >= 100
    go to label 2
increment i
go to label 1
label 2
```

假如讀者花了些時間才讀懂以上程式，想像在真實世界中面對這樣的程式碼，迴圈散佈各地、巢狀套疊或是使用 jump 跳出的半巢狀結構。筆者可以以個人悲慘的經驗保證，想要追蹤這樣的程式碼是不可能的事，這也是現代普遍認為 goto 對程式碼有害的原因 [Dijkstra 1968]。

這樣就可以理解對於在組合語言程式碼中奮鬥的程式設計師而言，C 語言的 while 關鍵字受到多麼大的喜愛。然而，C 語言中仍然有個以 label 與 jump 建立的子集合，包含了 label、goto、switch、case、default、break 以及 continue 等語法。筆者個人認為這部分是 C 語言用來讓撰寫組合語言程式碼的程式設計師，過渡到現代程式設計的機制，接下來的部分會以這種方式介紹這些語法，並介紹適當使用的方式。然而，語言的這整個部分並非絕對必要，因為能夠用程式語言的其他機制撰寫出相同行為的程式碼。

探討 goto

只要將名稱加上分號獨立放在一行，就可以在 C 語言中形成一個標籤（label），之後就可以用 goto 跳到標籤位置，範例 7-1 簡單地示範了這個概念，有行標記為 outro 的程式碼，只要兩個陣列裡的元素都不是 NaN（Not a Number，不是數字，參看「用 NaN 表示例外數值」），如果其中有任何元素是 NaN，就表示錯誤需要跳出函式，但不論使用任何跳出的方式都需要釋放記憶體，可以將釋放記憶體的程式碼重複三次（一次

是 vector 有 NaN 元素，一次是 vector2 有 NaN 元素，最後則是正確的離開函式），
但只用一段清除程式，在必要時跳到這段程式會讓程式看起來較為清楚。

範例 7-1　使用 goto 漂亮地處理錯誤情況的資源釋放

```
/* 加總到 vector 中的第一個 NaN 元素,
   沒有任何錯誤時將 error 值設為 0,遇到任何 NaN 元素就設為 1*/
double sum_to_first_nan(double* vector, int vector_size,
                        double* vector2, int vector2_size, int *error){
    double sum=0;
    *error=1;
    for (int i=0; i< vector_size; i++){
        if (isnan(vector[i])) goto outro;
        sum += vector[i];
    }

    for (int i=0; i< vector2_size; i++){
        if (isnan(vector2[i])) goto outro;
        sum += vector2[i];
    }
    *error=0;

    outro:
    printf("The sum until the first NaN (if any) was %g\n", sum);
    free(vector);
    free(vector2);
    return sum;
}
```

goto 只在函式之內移動，如果需要從一個函式跳到另一個不相干的函式，請參考 C 語言標準函式庫文件中有關 longjmp 的介紹。

單單一個 jump 很容易就能夠追蹤程式流程，適當的使用也能夠更明確的表示程式行為。即使是 Linux 核心的主要開發者 Linus Torvalds，也建議在像範例中這類發生錯誤的資源處理或是執行程序必須提早結束等情況下，有節制的使用 goto。此外，在第 12 章介紹 OpenMP 的時候，讀者會發現平行化區塊不允許使用 return，為了停止執行，就必須使用許多 if 指令，或是用 goto 跳到區塊的結尾。

因此，應該重新思考對 goto 的看法，在一般情況下對程式有害，但目前也常被用於處理程式錯誤時的資源清除，而且通常比其他替代方案更為簡潔。

病態的關鍵字

goto 在函式內部發生問題，需要在離開函式前執行資源清理的情況十分有用。對全域範圍而言，開發人員有三個會結束程式的 goto 函式可以選擇：exit、quick_exit 以及 _Exit，程式設計師能夠透過 at_exit 與 at_quick_exit 註冊在程式結束時的資源清理程序（C11 §7.22.4）。

在程式剛開始執行的初期可以呼叫 at_exit(fn)，註冊 fn，exit 會在關閉串流與結束程式前先呼叫 fn。例如，要是程式有個開啟狀態的資料庫標記（database handle），需要關閉網路連線或是希望 XML 文件結束所有的開放元素（open element），可以註冊一個有適當行為的函式。函式必須宣告為 void fn(void) 的型式，所有函式需要的資訊都必須透過全域變數傳遞，呼叫完註冊的函式之後（以後進先出的順序），會關閉開啟狀態的串流與檔案，接著終止程式。

程式設計師可以透過 at_quick_exit 註冊另一組完全不同的函式，這些（與透過 at_exit 註冊不同的）函式會在程式呼叫 quick_exit 時使用，這種結束（exit）方式不會關閉串流，也不會清空緩衝區（flush buffer）。

最後，_Exit 函式會儘快結束程式：不會呼叫任何註冊的函式，也不會清空任何緩衝區。

範例 7-2 是個簡單的範例，依據實際執行的非 return 函式印出不同的字串。

範例 7-2　所有進入標記著 _Noreturn 函式的人，放棄希望吧（noreturn.c）

```c
#include <stdio.h>
#include <unistd.h>    //sleep
#include <stdlib.h>    //exit, _Exit, et al.

void wail(){
    fprintf(stderr, "0000ooooooo.\n");
}

void on_death(){
    for (int i=0; i<4; i++)
        fprintf(stderr, "I'm dead.\n");
}

_Noreturn void the_count(){        ❶
    for (int i=5; i --> 0;){
        printf("%i\n", i); sleep(1);
```

```
        }
        //quick_exit(1);              ❷
        //_Exit(1);
        exit(1);
    }

    int main(){
        at_quick_exit(wail);
        atexit(wail);
        atexit(on_death);
        the_count();
    }
```

❶ _Noreturn 關鍵字告知編譯器不需要為函式準備回傳（return）資訊。

❷ 移除這行程式的註解，看看其他 exit 函式會呼叫哪些註冊函式。

switch

以下程式碼是一般 C 語言教科書中，利用標準 POSIX 標準的 getopt 函式解析命令列參數的範例：

```
char c;
while ((c = getopt(...))){
    switch(c){
        case 'v':
                verbose++;
                break;
        case 'w':
                weighting_function();
                break;
        case 'f':
                fun_function();
                break;
    }
}
```

當 c == 'v' 時會提高詳細程度，c == 'w' 則執行 weight_function() 等等。

特別注意幾個重複出現的 break 命令（會跳出 switch 命令而不是 while 迴圈，迴圈會持續執行），switch 的功能只是跳到適當的標籤（還記得冒號代表標籤吧），程式流程接著從標籤的位置繼續執行，與標籤的內容無關。因此，如果 verbose++ 之後漏了 break，程式就會很快樂的繼續下去，呼叫 weighting_function() 等等，這稱為 *fall-through*，有些情況 fall-through 是必要的行為，但對筆者而言，這是種過於樂觀的人工機制，試著用 switch-case 這種過度美化的語法取代標籤、goto 與 break。Peter van der Linden 分析了大量程式碼後，發現只有 3% 的情況適用 fall-through。

如果不喜歡因為忘了 break 或 default 可能帶來微妙的臭蟲，解決方式十分簡單：不要用 switch。

switch 的替代方案就是一系列的 if 與 else：

```
char c:
while ((c = get_opt(...))){
    if (c == 'v')       verbose++;
    else if (c == 'w')  weighting_function();
    else if (c == 'f')  fun_function();
}
```

重複引用 c 看起來會有些累贅，但少了三行 break 反而讓程式碼縮短了許多；更因為這不是在標籤與 jump 加上簡單的外覆，更不容易出錯。

停用 Float

浮點數運算的挑戰比想像還大，很容易就寫出看起來合理，但每個步驟都會額外產生 0.01% 誤差的演算法，在 1,000 次循環運算後產生完全沒有意義的結果。有許許多多避免產生這類意外的建議，其中的許多建議直到目前仍然適用，但另外一些建議有個更簡單的解決方式：用 double 取代 float，如果是運算過程中的數值，使用 long double 更不會有任何壞處。

例如《*Writing Scientific Software*》一書中建議在計算變異數（variance）時不要使用 single-pass 的方式（[Oliveira 2006] p. 24），並提供了條件不良的範例。如你所知，浮點數的名稱來自於小數點會移到最左邊作正規化，為了解說，假設電腦內部是以十進位方式運作，這樣的系統儲存 23,000,000 與 .23 或 .00023 一樣容易，只要調整小數點位置就行了；但如果是 23,000,000.00023 就有挑戰性了，因為在移動小數點之前能夠儲存的位數有限，如範例 7-3。

範例 7-3　*浮點數無法儲存太多精確位數（floatfail.c）*

```
#include <stdio.h>

int main(){
    printf("%f\n", (float) 333334126.98);
    printf("%f\n", (float) 333334125.31);
}
```

範例 7-3 在筆者筆記型電腦上的輸出如下，使用的是 32 位元浮點數：

```
33334112.00000
33334112.00000
```

這就是系統的精確度，也是以往許許多多計算書籍擔心演算法的撰寫方式，在只能提供七位精確度的十進位數字系統上，盡可能減少精確度造成的問題的原因。

這是 32 位元浮點數，算是目前的最低標準了，範例甚至需要明確的轉型為 float，否則系統會將這些數字儲存為 64 位元數值。

64 位元能夠可靠的儲存 15 個有效位數：100,000,000,000,001 還不會造成問題（試試看！提示：printf(%.20g, *val*) 會印出 *val* 的前 20 個十進位位數）。

範例 7-4 是 Oliveira 與 Stewart 的範例程式碼，包含了 single-pass 計算平均數與變異數。再次提醒，這個程式碼只適合作為示範用，因為 GSL 已經實作了平均數與變異數的計算函式 0 範例執行了兩次示範：一次使用不良的條件，讓處於 2006 年的筆者得到了很可怕的結果；另一個則是將每個數值都減去 34,120，將數值轉換為用一般 float 型別就可以得到完全的精確度的情況，只要數值沒有不良條件，就可以對結果的正確性有把握。

範例 7-4　條件不良的資料：不再是個問題（stddev.c）

```
#include <math.h>
#include <stdio.h> //size_t

typedef struct meanvar {double mean, var;} meanvar;

meanvar mean_and_var(const double *data){
    long double avg = 0,                                    ❶
          avg2 = 0;
    long double ratio;
    size_t cnt= 0;
    for(size_t i=0;    !isnan(data[i]); i++){
        ratio = cnt/(cnt+1.0);
        cnt    ++;
        avg    *= ratio;
        avg2   *= ratio;
        avg    += data[i]/(cnt +0.0);
        avg2   += pow(data[i], 2)/(cnt +0.0);
    }
    return (meanvar){.mean = avg,                           ❷
               .var = avg2 - pow(avg,2)};     //E[x^2] - E^2[x]
}
```

```
int main(){
    double d[] = { 34124.75, 34124.48,
                   34124.90, 34125.31,
                   34125.05, 34124.98, NAN};

    meanvar mv = mean_and_var(d);
    printf("mean: %.10g var: %.10g\n", mv.mean, mv.var*6/5.);

    double d2[] = { 4.75, 4.48,
                    4.90, 5.31,
                    5.05, 4.98, NAN};

    mv = mean_and_var(d2);
    mv.var *= 6./5;                                          ❸
    printf("mean: %.10g var: %.10g\n", mv.mean, mv.var);     ❹
}
```

❶ 根據經驗，計算中間值用高一階精確度的變數能夠避免連續四捨五入（roundoff）造成的問題，也就是如果輸出值是 double，那 avg、avg2 以及 ratio 就應該使用 long double。範例會因為把輸出型別改成 double 有所變化嗎？（提示：不會）

❷ 函式傳回由指定初始子產生的結構，如果讀者不熟悉這種型式，本書稍後會介紹。

❸ 以上函數計算母體變異數（population variance），必須調整為樣本變異數（sample variance）。

❹ 在 printf 中使用 %g 格式，也就是一般（general）型式，能夠接受 float 與 double 型別。

以下是輸出結果：

```
mean: 34124.91167 var: 0.07901676614
mean: 4.911666667 var: 0.07901666667
```

因為原始數值調整的關係，第二個平均值位移了 34,120，但精確度不會因此而改變（.66666 的部分會持續循環下去），不良條件下得到的變異數有 0.000125% 的誤差，不良的條件並沒有造成太顯著的效果。

親愛的讀者，這就是科技的進步，只需要將處理問題時使用的空間加倍，突然之間，所有需要考量的限制幾乎都不存在了，「雖然可以建構出數值可能造成問題的情況」，但比起以往更加困難。即使 double 版本的程式速度比 float 多花了一些時間，為了省去許許多多考慮問題細節的時間，也值得花上些許的執行時間。

那麼應該用 long int 取代所有的 int 嗎？這個情況就不這麼明確了，雖然一般估計時只會用 3，但是用 double 表示的 π 比起用 float 表示更為精確，但即使是上百倍的數值，int 與 long int 兩者的表示也不會有任何差異，唯一可能發生的問題是溢位。但是只能處理 32,000 左右數值的時代已經過去了，大多數現代系統，能夠處理 ± 21 億的數值。但如果認為變數乘積可能超過數值範圍（例如 200×200×100×500），當然可以使用 long int 甚至是 long long int，否則就無法得到精準的結果，實際上答案會完全錯誤，因為 C 語言的值域大約在 -21 億到 21 億之間。可以看一下 *limits.h* 的數值（常見於 */include* 或 */usr/include/* ），以筆者的小筆電為例，從 *limits.h* 的內容中可以看出 int 與 long int 完全相同。

如果讀者需要執行一些十分嚴謹的計算，可以用 #include <stdint.h> 搭配 intmax_t 型別，這個型別能夠保證最大數值到達 $2^{63}-1 = 9,223,372,036,854,775,807$[C99 §7.18.1 與 C11 §7.20.1]。

如果讀者決定使用 long int，要記得同時需要修改 printf 使用的格式，long int 使用 %li 格式，intmax_t 則必須使用 %ji。

比較無號整數

範例 7-5 是比較 int 與 size_t 的範例，size_t 是偶爾會用來表示陣列位移的無號整數（這個型別實際上是 sizeof 傳回的型別）：

範例 7-5　比較無號與有號整數（*uint.c*）

```
#include <stdio.h>

int main(){
    int neg = -2;
    size_t zero = 0;
    if (neg < zero) printf("Yes, -2 is less than 0.\n");
    else            printf("No, -2 is not less than 0.\n");
}
```

執行以上程式可以看到輸出了錯誤的結果，這段程式顯示在比較有號數與無號數時，大多數的情況下 C 語言會強制轉型為無號數（C99、C11 §6.3.1.8(1)），這樣的行為與一般人的預期相反。筆者承認自己也犯過幾次相同的錯誤，因為比較條件看起來十分的自然，很不容易發現錯誤的原因。

C 語言提供了許多不同表示數字的方式，小至 unsigned short int 大到 long double，在早年大型主機的記憶體是以 KB 計算時，的確需要這麼多不同的數字型別；但在現代資訊設備上，本節以及前一節都建議不要使用所有資料型別，為了效率使用 float，等到特殊狀況才轉用 double，或是因於確定變數不會儲存負值而使用 unsigned int，這些較型別斤斤計較的做法，很容易因為數值精確度的細微差異以及 C 語言不夠直覺的數值轉換而產生許多的臭蟲。

安全地將字串剖析為數值

在眾多將文字字串剖析為數字的函式中，最廣為使用的就是 atoi 與 atof 了（ASCII 轉換為 int 以及 ASCII 轉換為 float），這兩個函式使用起來十分簡單，如：

```
char twelve[] = "12";
int x = atoi(twelve);

char million[] = "1e6";
double m = atof(million);
```

然而這兩個函式都沒有提供錯誤檢查機制：如果 twelve 是 "XII"，那麼 atoi(twelve) 就會傳回 0，程式則繼續執行下去。

較安全的作法是使用 strtol 以及 strtod，這兩個函式實際上打從 C89 就已經出現了，但因為 K&R 第一版中沒有提到這兩個函式以及使用上較為麻煩，所以一直沒有受到注意。大多數作者（包含筆者在前一本書裡）不是完全沒有提到這兩個函式，就是只在附錄帶過。

strtod 函式需要第二個參數，一個指向字元指標的指標，會指向字串中第一個無法解析為數字部分 0 位置，這個參數能夠用來繼續剖析後續的文字，對於文字中只含一個數字的情況，也能夠用來作為錯誤檢查之用。如果變數宣告為 char *end，那麼在讀取完整個字串後，就應該將整個字串轉換為數字，最後的位置會指向字串的結尾 '\0'，也就可以用 if (*end) printf("read failure") 這樣的條件式檢查是否讀取失敗。

範例 7-6 是函式的使用方式，這段簡單的程式會計算命令列傳入數值的平方。

範例 7-6　使用 *strtod* 讀取數值（*strtod.c*）

```
#include "stopif.h"
#include <stdlib.h>    //strtod
#include <math.h>      //pow

int main(int argc, char **argv){
    Stopif (argc < 2, return 1, "Give me a number on the command line to square.");
    char *end;
```

```
    double in = strtod(argv[1], &end);
    Stopif(*end, return 2, "I couldn't parse '%s' to a number. "
                "I had trouble with '%s'.", argv[1], end);
    printf("The square of %s is %g\n", argv[1], pow(in, 2));
}
```

自 C99 起增加了 strtof 與 strtold，能夠將字串轉換為 float 與 long double。對應的整數版本 strtol 與 strtoll，則是將字串轉換為 long int 以及 long long int，總共需要三個數值：待轉換的字串、指向結尾的指標以及數值的基底（base）。

傳統的基底是 10，但讀取二進位數字時可以設定為 2、八進位字串則設為 8、16 進位設定為 16，最大可以設定到 36。

用 NaN 表示例外數值

Gonna make it through, gonna make it through. Divide by zero like a wrecking crew.
— The Offspring, "*Dividing by Zero*"

IEEE 浮點數標準明確定義了浮點數的表示方式，包含無限大（infinity）、負無限大（negative infinity）以及 Not-a-Number（不是數字）— NaN，表示像是 0/0 或 log(-1) 之類的數學錯誤。IEEE 754/IEC 60559（這是標準的名稱，因為處理這些事務的人並不介意標準用數字作為名稱）並非 C 語言或 POSIX 標準，而是個用於各個方面的標準。如果讀者工作的環境使用的是 Cray 或是其他特殊用途的嵌入式設備，可以忽略這段的細節（但即使是 Arduino 的 AVR libc 或其他的微處理器，都定義了 NAN 與 INFINITY）。

如同範例 10-1，如果能夠確保串列中的數值都不是 NaN，就能夠很方便的使用 NaN 作為串列結尾的標記。

另一件所有人都需要知道的 NaN 特性就是，所有的相等比較都會失敗，即使是如果設定了 x=NaN，連 x==x 也會運算為 false，也會傳回 false，要用 isnan(*x*) 檢查 *x* 是不是 NaN。

對於深入在數值資料領域的讀者，會有興趣知道其他使用 NaN 作為標記的方式。

IEEE 標準有很多不同型式的 NaN：符號位元可以是 0 或 1，乘方（exponent）都是 1，剩下部分都是非零值，因此可能會看到像是：S11111111MMMMM MMMMMMMMMMMMMMMMMM 的位元樣式，其中 S 是符號，M 是未指定的尾數（mantissa）。

零值的尾數依據其符號位元，分別表示正負無限大，但實際上可以依據需要任意指定尾數部分的位元樣式。一旦有辦法控制這些自由位元，就可以在數值陣列的資料格中加入各種不同的旗標。

nan(*tagp*)是產生特定型式 NAN 最優雅的方式，這個函式會傳回「內容以 *tagp* 表示」的 NAN [C99 與 C11 §7.12.11.2]，輸入值應該是代表浮點數的字串，nan 函式是 strtod 的外覆，參數的字串內會寫到 NaN 的尾數。

範例 7-7 的小程式產生並使用 NA（not available）標記，對於需要區分遺失資料與數學錯誤時十分有用。

範例 7-7　用 NA 標記標注浮點數資料 *na.c*

```
#include <stdio.h>
#include <math.h> //NAN, isnan, nan

double ref;

double set_na(){
    if (!ref) ref=nan("21");
    return ref;
}

int is_na(double in){                    ❶
    if (!ref) return 0;      //還沒有呼叫 set_na ==> 沒有任何 NA

    char *cc = (char *)(&in);
    char *cr = (char *)(&ref);
    for (int i=0; i< sizeof(double); i++)
        if (cc[i] != cr[i]) return 0;
    return 1;
}

int main(){
    double x = set_na();
    double y = x;
    printf("Is x=set_na() NA? %i\n", is_na(x));
    printf("Is x=set_na() NAN? %i\n", isnan(x));
    printf("Is y=x NA? %i\n", is_na(y));
    printf("Is 0/0 NA? %i\n", is_na(0/0.));
    printf("Is 8 NA? %i\n", is_na(8));
}
```

❶ is_na 函式檢查數字的位元樣式是否與 set_na 產生的位元樣式相符，檢查方式是將傳入的浮點數視為字元字串，逐個字元比對。

這段程式產生了可以存放在數值資料當中的特殊標誌，用 21 字元作為標記的主要元素。稍稍修改上述程式碼，就能夠直接在資料集中直接插入各種不同的標記，表示各種不同的例外情況。

事實上，某些廣為使用的系統（例如 WebKit）使用的比上述簡單的標誌還更進一步，直接在 NaN 的位數位置放上整個指標值，這個稱為 *NaN boxing* 的作法就留給讀者自行練習了。

## 第八章

教科書輕忽帶過的重要語法

上一章提到了一些傳統 C 語言教科書強調、但在現代計算環境不再重要的主題，本章要介紹的是筆者認為許多教科書沒有提到或只是簡單帶過的主題。本章與前一章一樣包含了許多簡短的主題，大略可以分為三個主要的部分：

- 前置處理器經常只是輕輕帶過，筆者認為這是因為很多人把前置處理器當作是輔助工具，而不是真正的 C 語言，但前置處理器的存在有它的意義：有些事情只有巨集做得到，其他的 C 語言功能無法做到。並非所有符合標準的編譯器提供的機制都完全相同，前置處理器是開發人員判斷與應對環境特徵的對策。

- 依據筆者對市面上 C 語言教科書的調查，發現只有一、兩本書完全沒有提到 static 與 extern 關鍵字。本章會花些時間討論「連結」（*linkage*），以及拆解 static 關鍵字令人困惑的使用方式。

- const 關鍵字也很適合本章主題，const 十分有用，不可能不用到這個關鍵字，但是在標準規範中對 const 關鍵字的說明以及大多數編譯器的實作方式卻十分奇特。

建立強固又靈活的巨集

開發人員應該要熟悉並且避免一些很容易犯錯的情況，但要是能夠透過巨集完全避免這些情況，就會有更安全的使用者介面。第 10 章會介紹一些讓函式庫介面更加友善、較不容易出錯的作法，這些技巧大量使用了巨集。

許多人認為巨集本身很容易出錯，應該盡量避免使用巨集，但同樣一群人並不會建議避免使用 NULL、isalpha、isfinite、assert，或是與型別無關的數學函數如 log、sin、cos、pow 等，或是其他 GNU 標準函式庫中以巨集型式提供的功能。這些都是良好、強固的巨集，總是能夠以預期的方式執行。

巨集會作文字替換（如果假設替換後的文字比原文字長，通常會稱為**擴展**），文字替換與一般使用函式的思考方式並不相同，由於輸入的文字可以與巨集中的文字或程式中的其他文字交互影響。巨集最好用於想要交互影響的情況，不需要交互影響時就該避免使用。

在開始介紹讓巨集更加強固的規則之前（總共有三點），先區分兩種不同類型的巨集：第一種類型的巨集擴展成運算式（expression），也就是可以對這些巨集作運算，列印數值，如果是數值也可以用在方程式之中；另一種類型是指令區塊，可能出現在 if 述句之後或 while 迴圈當中。以下是一些規則：

- 加上括號！巨集直接替換文字時很容易發生問題，以下是簡單的例子：

  ```
  #define double(x) 2*x                    需要更多括號
  ```

  如果使用者輸入 double(1+1)*8，巨集會擴展成為 2*1+1*8，答案會是 10 而不是原先預期的 32，加上括號就能夠讓結果正確：

  ```
  #define double(x) (2*(x))
  ```

  擴展結果會成為 (2*(1+1))*8，能夠得到預期的結果。一般通則是除非有特殊原因不能加上括號，不然就將所有輸入值都加上括號；對於運算式類型的巨集，巨集運算式本身也要加上括號。

- 避免重複使用巨集引數，以下這個教科書常見的例子很危險：

  ```
  #define max(a, b)  ((a) > (b) ? (a) : (b))
  ```

  如果程式是 int x=1, y=2; int m=max(x, y++)，一般人會預期 m 值是 2（y 增加前的值），而 y 會成為 3，但巨集會將程式擴展為：

  ```
  m = ((x) > (y++) ? (x) : (y++))
  ```

  y++ 運算了兩次，會讓 y 的值遞增兩次而不是使用者預期的一次，所以結果是 m=3 而不是預期中的 m=2。

  對於指令區塊型的巨集，可以在區塊開頭宣告變數存放輸入的數值，然後在巨集其他部分使用變數（輸入值的副本）。

  這個規則並不像上個規則已經是個鐵律（max 巨集十分常見），作為巨集的使用者必須牢記，呼叫巨集時必須盡量縮小未知巨集內部造成的邊際效應。

- 區塊要加上大括號，以下是簡單的區塊巨集：

```
#define doubleincrement(a, b)  \   需要加上大括號
    (a)++;                     \
    (b)++;
```

只要將這個巨集用在 if 述句之後就會出錯：

```
int x=1, y=0;
if (x>y)
    doubleincrement(x,y);
```

加上適當的縮排能夠突顯出錯誤，擴展後的結果會成為：

```
int x=1, y=0;
if (x>y)
    (x)++;
(y)++;
```

另一個可能的問題：如果巨集宣告了 total 變數，但使用者已經先行定義了 total？區塊內宣告的變數名稱可以與區塊外的變數名稱重複，範例 8-1 是以上兩個問題簡單的解決方式：只要在巨集外部加上大括號就行了。

將整個巨集用大括號包覆就能夠建立名為 total 的臨時變數，生存空間局限於巨集周圍的大括號，完全不會影響 main 函式宣告的 total 變數。

範例 8-1　跟一般非巨集程式碼一樣，用大括號控制變數的生存空間（*curly.c*）

```
#include <stdio.h>

#define sum(max, out) {             \
    int total=0;                    \
    for (int i=0; i<= max; i++)     \
        total += i;                 \
    out = total;                    \
}

int main(){
    int out;
    int total = 5;
    sum(5, out);
    printf("out= %i original total=%i\n", out, total);
}
```

但是要注意一個小問題，先看看以下這個簡單的 doubleincrement 巨集：

```
#define doubleincrement(a, b)   {  \
    (a)++;                        \
    (b)++;                        \
}

if (a>b) doubleincrement(a, b);
else     return 0;
```

會擴展成為：

```
if (a>b) {
    (a)++;
    (b)++;
};
else     return 0;
```

else 前面出現的分號會造成編譯器的問題，程式設計師會得到編譯錯誤的訊息，自然就沒辦法交付有問題的程式碼，解決方式必須要移除分號或是再加上另一組額外的大括號，只是這兩種解決方式都不是那麼顯而易見，也會讓使用介面不直覺。坦白說，程式設計師對這個問題沒辦法做些什麼，一般的解決方式是將巨集包覆在只執行一次的 do-while 迴圈裡：

```
#define doubleincrement(a, b) do {  \
    (a)++;                         \
    (b)++;                         \
} while(0)

if (a>b) doubleincrement(a, b);
else     return 0;
```

這種作法就解決了問題，有了個使用者不會知道它是個巨集的巨集，但萬一巨集內容包含了 break，而且巨集是由系統內建或其他人提供的時候，又該如何處理？以下是另一個斷言巨集以及無法作用的使用方式：

```
#define AnAssert(expression, action) do {  \
    if (!(expression)) action;            \
} while(0)

double an_array[100];
double total=0;
…
for (int i=0; i< 100; i++){
    AnAssert(!(isnan(an_array[i])), break);
    total += an_array[i];
}
```

使用者不知道引數的 break 指令會內嵌到巨集的 do-while 迴圈內部，會得到能夠順利編譯、但執行錯誤的程式碼。對於 do-while 外覆可能破壞 break 預期行為的情況，也許不加上 do-while 外覆，直接提醒使用者會是比較簡單的作法，例如先前提到的 else 前的分號就是這樣的情況[13]。

使用 gcc -E curly.c 可以看到前置處理器將 sum 巨集擴展如下，藉由大括號建立的生存空間，可以確定區塊中的 total 沒有任何機會影響到 main 生存空間中的 total，所以程式會印出 total 是 5：

```
int main(){
    int out;
    int total = 5;
    { int total=0; for (int i=0; i<= 5; i++) total += i; out = total; };
    printf("out=%i total=%i\n", out, total);
}
```

用大括號限制巨集的生存空間並無法避免所有的名稱衝突，在先前的範例中，如果程式寫成 int out, i=5; sum(i, out); 會如何？

如果發現巨集行為異常，可以在 gcc、Clang 或 icc 加上 -E 旗標，只執行前置處理器，將一切擴展後的結果輸出到 stdout。由於這樣的結果也包含 #include <stdio.h> 等大量的樣板，筆者通常會將結果重新導向到檔案或分頁工具，如 gcc -E *mycode.c* | less，再從輸出結果找到想要偵錯的巨集位置。

這些就是撰寫巨集時需要注意的事項，基本原則是讓巨集盡可能簡單又有意義，讀者會發現在正式版程式中巨集大多只有一行程式，對輸入值作某些處理，再呼叫標準函式進行實際工作內容。除錯器以及非 C 語言系統無法解析巨集定義，也就無法使用這些巨集，因此函式即使在沒有巨集的輔助下仍然應該易於使用。「static 與 extern 連結」一節會提供一些撰寫簡單程式時，減少力氣的方法。

---

[13] 另一種作法是將巨集區塊放在 if (1) { … } else (void)0，這種作法同樣能夠吸收掉分號。這種作法有用，但是在巨集本身內嵌在程式的 if-else 結構中的時候，會在以 -Wall 編譯旗標編譯時觸發警告訊息，所以對使用者來說也不是完全透明的作法。

前置處理器技巧

前置處理器保留了 # 符號作為標記，有三種完全不同的使用方式：標示指令、將輸入字串化以及連結標記（token）。

程式設計師們都知道前置處理器指令如 #define，是用 # 作為一行程式碼的開頭開始。

附帶一提，# 之前的空白會被忽略（K&R 第二版 §A12, 第 228 頁），這個特性可以作為排版工具，例如將拋棄式巨集放在函式當中，在使用巨集之前定義並依據函式流程縮排。在舊式的觀念中，將巨集定義放置在使用之前並不符合程式「正確」的組織方式（巨集應該放在檔案的開頭），但這種放置方式較容易參考也可以明確表示拋棄式巨集的特質。在「OpenMP」一節會用 #pragma 標注 for 迴圈，要是將 # 緊貼著左側排列會大幅影響可讀性。

的第二種功能是在巨集當中：將巨集引數轉換為字串。範例 8-2 是個示範 sizeof 用法的程式（參看側欄），但主要重點在於前置處理器巨集的使用方式。

範例 8-2　同時印出文字與計算數值（*sizesof.c*）

```
#include <stdio.h>

#define Peval(cmd)  printf(#cmd ": %g\n", cmd);

int main(){
    double *plist = (double[]){1, 2, 3};           ❶
    double list[] = {1, 2, 3};
    Peval(sizeof(plist)/(sizeof(double)+0.0));
    Peval(sizeof(list)/(sizeof(double)+0.0));
}
```

❶　這是複合文本，如果讀者不熟悉這種表示方式，稍後會作介紹。在考慮 sizeof 處理 plist 的方式時，要記得 plist 是個指向陣列的指標，而不是陣列本身。

執行程式時會看到巨集的輸入同時被作為文字輸出，也被作為運算結果計算，#cmd 就相當於將 "cmd" 視為字串，所以 Peval(list[0]) 會擴展為：

```
printf("list[0]" ": %g\n", list[0]);
```

這看起來是否像是格式錯誤，因為出現了兩個連續的字串 "list[0]" ": %g\n"？另一個前置處理器的祕訣就是如果有兩個連續的字串常數，前置處理器會自動將兩個字串常數合併為一個字串："list[0]: %g\n"。這個行為並不限於巨集內部：

```
printf("You can use the preprocessor's string "
        "concatenation to break long strings of text"
        "in your program. I think this is easier than "
        "using backslashes, but be careful with spacing.");
```

---

sizeof 的限制

有試著執行這些程式碼嗎？這是以一個常被忽略的技巧為基礎的程式，能夠用陣列除以元素大小取得自動或 static 陣列的大小（參看 c-faq（*http://bit.ly/q-623*）、參看 K&R 第一版第 126 頁、第二版第 135 頁、C99 與 C11 §6.5.3.4），例如：

```
// 不太可靠
#define arraysize(list) sizeof(list)/sizeof(list[0])
```

sizeof 運算子（這是個 C 語言關鍵字，不是一般函式）參考的是自動配置的變數（可能是陣列或指標），而不是指標指向的資料。對於像 double list[100] 這樣的 automatic 陣列，編譯器需要配置 100 個 double，同時確保這些記憶體空間（大約 800 個位元組）不會被下一個推進堆疊的變數覆蓋。對於自行配置的記憶體（double *plist; plist = malloc(sizeof(double * 100));），在堆疊上的指標可能是 8 個位元組（當然不會是 100），sizeof 會傳回指標本身的大小，而不是指標指向資料的大小。

用玩具逗貓時，有些貓會研究你手上的玩具；有些貓則會聞你的手指。

相反的，有時會想要連結兩個不是字串的東西，這時可以使用兩個 # 號，標示為 ##。如果 name 變數的值是 LL，那麼看到 name ## _list 的時候要讀成 LL_list，是個合法且可以使用的變數名稱。

讀者可能會希望每個陣列都有個對應的變數存放陣列的大小，沒問題，範例 8-3 提供的巨集能夠對每個指定的串列宣告一個以 _len 結尾的區域變數，還會確保每個串列都有結尾標記，讓開發人員不需要知道長度也能夠處理串列。

實際上這個巨集太過頭了，筆者並不建議直接使用，但這個巨集示範了如何以特定的命名樣式產生大量的暫存變數。

範例 8-3　利用前置處理器建立輔助變數（*preprocess.c*）

```c
#include <stdio.h>
#include <math.h>   //NAN

#define Setup_list(name, ...)                              \
    double *name ## _list = (double[]){__VA_ARGS__, NAN};  \    ❶
    int name ## _len = 0;                                  \
    for (name ## _len =0;                                  \
            !isnan(name ## _list[name ## _len]);           \
            ) name ## _len ++;


int main(){
    Setup_list(items, 1, 2, 4, 8);                              ❷
    double sum=0;
    for (double *ptr = items_list; !isnan(*ptr); ptr++)         ❸
        sum += *ptr;
    printf("total for items list: %g\n", sum);

    #define Length(in) in ## _len                               ❹

    sum=0;
    Setup_list(next_set, -1, 2.2, 4.8, 0.1);
    for (int i=0; i < Length(next_set); i++)                    ❺
        sum += next_set_list[i];
    printf("total for next set list: %g\n", sum);
}
```

❶ 等號左側示範了用 ## 依指定樣板產生變數名稱，等號右側則先使用了第 10 章介紹的技巧，示範了 variadic 巨集。

❷ 產生 items_len 與 items_list。

❸ 這是個使用 NaN 標記的迴圈。

❹ 某些系統也能夠用這種型式查詢陣列的長度。

❺ 這個迴圈使用 next_set_len 長度變數。

在寫作習慣上，過去會建議將實際上是巨集的函式用全大寫的方式命名，提醒程式設計師注意文字替換可能產生的意外。筆者認為這種命名方式像是在喊叫，比較喜歡只將巨集名稱的第一個字元大寫；也有些人完全不介意大寫的問題。

巨集參數是可省略的

以下是個會在斷言失敗時傳回的 assert 的巨集：

```
#define Testclaim(assertion, returnval) if (!(assertion))        \
        {fprintf(stderr, #assertion " failed to be true.       \
        Returning " #returnval "\n"); return returnval;}
```

簡單的使用方式：

```
int do_things(){
    int x, y;
    …
    Testclaim(x==y, -1);
    …
    return 0;
}
```

但如果函式本身沒有傳回值該如何？在這種情況，可以把第二個參數留白：

```
void do_other_things(){
    int x, y;
    …
    Testclaim(x==y, );
    …
    return;
}
```

如此一來，巨集的最後一行就會擴展為 return ;，這是個合法的 C 語言指令，適用於傳回 void 的函式[14]。

更進一步，也可以用這種方式實作為預設值：

```
#define Blankcheck(a) {int aval = (#a[0]=='\0') ? 2 : (a+0); \
        printf("I understand your input to be %i.\n", aval); \
        }

// 使用方式

Blankcheck(0);   // aval 設為 0
Blankcheck( );   // aval 設為 2
```

---

[14] 對於巨集參數的合法性，可以參看 C99 與 C11 §6.10.3(4)，其中明確允許「arguments consisting of no preprocessing tokens（引數不含前置處理標記）」。

測試用巨集

C 語言程式可以執行在許多不同的設備上，從 Linux PC 到 Arduino 微處理器到通用公司（GE）的電冰箱，C 語言程式碼透過編譯器定義的測試巨集，找出編譯器所提供的功能，例如在編譯時從命令列加上 -D… 旗標，或是 #include 條列本機能力的檔案，如 POSIX 系統的 *unistd.h* 或 Windows 平台的 *windows.h*（以及這些標頭檔所引入的其他檔案）。

程式設計師只要知道需要檢查的巨集名稱，就能夠透過前置處理器針對各種設備作不同的處理。

gcc 與 clang 會透過 -E -dM 旗標列出已經定義的巨集（-E 表示只執行前置處理器，-dM 會印出巨集值），筆者在自己的電腦上執行

```
echo "" | clang -dM -E -xc -
```

會產出 157 個巨集。

沒有辦法列出完整的特徵巨集清單，清單內容會包含硬體的定義、標準 C 函式庫的品牌以及編譯器，但表 8-1 列出比較常見與穩定的巨集，並簡單說明巨集的意義，其中大都與本書內容相關或是廣泛用來檢查系統類型，以 __STDC_… 開頭的巨集則是定義在 C 語言標準當中。

表 8-1　常見的特徵巨集

巨集名稱	意義
_POSIX_C_SOURCE	符合 IEEE 1003.1，也就是 ISO/IEC 9945，數值通常設定為版本日期
_WINDOWS	Windows 電腦，具有 *windows.h* 以及其中所有定義的一切
__MACOSX__	執行 OS X 的 Mac 電腦
__STDC_HOSTED__	程式是針對會呼叫 main 的作業系統編譯
__STD_IEC_559__	符合 IEEE 754，最終成為 ISO/IEC/IEEE 60559 的浮點數標準。最重要的是，前置處理器能夠表示 NaN、INFINITY 以及 -INFINITY
__STDC_VERSION__	編譯器實作的標準號碼，C89 大都使用 199409L（在 1995 年版定案），C99 使用 199901L，在本書完稿時，C11 大都使用 201112L
__STDC_NO_ATOMICS__	如果編譯器實作不支援 _Atomic 變數且不提供 *stdatomic.h*，巨集會定義為 1
__STD_NO_COMPLEX__	如果實作不支援複數（complex）型別則設定為 1
__STDC_NO_VAL__	如果實作不支援動態長度陣列則設定為 1

巨集名稱	意義
__STDC_NO_THREADS__	如果實作不支援 C 語言標準的 *threads.h* 以及其中定義的元素，則設定為 1；開發人員可以使用 POSIX 執行緒、OpenMP、fork 等其他的替代方案

Autoconf 的主要威力就是產生具描述能力（capability）的巨集，假設使用 Autoconf 時，*config.ac* 檔中包含了以下的巨集：

```
AC_CHECK_FUNCS([strcasecmp asprintf])
```

而在執行 ./configure 的系統上具有（POSIX 標準）strcasecmp，但沒有（GNU/BSD 標準）asprintf，那麼 Autoconf 會產生 *config.h* 標頭檔，內容包含了以下兩行設定：

```
#define HAVE_STRCASECMP 1
/* #undef HAVE_ASPRINTF */
```

開發人員接著就能夠透過 #ifdef（如果有定義）或 #ifndef（如果沒有定義）這兩個前置處理器指令，針對各個設定作不同處理，例如：

```
#include "config.h"

#ifndef HAVE_ASPRINTF
[貼上範例 9-3 的 asprintf 範例]
#endif
```

有時缺乏特定功能時，除了停止之外沒有其他的作法，這時候就可以使用 #error 前置處理器指令：

```
#ifndef HAVE_ASPRINTF
    #error "HAVE_ASPRINTF undefined. I simply refuse to " \
           "compile on a system without asprintf."
#endif
```

C11 開始也有了 _Static_assert 關鍵字，這是個需要兩個引數的靜態斷言，兩個引數分別是：需要檢驗的靜態表示式以及傳送到編譯器的訊息。相容於 C11 標準的 *assert.h* 標頭檔定義了拼字較簡潔的 static_assert，這是 _Static_assert 關鍵字的擴展 [C11 §7.2(3)]。使用範例如下：

```
#include <limits.h>    //INT_MAX
#include <assert.h>

_Static_assert(INIT_MAX < 33000L, "Your compiler uses very short integers.");
```

```
#ifndef HAVE_ASPRINTF
static_assert(0, "HAVE_ASPRINTF undefined.  I still refuse to "
                 "compile on a system without asprintf.");
#endif
```

33000L 以及先前一些年-月值尾端的 L 表示指定的數值應該以 `long int` 讀取，以避免數值在一些一般 `int` 的編譯器上發生溢位。

這種作法也許比 `#if/#error/#endif` 型式更加方便，只是這個型式是在 2011 年 12 月版發佈的標準中才納入，這種作法本身就有相容性的問題。例如，Visual Studio 的設計師實作了只使用一個引數（斷言敘述）的 `_STATIC_ASSERT` 巨集，但不認識標準的 `_Static_assert`[15]。

此外 `#ifdef/#error/#endif` 與 `_Static_assert` 兩種作法大體上有相同的作法：C 語言標準中指出兩者都會檢查「**常數表示式**」（*constant-expression*）並印出「**字串常數**」（*string-literal*），只是其中一個是在前置處理階段執行，另一個則是在編譯階段執行 [C99 §6.10.1(2) 及 C11 §6.10.1(3)；C11 §6.7.10]，因此，在本書完稿時，比較安全的作法是沿用前置處理器在缺少必要功能時停止。

Include Guard

如果在同一個檔案裡貼入一個 struct 兩次會如何？例如，將：

```
typedef struct {
    int a;
    double b;
} ab_s;

typedef struct {
    int a;
    double b;
} ab_s;
```

貼到 *header.h* 檔案當中。

---

[15]　參看 Microsoft Developer Network（ *http://bit.ly/static-a* ）。

人類很容易就可以發現兩個 struct 的名稱相同，但編譯器被要求將所有讀入的新 struct 宣告視為新的型別 [C99 §6.7.2.1(7) 以及 C11 §6.7.2.1(8)]，因此，以上的程式碼因為重複定義了兩次 ab_s 型別（儘管兩者完全相同），無法順利編譯成功[16]。

要產生重複宣告錯誤的另一種作法是只列出一次 typedef，但重複引入標頭檔，如：

```
#include "header.h"
#include "header.h"
```

由於引入檔經常又會引入其他檔案，錯誤可能會源自於層層串接的標頭檔引入序列當中。為了確保這種情況不會發生，C 語言標準的解決方式稱為「*include guard*」，作法是在每個檔案中定義一個特別的變數，接著將整個檔案內容包覆在 #ifndef 內：

```
#ifndef Already_included_head_h
#define Already_included_head_h 1

[貼入所有 header.h 內容]

#endif
```

第一次引入的時候，變數還沒有定義，所以會處理檔案內容；在第二次引入時，變數已經有了定義，就會跳過檔案的其他部分。

這個型式打從 C 語言出現就使用至今（參看 K&R 第二版 §4.11.3），但搭配 once pragma 會稍微簡單一些，在只能引入一次的檔案開頭加上：

```
#pragma once
```

編譯器就會知道這個檔案不允許被重複引入，pragma 會依編譯器而異，只有一小部分定義在 C 語言標準當中。然而，包含 gcc、clang、Intel、Visual Studio C89 模式等所有的主流編譯器都能夠使用 #pragma once。

---

[16] 如果型別相同，那麼重複的 typedef 並不會造成問題，C11 §6.7(3) 的說法是：「A typedef name may be redefined to denote the same type as it currently does, provided that type is not a variably modified type.」（typedef 名稱可以重新定義為目前對應的型別，前提是型別本身沒有太多變動。）。

static 與 extern 連結

本節將撰寫能夠提供編譯器足夠資訊，讓編譯器給予連結器不同提示的程式，（一般）
編譯器一次處理一個 .c 檔產生對應的 .o 檔，連結器只是將這些 .o 檔結合起來產生函
式庫檔或可執行檔。

如果兩個不同檔案同時宣告了 x 變數會發生什麼事？這可能是因為兩個檔案的作者不
知道其他作者也用了 x 作為變數名稱，這兩個 x 應該分別配置在不同的空間；也可能
是兩個作者使用的其實是相同的 x 變數，連結器應該將所有的 x 都指向相同的記憶體
位置。

「外部連結」（*external linkage*）表示連結器應該將位於不同檔案內的相同符號視為
同一個東西，extern 關鍵字在表示外部連結時十分有用（參看後續介紹）[17]。

---

[17] 參看 C99 與 C11 §6.2.3，其中內容實際上是解析跨越不同生存空間符號的細節，而不只是檔案，
但要在單一檔案中使用跨越不同生存空間的神奇連結技巧並不容易做到。

內部連結（*internal linkage*）表示檔案本身的 x 變數或 f() 函數是自身所有，只會對應到相同生存空間的 x 或 f()（對於宣告在函式外部的變數，其生存空間就是所在的檔案），使用 static 關鍵字就表示內部連結。

有趣的是外部連結使用 extern 關鍵字，而內部連結卻使用 static 而不是較合理的 intern 作為關鍵字。在「Automatic、Static 以及自行管理記憶體」一節介紹了三種不同的記憶體模式：static、automatic 以及自行管理；用 static 表示記憶體模式以及連結方式，實際上是結合了兩個不同的概念，以往因為技術因素將這兩個概念視為相同，但如今已經各自獨立。

- 對生存空間是檔案的變數，static 只會影響連結方式：

  - 預設是外部連結，使用 static 關鍵字會將變數改變為內部連結。

  - 任何在檔案生存空間的變數都是使用 static 記憶模式，無論宣告為 static *int x*、extern *int x* 或是單純宣告為 *int x* 都一樣。

- 對生存空間是區塊的變數，static 只會影響記憶體模式：

  - 預設使用內部連結，static 關鍵字不會改變連結方式；可以透過將變數宣告為 extern 改變連結方式，但這種作法十分少見。

  - 記憶體配置預設是 automatic 模式，static 關鍵字會將記憶體模式改變為 static 模式。

- 對於函式，static 只會影響連結方式：

  - 函式只會定義在檔案生存空間（gcc 提供巢狀函式的擴充功能），如同檔案生存空間的變數，預設使用外部連結，但透過 static 關鍵字可改為內部連結。

  - 記憶體模式不會有任何混淆，因為函式和以檔案為生存空間的變數相同，只能夠是 static 模式。

一般宣告函式供多個 .c 檔使用的方式是將標頭放在 .h 檔案中供專案的其他 .c 檔引用，再將函式本身放在獨立的 .c 檔（預設就會是外部連結）。這個良好的慣例應該繼續保持，但經常會有作者想將兩、三個工具函式（如 max 與 min）放在同一個 .h 檔供它處引用，這時可以在函式宣告前加上 static 關鍵字，如：

```
//在 common_fns.h 中
static long double max(long double a, long double b){
    (a > b) ? a : b;
}
```

在幾個檔案中引用 #include "common_fns.h" 時，編譯器會在每個檔案產生一個新的 max 函式，但因為函式都指定使用內部連結，所有的檔案都會將 max 函式名稱限制在檔案內部，各檔案內的函式實體能夠獨立存在不會彼此衝突。像這樣重複宣告相同函式可能會為最終的執行檔增加一些體積，並增加一些編譯時間，但在一般環境下這不會有什麼關係。

標頭檔中的外部連結元素

extern 關鍵字比 static 問題簡單多了，這個關鍵字只與連結有關，與記憶體模型無關，一般對外部連結變數的設定方式如下：

- 在被引入的標頭檔中定義會被使用的變數，並在宣告時加上 extern 變數，例如 extern int x。

- 只在一個 .c 檔，依照一般的方式宣告變數，可依需要初始化，例如 int x=3。如同一般的 static 變數，要是沒有設定初始值（如 int x），就會初始化為零或 NULL。

這就是使用外部連結變數需要做的事。

有些程式設計師會便宜行事，把 extern 宣告放在程式檔，而不是標頭檔中。例如在 file1.c 裡宣告了 int x，接著發現需要在 file2.c 使用 x，所以直接在檔案的開頭加上 extern int x，這樣有用，至少今天有用；一個月後，file1.c 的宣告改變成 double x，編譯器型別檢查會發現 file2.c 內部完全一致，連結器會將 file2.c 的程序指向儲存 x 的 double 的位置，而程序會被誤導成資料仍然是 int。只要把所有的 extern 宣告都放在標頭檔，透過 #include 的方式在 file1.c 與 file2.c 引用，即使型別有任何變化，編譯都能夠發現資料不一致的情況。

為了簡化開發人員的工作，讓程式設計師能夠方便的在多處宣告變數但只配置一次記憶體，系統在底下做了許多的工作；標記了 extern 的宣告的確就是宣告（讓編譯器能夠檢查一致性的型別資訊），而不是定義（配置與初始化記憶體的指令），但沒有加上 extern 關鍵字的宣告則稱為「暫行定義」（tentative definition）：如果編譯器到了單元（unit）結尾都沒有找到任何定義，就會轉化暫行定義成為單一定義，同時初始化為零或 NULL。標準規範裡將上述規範中的「單元」（unit）定義為在 #include 內容貼上之後的單一個檔案 [參看 C99 與 C11 §6.9.2(2) 對轉譯單元（translation unit）的說明]。

gcc 與 clang 等編譯器一般將「單元」解讀成整個程式，這表示有多個非 extern 宣告又沒有任何定義的程式中，會將暫行定義合併為一個定義，即使加上了 --pedantic 旗標，gcc 仍然不會在意程式設計師使用了 extern 關鍵字還是完全不用。實務上這表示 extern 關鍵字大部分情況上沒有必要：編譯器會將讀到的許多 *int x=3* 等宣告解讀成使用外部連結的單一定義。標準規範中並沒有包含這個技巧，但 K&R（第二版，第 227 頁）提到了這樣的行為：「通常在 UNIX 系統，且被認為是 [ANSI `89] 標準常見的擴充功能」。【Harbison 1991】§4.8 描述了四種對 extern 不同的解讀方式。

這表示要是想要讓兩個檔案中相同名稱的兩個變數有不同的實體，但忘了加上 static 關鍵字，編譯器就可能會使用外部連結，將這兩個變數連結到一個變數實體，可能會產生一些不明顯的臭蟲。所以對於想要使用內部連結的檔案範圍變數，要特別注意 static 的使用。

const 關鍵字

const 關鍵字基本上很有用，盡可能多用也是很好的程式寫作風格，但 const 的規則中有些許的出人意外與不一致。接下來將指出這些特殊的行為，應該有助於讀者使用 const 時，更容易以良好寫作風格的建議方式撰寫程式碼。

剛開始寫程式時，知道輸入函式的資料會自動在函式內建立副本，但仍然可以透過傳送指標的副本讓函式修改傳入的資變。看到傳入的是一般非指標資料，就表示呼叫端的資料不會隨著函式內的修改而改變。傳入指標時就不這麼確定，串列與字串自然都是指標，所以指標輸入可能是需要修改的資料，也可能是字串。

const 關鍵字是給程式作者的工具，能夠讓程式碼讀起來更加清楚明確，它是個型別修飾詞，表示輸入的指標指向的資料不會在函式執行期間受到改變，資料是否會被改變是很重要的資訊，應該要盡可能使用 const 關鍵字。

首先要注意的是，編譯器不會鎖定指向的資料讓資料不受任何方式修改。標記為 const 變數名稱指向的資料，能夠透過另一個沒有標記為 const 的變數修改。例如範例 8-4 當中，a、b 指向相同的資料，但因為 a 在 set_elmt 的標頭並沒有宣告為 const，所以可以修改 b 陣列中的資料，如圖 8-1。

範例 8-4　標記為 *const* 的變數資料能夠透過另一個未標記為 *const* 的變數修改 （*constchange.c*）

```
void set_elmt(int *a, int const *b){
    a[0] = 3;
}
```

```
int main(){
    int a[10] = {};          ❶
    int const *b = a;
    set_elmt(a, b);
}                            ❷
```

❶ 將陣列所有元素初始化為 0。

❷ 這是個沒有做任何事的程式，編譯後執行不會產生任何錯誤，如果想要確認 b[0] 的確被改變了，可以在除錯器中執行程式，在最後一行中斷，再印出 b 的值。

因此，const 只是語句上的建議，不會真的鎖定資料。

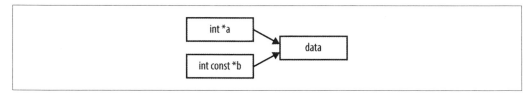

圖 8-1 可以透過 a 修改資料，即使 b 是 const 變數，這也是合法的行為

使用名詞-形容詞型式

閱讀宣告的技巧是由右往左讀，因此：

int const

　　常數整數

int const *

　　一個（可變動的）指標，指向的資料是常數整數

int * const

　　一個常數指標，指向（可變動）的整數

int * const *

　　一個指向常數指標的指標，常數指標指向整數

int const * *

　　一個指標的指標，指向常數整數

```
int const * const *
```

一個指向常數指標的指標，常數指標指向常數整數

可以發現 const 和 * 符號相同，總是修飾左方的型別。

也可以將型別名稱與 const 的位置互換，也就是 int const 與 const int 意義相同（但 const 與 * 的位置不能交換）。筆者習慣用 int const 的型式，因為在複雜的結構式中比較一致，並且能夠符合由右往左讀的規則。習慣使用 const int 型式的原因可能是比較接近英文語法，或只是因為習慣使然，不論如何，兩種寫法都可以。

---

restrict 與 inline 怎麼了？

筆者寫了些使用 restrict 或 inline 關鍵字的範例程式，最後決定不要使用範例，這樣才能夠很快的展示兩個關鍵字在速度上造成的差異。

過去幾年筆者一直很希望能夠發現在數值函式中使用 restrict 的好處，但直到最近撰寫範例程式時，使用與不使用 restrict 關鍵字的速度差仍然少到可以忽略。

如同本書一貫的建議，筆者使用 CFLAGS=-g -Wall -O3 作為編譯設定，表示 gcc 會嘗試所有的最佳化技巧，而這些最佳化手法能夠在需要使用 restrict 指標或 inline 函式時，自動使用相對的最佳化方法，不需要特別加上關鍵字提示編譯器。

壓力

實務上發現 const 有時會帶來一些需要特別處理的壓力，例如需要將常數指標傳入接受非常數指標的函式；函式作者也許是認為關鍵字帶來的問題比好處多，或喜歡比較簡短的程式碼，又或者只是忘了加上 const。

繼續之前，必須先確定不使用 const 參數的函式內部，是否有任何修改資料的可能性，例如在某些邊際狀況或是特殊理由會修改傳入的資料，這些都是需要知道的資訊。

如果確定函式並不會破壞原先對指標所做的 const 約定，那麼透過轉型將 const 指標轉換為一般指標是可以接受的作弊手法，可以讓編譯器不再發出警告訊息。

```
//標頭檔中沒有使用 const
void set_elmt(int *a, int *b){
    a[0] = 3;
}

int main(){
    int a[10];
    int const *b = a;
    set_elmt(a, (int*)b);            //...所以要加上轉型
}
```

筆者認為這個規則很合理，只要程式設計師明確的標明，表示知道自己在做些什麼，就應該可以覆寫編譯器的 const 檢查規則。

如果擔心呼叫的函式無法維持對 const 的約定，因為不希望修改變數的任何內容，可以進一步複製所有資料，將資料副本傳入函式而不是傳入別名，呼叫完函式後可以拋棄副本。

深層資料

假設有個 counter_s 結構以及一個接受結構為參數的 f(counter_s const * in) 函式，函式可以修改結構中的成員嗎？

試看看吧，範例 8-5 產生一個有兩個指標元素的結構，ratio 函式接受 const 指標參數，但是當程式將結構中的指標傳給另一個函式的非常數指標時，編譯器並沒有發出任何警告。

範例 8-5　*const struct* 的成員並不是 *const*（*construct.c*）

```
#include <assert.h>
#include <stdlib.h>    //assert

typedef struct {
    int *counter1, *counter2;
} counter_s;

void check_counter(int *ctr){ assert(*ctr !=0);}

double ratio(counter_s const *in){                    ❶
    check_counter(in->counter2);                      ❷
    return *in->counter1/(*in->counter2+0.0);
}
```

```
int main(){
    counter_s cc = {.counter1=malloc(sizeof(int)),     ❸
                    .counter2=malloc(sizeof(int))};
    *cc.counter1 = *cc.counter2 = 1;
    ratio(&cc);
}
```

❶ 傳入的結構標明為 const。

❷ 將 const struct 的成員傳入一個接受非 const 參數的函式，編譯器不會發出警告
訊息。

❸ 這是透過指定初始子宣告 — 稍後就會介紹。

在結構的宣告中，可以將成員宣告為 const，但一般來說這種作法造成的問題比好處
多，如果真的需要保護最底層的資料，最保險的做法是在文件中加上註記。

char const ** 的問題

範例 8-6 是個簡單的程式，檢查使用者是否透過命令列參數指定了 Iggy Pop 的名字。
從 shell 的執行方式如下（$? 是之前執行程式的傳回值）：

```
iggy_pop_detector Iggy Pop; echo $?                #印出 1
iggy_pop_detector Chaim Weitz; echo $?             #印出 0
```

範例 8-6 不明確的標準在常數指標的指標造成的各種問題（*iggy_pop_detector.c*）

```
#include <stdbool.h>
#include <strings.h>      //strcasecmp（從 POSIX）

bool check_name(char const **in){               ❶
    return   (!strcasecmp(in[0], "Iggy") && !strcasecmp(in[1], "Pop"))
          ||(!strcasecmp(in[0], "James") && !strcasecmp(in[1], "Osterberg"));
}

int main(int argc, char **argv){
    if (argc < 2) return 0;
    return check_name(&argv[1]);
}
```

❶ 如果讀者不曾看過 Boolean，請參看側欄的介紹。

因為不需要修傳入的字串，check_name 函式的參數是指向字串（常數）的指標，但編
譯時，會發現編譯器發出警告訊息，clang 的訊息是「passing char ** to parameter of type
const char ** discards qualifiers in nested pointer types」。對於多層指標，筆者所知

的所有編譯器都會將所謂的上層指標轉換為 const（也就是轉換為 char * const *），
但對於指標指向的標的的轉型都會發出警告（char const **，也就是 const char **）。

這種情況同樣需要明確的轉型，將 check_name(&argv[1]) 修改成：

```
check_name((char const**)&argv[1]);
```

為什麼不會自動進行這個完全合理的轉型？在發生問題前需要一些獨特的環境設定，
而問題在於這部分的語法規則並不一致，所以接下來的解釋會十分複雜難懂，如果讀
者跳過這段，筆者完全可以理解。

範例 8-7 的程式碼建立了圖中的三個連結：constptr 與 fixed 間的直接連結，以及
constptr -> var 以及 var -> fixed 這兩個間接連結；程式中可以看到兩個指派命令
有明確的轉型：constptr -> var 以及 constptr -> -> fixed。但因為 *constptr == var，
第二個連結會自動建立 var -> fixed 連結，當指派 *var=30 時，也就是 fixed = 30。

範例 8-7　即使其他變數加上了 *const* 修飾子，仍然可以透過不同的變數名稱修
改資料 —— 完全不該這麼做，各變數的關係如圖 8-2（*constfusion.c*）

```
#include <stdio.h>

int main(){
    int *var;
    int const **constptr = &var;      //錯誤的設定條件
    int ocnst fixed = 20;
    *constptr = &fixed;               //完全符合語法
    *var = 30;
    printf("x=%i y=%i\n", fixed, *var);
}
```

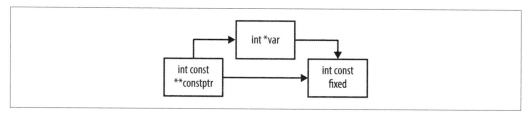

圖 8-2 範例 8-7 各變數的關係

沒有辦法讓 int *var 直接指向 int const fixed，只能夠透過一些手法讓 var 實際上
指向 fixed，但並沒有明確的在程式上指明。

之前提過標記為 const 的變數資料能夠透過另一個未標記為 const 的變數修改內容，那麼透過其他名稱修改 const 資料時真的這麼驚訝嗎[18]？

本書列出這些 const 相關的問題以便讓讀者能夠克服。撰寫程式過程中，這些問題並沒有這麼嚴重，仍然應該遵循盡量在函式宣告中加上 const 修飾子，不要只是抱怨之前的維護人員沒有使用正確的標頭。畢竟，總有一天會有其他人使用你的程式碼，不會希望因為函式沒有加上 const 修飾子，讓其他人沒辦法使用 const 變數。

True 與 False

C 語言一開始並沒有布林值（true/false），而是使用慣例：所有的零值或 NULL 表示 false，其他值都是 true。因此 `if(ptr !=NULL)` 與 `if(ptr)` 有相同的效果。

C99 引進了 `_Bool` 型別，這在技術上並不需要，因為可以用整數表示 true/false 值，但對閱讀程式碼的人而言，布林型別能清楚表示變數只接受 true/false 兩種數值，比較能夠表示目的。

標準委員會選用 `_Bool` 名稱的原因是它是語言的擴充保留字，但這個名稱卻很糟糕，*stdbool.h* 標頭檔中定義了三個改善可讀性的巨集：`bool` 擴展為 `_Bool`，所以不需要在宣告中使用看起來很奇怪的 `_Bool`，`true` 擴展為 1，`false` 擴展為 0。

就如同 `bool` 是為了程式可讀性而加入，`true` 與 `false` 兩個巨集也可以讓指派指令的意圖更加明確：如果忘了 `outcome` 是宣告為 `bool` 型別，那麼 `outcome=true` 能夠提示變數的用途，寫成 `outcome=1` 就少了提示的功能。

---

[18] 範例程式碼修改自 C99 與 C11 §6.5.16.1(6)，其中將 `constptr=&var` 這種程式標記為違反限制（constraint violation），是否視為違反限制取決於對 C99 與 C11 §6.5.16.1 中對「限制」（constraints）說明的解讀方式：「both operands [on either side of and =] are pointers to qualified or unqualified versions of compatible types」。筆者不是唯一一個認為這段說明不夠清楚的人：編譯器應該拋出錯誤，拒絕在違反限制時繼續編譯，但 gcc 與 clang 都只是將這種型式標記為警告並繼續編譯下去。

然而，實際上並沒有必要將所有的表示式都與 true 或 false 比較，程式設計師們都能夠了解 if (x) 表示「*如果 x 是 true，那麼…*」，沒有明確的寫出 ==true 並不會影響對程式的理解。此外，如果 int x=2，那 if (x) 的行為會符合所有人的預期，但 if (x==true) 的行為卻與預期不符。

## 第九章

簡化文字處理

我相信最終文字會打破藩籬。

— Pussy Riot，在 2012 年 8 月 8 日引述 Aleksandr Solzhenitsyn

文字字串是個不確定長度的陣列，自動配置的陣列（配置在堆疊）無法改變大小，簡單說這就是 C 語言在處理文字上遇到的問題。所幸，許多前人也同樣面對這些問題，並提出至少一部分的解決方案，許多 C 語言標準與 POSIX 標準函式足以滿足日常字串處理的需求。

此外，C 語言設計於 1970 年代，早於非英語系語言發明之前。同樣的，使用正確的函式（以及對語言編碼正確的認識），C 語言以英語為主的設計並不會造成任何實際的問題。

利用 asprintf 減輕處理字串的痛苦

asprintf 函式會配置好需要的字串空間再填入字串內容，代表程式設計師再也不用擔心字串配置的問題。

asprintf 並非 C 語言標準，但 GNU 與 BSD 標準函式庫都有提供這個函式，GNU 與 BSD 幾乎涵蓋了所有系統。此外，GNU Libiberty 提供的 asprintf 版本，可以從函式庫原始碼剪貼到自己的程式碼，或是透過 liberty 連結器旗標呼叫函式庫中的版本，Libiberty 發佈到了許多不具有原生 asprintf 的平台之上，如 Windwos 的 MSYS，如果沒辦法從 libiberty 剪貼原始碼，筆者也提供了使用標準 vsnprintf 為基礎的快速實作。

以往使用字串的方式會讓人想殺人（或是自殺，取決於程式設計師本身的個性），要先取得字串的長度，配置空間，再將內容寫入配置的空間當中。別忘了最後得再加上一個 null 終止字元！

範例 9-1 示範了設定字串的痛苦過程，範例透過 C 語言的 system 命令執行外部工具 strings，這個外部工具會在二進位檔中找尋可顯示的純文字。get_strings 函式會取得 argv[0] 作為參數，也就是程式本身的名稱，因此程式會搜尋自己當中的字串，這看起來很神奇，但這個範例程式也只能做這件事。

範例 9-1　傳統設定字串麻煩的方式（*sadstrings.c*）

```
#include <stdio.h>
#include <string.h>  //strlen
#include <stdlib.h>  //malloc, free, system

void get_strings(char const *in){
    char *cmd;
    int len = strlen("strings ") + strlen(in) + 1;          ❶
    cmd = malloc(len);                                      ❷
    snprintf(cmd, len, "strings %s", in);
    if (system(cmd)) fprintf(stderr, "something went wrong running %s.\n", cmd);
    free(cmd);
}

int main(int argc, char **argv){
    get_strings(argv[0]);
}
```

❶　計算需要的長度要花費大量的時間。

❷　C 語言標準說 sizeof(char)==1，所以不需要使用 malloc(len*sizeof(char))。

範例 9-2 使用 asprintf，會自動呼叫 malloc，這也表示不需要計算字串長度的步驟。

範例 9-2　這個版本只比範例 9-1 少了兩行程式碼，但卻是最麻煩的兩行（*getstrings.c*）

```
#define _GNU_SOURCE    //讓 stdio.h 包含 asprintf
#include <stdio.h>
#include <stdlib.h>    //free

void get_strings(char const *in){
    char *cmd;
    asprintf(&cmd, "strings %s", in);
    if (system(cmd)) fprintf(stderr, "something went wrong running %s.\n", cmd);
```

```
        free(cmd);
    }

    int main(int argc, char **argv){
        get_strings(argv[0]);
    }
```

呼叫 asprintf 看起來與呼叫 sprintf 十分相似，除了需要傳入字串位置而不是字串本身，因為函式中會使用 malloc 配置字串所需要的空間，並將新位置寫進以 char ** 型別傳入的參數。

介紹到這裡，如果因為某些原因無法使用 GNU asprintf，計算 printf 指令與引數擴展後所需的最後長度十分容易出錯，那麼該如何讓計算機代勞呢？答案一直都在我們眼前，在 C99 §7.19.6.12(3) 與 C11 §7.21.6.12(3)：「vsnprintf 函式傳回足夠寫入字串所需的字元數 n，不含結尾的 null 字元，如果編碼錯誤，會傳回負值。」snprintf 函式同時也會傳回應該要有的值。

因此，如果試著對 1 位元的字串執行 vsnprintf，會得到傳回值以及字串應該要有的長度，接著配置傳回長度的字串，再真正執行 vsnprintf。因為要執行程式兩次，執行時間也會是兩倍，這是為了安全性與方便性所必須付出的代價。

範例 9-3 示範了以執行兩次 vsnprintf 的方式實作 asprintf，範例程式加上了 HAVE_ASPRINTF 外覆檢查，讓程式能夠適用於 Autoconf，程式如下：

範例 9-3 *asprintf* 的另一種實作方式（*asprintf.c*）

```
#ifndef HAVE_ASPRINTF
#define HAVE_ASPRINTF
#include <stdio.h>  //vsnprintf
#include <stdlib.h> //malloc
#include <stdarg.h> //va_start et al

/* The declaration, to put into a .h file. The __attribute__ tells the compiler to
check printf-style type-compliance. It's not C-standard, but a lot of compilers
support it; just remove it if yours doesn't. */

int asprintf(char **str, char* fmt, ...) __attribute__ ((format (printf,2,3)));

int asprintf(char **str, char* fmt, ...){
    va_list argp;
    va_start(argp, fmt);
    char one_char[1];
    int len = vsnprintf(one_char, 1, fmt, argp);
    if (len < 1){
```

```
            fprintf(stderr, "An encoding error occurred. Setting the input pointer to
    NULL.\n");
            *str = NULL;
            return len;
        }
        va_end(argp);

        *str = malloc(len+1);
        if (!str) {
            fprintf(stderr, "Couldn't allocate %i bytes.\n", len+1);
            return -1;
        }
        va_start(argp, fmt);
        vsnprintf(*str, len+1, fmt, argp);
        va_end(argp);
        return len;
    }
    #endif

    #ifdef Test_asprintf
    int main(){
        char *s;
        asprintf(&s, "hello, %s.", "-Reader-");
        printf("%s\n", s);

        asprintf(&s, "%c", '\0');
        printf("blank string: [%s]\n", s);

        int i = 0;
        asprintf(&s, "%i", i++);
        printf("Zero: %s\n", s);
    }
    #endif
```

安全性

如果有個長度預先定義的字串 *str*，使用 sprintf 寫入未知長度的資料，那可能會發現資料寫到了緊接著 *str* 之後的空間，這是很典型的安全漏洞。因此，實務上 sprintf 經常被拋棄不用而改用會限制寫入資料長度的 snprintf。

使用 asprintf 時會配置寫入資料所需的記憶體數量，能夠有效避免這個問題。但並不是完美的解決方案：最後總會有些受到破壞或惡意的輸入資料，或是在資料中間就出現 \0，但實際資料量卻超過可用記憶體數量，或寫到 *str* 的額外資料可能包含密碼之類的敏感內容。

如果可用記憶體不足，`asprintf` 會傳回 `-1`，因此，在處理使用者輸入的資料時，小心的程式設計師會使用如下的 `Stopif` 之類的巨集（「Variadic 巨集」一節會介紹）：

```
Stopif(asprintf(&str, "%s, user_input) == -1, return -1, "asprintf failed")
```

但如果直接將未檢查過的字串傳入 `asprintf`，就已經輸了。檢查未信任輸入是更早之前就該做的事，即使是合理長度的字串，也可能因為系統記憶體不足或是被小精靈吃掉造成函式執行錯誤。

C11（附錄 K）也提供一些名稱以 `_s` 結尾，有用的格式化列印函式：`printf_s`、`snprintf_s`、`fprintf_s` 等等，這些函式都比沒有 `_s` 字尾的版本更加安全。輸入的字串不能是 `NULL`，而且，要是試著寫入超過 `RINT_MAX` 位元組的字串，函式就會執行失敗，傳回「runtime constraint violation」（`RINT_MAX` 一般是最大容量 `size_t` 值的一半）。然而，標準 C 語言函式庫對這些函式的支援程序仍然參差不齊。

常數字串

以下程式設定兩個字串並顯示在螢幕上：

```c
#include <stdio.h>

int main(){
    char *s1 = "Thread";

    char *s2;
    asprintf(&s2, "Floss");

    printf("%s\n", s1);
    printf("%s\n", s2);
}
```

兩種設定方式都會產生包含一個單字的字串，但 C 編譯器對兩個字串的處理方式並不相同，不注意的話可能會吃苦頭。

讀者有試著執行之前顯示程式中內嵌字串的範例嗎？在以上的程式中，`Thread` 就屬於內嵌字串，`s1` 就會是個指向可執行程式當中特定位置的指標。至於效率的問題，筆者認為不需要在執行期間花時間計算字元數量，或是浪費記憶體儲存已經存在二進位檔的資訊，也許這些差別在 1970 年代可能十分重要。

對讀取而言，內嵌的 s1 以及依需要配置的 s2 兩者有相同的效果，但 s1 內容無法修改，記憶體也無法釋放。讀者可以在程式中加入以下幾行程式碼，看看產生的效果：

```
s2[0]='f';           //將 Floss 改為小寫
s1[0]='t';           //Segfault 錯誤

free(s2);            //釋放資源
free(s1);            //Segfault 錯誤
```

讀者使用的系統可能會將指標直接指向執行當中的內嵌字串，或是將字串複製到唯讀記憶體區段；實際上，C99 §6.4.5(6) 與 C11 §6.4.5(7) 表示常數字串的儲存方式是未指定（unspecified），而修改常數字串的結果則是未定義（undefined）。由於未定義行為可能也經常是 segfault，這表示程式設計師應該將 s1 內容視為唯讀。

常數與可變字串的差異十分細微，很容易發生錯誤，這使得內嵌字串的用途十分受限，無法想像有任何命令式語言要求程式設計師注意這些差異。

這個問題有個簡單的解決方式： strdup，這是 POSIX 標準函式，是 *string duplicate*（複製字串）的縮寫。使用方式如下：

```
char *s3 = strdup("Thread");
```

Thread 字串仍然內嵌在程式當中，但 s3 是常數字串的副本，可以自由地修改內容。盡量使用 strdup 就能夠對所有字串做相同的處理，不需要在意常數字串與指標的差異。

如果無法使用 POSIX 標準或擔心系統沒有提供 strdup 函式，讀者很容易就可以撰寫自己的版本。以下程式是使用 asprintf 實作的版本：

```
#ifndef HAVE_STRDUP
char *strdup(char const* in){
    if (!in) return NULL;
    char *out;
    asprintf(&out, "%s", in);
    return out;
}
#endif
```

但 HAVE_STRDUP 的值要怎麼來呢？如果使用 Autotools，可以在 *configure.ac* 中加上：

```
AC_CHECK_FUNCS([asprintf strdup])
```

就會產生一段 configure 命令稿程式，在 *configure.h* 中建立 HAVE_STRDUP 與 HAVE_ASPRINTF 巨集，並依據系統狀況給予正確的設定值。

使用 asprintf 延長字串

以下是使用 asprintf 在原有字串之後加上其他文字的範例：

```
asprintf(&q, "%s and another clause %s", q, addme);
```

筆者用這種方式產生資料庫查詢命令，用以下的方式對字串作一連串的操作：

```
int col_number=3, person_number=27;
char *q =strdup("select ");
asprintf(&q, "%scol%i \n", q, col_number);
asprintf(&q, "%sfrom tab \n", q);
asprintf(&q, "%where person_id = %i", q, person_number);
```

最後會得到：

```
select col3
from tab
where person_id = 27
```

這是處理一長串複雜字串比較好的作法，隨著子字串愈來愈複雜，這種作法的必要性也隨之提高。

但這會產生記憶體洩漏，當 q 指派為 asprintf 傳回的新位址時，沒有釋放原來 q 指標的位址。對於一次性的字串處理並不需要太過擔心這個問題，在對系統產生足夠影響之前，可能已經產生過上百萬的查詢字串了。

如果無法確定字串產生的次數與長度，需要盡量避免記憶體洩漏時，可能需要使用如範例 9-4 的方式。

範例 9-4　能夠正確釋放原有位址的巨集（*sasprintf.c*）

```
#include <stdio.h>
#include <stdlib.h>    //free

//安全的 asprintf 巨集
#define Sasprintf(write_to, ...) {                  \
    char *tmp_string_for_extend = (write_to);  \
    asprintf(&(write_to), __VA_ARGS__);         \
    free(tmp_string_for_extend);                \
}
```

```
//使用範例
int main(){
    int i=3;
    char *q = NULL;
    Sasprintf(q, "select * from tab");
    Sasprintf(q, "%s where col%i is not null", q, i);
    printf("%s\n", q);
}
```

Sasprintf 巨集搭配偶爾使用 strdup 應該足以處理 100% 的字串操作需求，除了一個例外狀況以及偶爾需要呼叫 free 之外，應該完全不需要考慮記憶體問題。

這個唯一的例外狀況是萬一忘了將 q 初始值設為 NULL 或是 strdup 的傳回值，那麼第一次呼叫 Sasprintf 時，巨集中的 free 就會釋放 q 原有無意義資訊的資訊，也就是 segfault 錯誤。

例如，以下這段程式錯誤，只需要在宣告加上 strdup 就能夠修正：

```
char *q = "select * from"; //錯誤，必須加上 strdup()
Sasprintf(q, "%s %s where col%i is not nul", q, tablename, i);
```

由於一再重複複製第一部分的字串，大量以這種型式操作文字，理論上會減慢執行速度。對於這種情況，可以將 C 語言視為 C 語言的原型語言（prototyping language）：一旦這個技巧明顯影響速度，就花些時間轉換為更傳統的 snprintf。

A Pæan to strtok

萃取語彙單元（*tokenizing*）是最簡單也最常見的解析問題，也就是用分隔字元（delimiter）將字串分解為基本單元，這個定義涵蓋了各式各樣的工作：

- 用 " \t\n\r" 等空白字元分割單字。
- 對於如 "/usr/include:/usr/local/include:." 這樣的路徑資訊，用冒號分割為各自獨立的目錄。
- 用分行字元 "\n" 將文字以行為單位切割。
- 對於每行使用 value = key 格式的設定檔，需要用 "=" 作為分隔字元解析。
- 以逗號分隔欄位的資料檔當然是用逗號作為分隔字元。

兩層的分解需要更進一步的處理，例如先讀取整個設定檔，以換行字元切割為以行為單位，再用 = 分割鍵值與數值。

如果需要比用單字元分隔字元更複雜的型式，也許需要使用正規表示式（regular expression），可以參看「正規表示式」對 POSIX 標準正規表示式剖析器的介紹，以及使用正規表示式取得子串的各個部分組成的方式。

因為萃取語彙單元是十分常見的作業，標準 C 函式庫中提供了 strtok（string tokenize）函式處理相關工作，這也是個盡責完成自身任務，不起眼的小函式。

strtok 的基本動作是先在指定的字串內移動直到遇到第一個分隔字元，接著將分隔字元替換為 '\0'。如此一來輸入字串的第一部分就是表示第一個語彙單元的合法字串，strtok 會傳回字串位址供程式使用；函式內部會持有原先字串的資訊供後續使用，再次呼叫 strtok 時，能夠搜尋下個語彙單元的結尾，設為 '\0'，以字串形式傳回語彙單元。

每個子字串指標都指向原先字串內的位置，因此解析語彙單元只會寫入最低限度的資料（只有 \0），不會複製任何資料，這樣的影響是原始字串的內容受到變動，而且因為子字串是指向原始字串內部的指標，必須等到對子字串作完處理之後才能釋放原始字串（或是使用 strdup 將子字串複製到其他位置）。

strtok 函式以 static 內部指標的方式持有尚未解析的字串指標，代表一次只能解析一個字串（針對一組分隔字元），也無法在多執行緒環境下使用。因此，可以將 strtok 視為已經廢棄不用（deprecated）。

應該使用 strtok_r 或 strtok_s 這兩個多執行緒安全版本的 strtok。POSIX 標準提供 strtok_r，C11 標準則提供 strtok_s，由於首次呼叫與後續呼叫的形式不同，這兩個函式用起來比較不順手：

- 第一次呼叫函式時，第一個參數是需要解析的字串。
- 後續呼叫時，第一個參數要傳入 NULL。
- 最後一個參數是處理過的字串，第一次使用時不需要初始化，在後續使用時會持有到目前解析過的字串。

以下是個計算行數的程式（事實上是計算非空白的行數，參看稍後的提醒），對命令式語言而言，解析語彙單元常常只需要一行程式碼，但以下已經是使用 strtok_r 時最精簡的做法了。注意程式中使用了 *if ? then : else*，只在第一次呼叫時傳入原始字串。

```
#include <string.h>    //strtok_r

int count_lines(char *instring){
```

```
        int counter = 0;
        char *scratch, *txt, *delimiter = "\n";
        while ((txt = strtok_r(!counter ? instring : NULL, delimiter, &scratch)))
            counter++;
        return counter;
    }
```

稍後介紹 Unicode 時會有完整的範例，也就是「參考計數 1」一節的主要範例。

C11 標準的 `strtok_s` 函式的行為與 `strtok_r` 類似，但需要一個額外的參數（第二個參數）指定輸入字串的長度，這個額外的參數要隨著每次呼叫函式時尚未處理字串的長度而改變，如果輸入的參數不是以 `\0` 結束，這個額外的參數就十分有用。先前的範例可以重寫如下：

```
#include <string.h>  //strtok_s

//第一次呼叫
size_t len = strlen(instring);
txt = strtok_s(instring, &len, delimiter, &scratch);

//後續呼叫
txt = strtok_s(NULL, &len, delimiter, &scratch);
```

 連續兩個以上的分隔字元會被視為只有一個分隔字元，也就是會忽略空白語彙單元。例如，以 `":"` 為分隔字元時，使用 `strtok_r` 或 `strtok_s` 解析 `/bin:/usr/bin::/opt/bin` 時，會依序得到三個目錄，`::` 被視為 `:`，這也是之前計算行數的範例實際上計算的是非空白行數量的原因，字串中連續的換行字元如 `\n\n three \n four`（也就是第二行是空白）會被 `strtok` 等函式視為只有一個換行字元。

通常忽略連續分隔字元都符合程式設計師的需要（例如之前的路徑範例），但有時並非如此，會需要偵測連續分行字元。如果字串是由讀者自己產生，可以在連續的分隔字元間故意加入一些空白標記。檢查字串中連續的分隔字元並不太難（可以以使用 BSD/GNU 標準的 `strsep` 函式），對於一般使用者的輸入值，可以透過提示訊息告訴使用者不允許連續的分隔字元，告訴使用者預期的結果，如同計算行數的程式會忽略空白行。

範例 9-6 是個集合了一些字串處理工具的小型函式庫，有助於讀者日常的工作，也包含了本書稍早介紹過的一些巨集。

函式庫包含兩個主要的函式：`string_from_file` 會讀入整個檔案成為字串，不用連續處理讀取與處理部分檔案內容。如果經常需要處理 gigabyte 等級的檔案，可能無法使用這個函式，但大部分的情況下，文字檔大都是以 megabyte 為單位，沒有必要使用迴圈逐次讀取部分的檔案內容。本書接下來的幾個範例都會使用這個函式。

第二個主要的函式是 ok_array_new，會解析字串中的語彙單元，將結果以 ok_array 結構傳回。

範例 9-5 是標頭檔。

範例 9-5　字串工具函式庫的標頭檔（ *string_utilities.h* **）**

```
#include <string.h>
#define _GNU_SOURCE      //讓 stdio.h 會引入 asprintf
#include <stdio.h>

//安全 asprintf 巨集
#define Sasprintf(write_to, ...) {                  \          ❶
    char *tmp_string_for_extend = write_to;         \
    asprintf(&(write_to), __VA_ARGS__);             \
    free(tmp_string_for_extend);                    \
}

char *string_from_file(char const *filename);

typedef struct ok_array {
    char **elements;
    char *base_string;
    int length;
} ok_array;                                                    ❷

ok_array *ok_array_new(char *instring, char const *delimiters);   ❸

void ok_array_free(ok_array *ok_in);
```

❶ 這是之前介紹過的 Sasprintf 巨集，為了使用的方便重印一次。

❷ 語彙單元的陣列，呼叫 ok_array_new 解析字串的語彙單元時的傳回型別。

❸ strtok_r 函式的外覆函式，會產生 ok_array。

範例 9-6 使用 GLib 函式庫將檔案讀入字串，並使用 strtok_r 將單一字串轉換為字串陣列。在範例 9-7、範例 12-2 以及範例 12-3 可以看到這個函式庫的使用方式。

範例 9-6　方便的字串工具（ *string_utilities.c* **）**

```
#include <glib.h>
#include <string.h>
#include "string_utilities.h"
#include <stdio.h>
```

```
#include <assert.h>
#include <stdlib.h> //abort

char *string_from_file(char const *filename){
    char *out;
    GError *e = NULL;
    GIOChannel *f = g_io_channel_new_file(filename, "r", &e);        ❶
    if (!f) {
        fprintf(stderr, "Failed to open file '%s'.\n", filename);
        return NULL;
    }
    if (g_io_channel_read_to_end(f, &out, NULL, &e) != G_IO_STATUS_NORMAL){
        fprintf(stderr, "found file '%s' but couldn't read it.\n", filename);
        return NULL;
    }
    return out;
}

ok_array *ok_array_new(char *instring, char const *delimiters){        ❷
    ok_array *out= malloc(sizeof(ok_array));
    *out = (ok_array){.base_string=instring};
    char *scratch = NULL;
    char *txt = strtok_r(instring, delimiters, &scratch);
    if (!txt) return NULL;
    while (txt) {
        out->elements = realloc(out->elements, sizeof(char*)*++(out->length));
        out->elements[out->length-1] = txt;
        txt = strtok_r(NULL, delimiters, &scratch);
    }
    return out;
}

/* Frees the original string, because strtok_r mangled it, so it
   isn't useful for any other purpose. */
void ok_array_free(ok_array *ok_in){
    if (ok_in == NULL) return;
    free(ok_in->base_string);
    free(ok_in->elements);
    free(ok_in);
}

#ifdef test_ok_array
int main(){                                                            ❸
    char *delimiters = " `~!@#$%^&*()_-+={[]}|\\;:\",<>./?\n";
    ok_array *o = ok_array_new(strdup("Hello, reader. This is text."), delimiters);
    assert(o->length==5);
    assert(!strcmp(o->elements[1], "reader"));
    assert(!strcmp(o->elements[4], "text"));
    ok_array_free(o);
    printf("OK.\n");
```

```
    }
#endif
```

❶ 雖然不適用所有的情況，筆者很喜歡一次將整個文字檔內容讀進記憶體，這也是很典型的依賴硬體效能減少程式設計師負擔的例子。如果檔案可能比可用記憶體還大，可以使用 mmap（q.v.）達到相同的效果。

❷ 這是個 strtok_r 的外覆函式，讀到這裡應該能夠理解 while 迴圈的必要性，函式會將結果儲存在 ok_array 結構中。

❸ 如果沒有定義 test_ok_array 就代表函式庫用於其他目的。如果定義了巨集（CFLAGS=-Dtest_ok_array），程式就會檢查 ok_array_new 能不能正確運作，測試方式是使用非文字字元分解範例字串。

Unicode

在只有美國有電腦的時候，ASCII（美國資訊交換標準碼）為 US QWERTY 鍵盤上常見的文字與符號定義了數字編碼，以下將稱為基本英文字元。C 語言的 char 型別有八個位元（二進位位元）＝ 1 位元組 ＝ 256 個數值。ASCII 定義了 128 個字元，足以用單一個 char 字元存放，也就是所有 ASCII 字元的第八個位元值都是零，這在之後有意想不到的使用方式。

Unicode 基本上也是依據相同的概念，將所有人類溝通用的字符（glyph）指派一個十六進位值，通常會介於 0000 到 FFFF 之間[19]，一般慣例是將「編碼位置」（*code point*）標記為 U+0000。這是個很有野心也很有挑戰性的工作，需要將常見的西方字母、成千上萬的中文與日文字以及包含閃族語言等人類文明所用過的所有字符加以分類。

接下來的問題是編碼方式，這時產生了一些分歧，主要問題在於基本單元該使用幾個位元組，UTF-32（UTF 代表 UCS Transformation Format，UCS 則代表 Universal Character Set）指定以 32 位元也就是 4 個位元組作為基本單元，也就是每個字元都能夠以一個基本單元表示，但由於基本英文字元只使用了七個位元，這種作法會大幅增加容量以及位元之間的空白； UTF-16 以兩個位元組作為基本單元，大多數字元都能

---

[19]　0000 到 FFFF 稱為「基本多語言平面」（*basic multilingual plan*，BMP），包含現代語言中大多數但非所有的字元，之後的編碼位置（大約是 10000 到 10FFFF）位於「補充平面」（*supplementary planes*），包含了數學符號（如表示實數的符號 ℝ），以及一組未定義的 CJK 字符。如果讀者是那數十個苗族人或是印地安 Sora Sompeng 或是 Chakma 人，你們的語言就被分配在這個位置；絕大部分的主要語言的確都處於 BMP，但如果假設所有 Unicode 文字碼都低於 FFFF，那一般來說都不正確。

夠用一個單元表示，但部分需要使用兩個單元；UTF-8 以一個位元組作為基本單元，但能夠用多個單元組合的方式表示更多的編碼位置。

筆者喜歡將 UTF 編碼看成很簡單的密碼，每個編碼位置都有一個對應的 UTF-8 位元組序列、一個對應的 UTF-16 位元組序列以及一個對應的 UTF-32 位元組序列，這三種編碼之間沒有任何關連。除了接下來要討論的主題之外，沒有理由預期這些編碼位置與密碼有相同的數值，或是彼此間有明顯的關係；但筆者知道一個良好的解碼器能夠正確無誤的轉換各種 UTF 編碼與 Unicode 編碼位置。

那電腦上實際使用哪種編碼呢？在 Web 上有很明顯的主流：超過 83% 的網站使用 UTF-8[20]。此外，Mac 與 Linux 預設編碼也是 UTF-8，所以 Mac 或 Linux 主機上未標記的文字檔案，有很高的可能是使用 UTF-8 編碼。

全球大約有 8% 的網站仍未使用 Unicode，而是使用相對落伍的編碼方式，ISO/IEC 8859（使用如 Latin-1 這類名稱的編碼頁）。而 Windows 這個少數的非 POSIX 作業系統則是使用 UTF-16。

顯示 Unicode 取決於作業系統，其中包含許多細節，例如，顯示基本英文字元時，每個字元佔有一個位置，但希伯來文的 ב（b）可以寫成 ב（U+05D1）與 ּ（U+05BC）兩者的結合，母音加上輔音又會產生更多字元：בֻּ = ba（U+05D1 + U+05BC + U+05B8）。UTF-8 要使用多少位元表示這三個編碼位置（以這個例子是六個位元組），又是另一個層面的問題了，如此一來，在討論字串長度時，指的是編碼位置數量、在畫面上的寬度或是表示字串所需的位元組數量呢？

那麼，面對使用各種語言的使用者，應用程式的開發人員有哪些責任？開發人員需要：

- 找出作業系統使用的編碼方式，才不會被誤導用錯誤的編碼讀取輸入資料，同時能夠傳回作業系統可以正確解碼的輸出值。

- 正確的儲存文字內容，不會有任何變動。

- 理解到一個字元並不會對應到固定的位元組數量，因此任何基底加上位移的程式碼（假設 us 是 Unicode 字串，像是 us++ 的程式碼）可能會產生錯誤的編碼位置。

- 擁有處理文字的完整工具：toupper 與 tolower 只適用於基本英文文字，需要用其他工具取代。

---

[20] 參看 Web Technology Surveys（*http://bit.ly/w3techs-en*）。

要滿足這些責任需要選用正確的內部編碼，以避免破壞資料，同時準備良好、能夠處理編碼需要的函式庫。

C 程式碼的字元編碼

選擇內部編碼非常容易，UTF-8 就是為了 C 程式設計師設計的。

- UTF-8 以 8 位元為單位，也就是一個 char[21]。可以合法的將 UTF-8 字串以 char * 字串表示，就如同基本英文文字一般。

- Unicode 的前 128 個字元與 ASCII 完全對應，例如 *A* 的 ASCII 碼是 41（16 進位值），Unicode 編碼位置是 U+0041，因此，如果 Unicode 文字只包含基本英文文字時，就可以自由沿用針對 ASCII 設計的工具或是改用 Unicode 用的工具。技巧在於如果 char 第八個位元是 0 就代表是個 ASCII 字元；如果是 1 那麼 char 就是多位元組字元的一部分。因此，表示非 ASCII 的 UTF-8 字元的位元組中，不會包含任何可以對應到 ASCII 字元的位元組。

- U+0000 是個合法的編碼位置，也就是 C 程式設計師使用的 '\0'，由於 \0 同時也是 ASCII 的 0 值，這個規則其實就是上一個規則的特例。這個特性非常重要，因為以 \0 值作為結尾的 UTF-8 字串，正是 C 語言對於合法 char * 字串的要求。由於 UTF-16 與 UTF-32 以多位元組作為基本單元，代表在處理基本英文文字的字元時會在對應的基本單元中加上許多空白補齊長度，也就是前八個位元有很大的可能都是 0，也就表示用 char * 變數儲存 UTF-16 或 UTF-32 字串時，有很大的可能會被視為沒有任何內容的空字串。

C 程式設計師受到了特別的照顧：我們可以沿用以往的習慣，用 char * 字串型別儲存 UTF-8 編碼的文字。只是如今一個字母可能需要多個位元組表示，要小心不要改變位元組的順序或是分割由多位元組表示的字元。如果程式中沒有包含這些操作，就可以很放心以處理基本英文文字字串的方式處理。以下是標準函式庫中也適用 UTF-8 編碼的函式：

- strdup 與 strndup

- strcat 與 strncat

- strcpy 與 strncpy

---

[21] 曾經有段時間，以 ASCII 為基礎設計的主機上的編譯器使用了 7 位元的 char，但 C99 與 C11 § 5.2.4.2.1(1) 定義了 CHAR_BIT 為 8 以上；參看將位元組定義為 CHAR_BIT 位元的 §6.2.6.1(4)。

- POSIX 的 `basename` 與 `dirname`

- `strcmp` 與 `strncmp`，但僅限於用來比較兩個字串是否相等。如果用於排序，就需要其他的對照函式；參看下一節的介紹

- `strstr`

- `printf` 家族函式，包含 `sprintf` 在內，其中 `%s` 仍然是作為標記用的字串

- `strtok_r`、`strtok_s` 與 `strsep`，但只能用 ASCII 字元分割，如 `" \t\n\r:|;,"`

- `strlen` 與 `strnlen`，但要記得得到的是位元組數量，而不是 Unicode 編碼位置的數量，也不是畫面上的寬度，這些資訊需要下一節介紹的新函式庫中的函式

這些只是單純位元組操作函式，但大多數對於文字的操作都需要編碼，因此需要其他的函式庫。

Unicode 函式庫

首要工作是將外界傳入的資料轉換為內部資料使用的 UTF-8 編碼，也就是需要個守門員函式將輸入的資料轉換為 UTF-8 編碼，並將輸出資料由 UTF-8 轉換為系統外部使用的編碼，如此才能在系統內部使用一致的編碼系統。

這也就是 Libxml（「libxml 與 cURL」一節有更詳細的介紹）的運作方式：well-form XML 文件會在檔案開頭標明檔案使用的編碼（未指定編碼時，函式庫內部會透過一套規則決定編碼方式），因此 Libxml 知道該作哪些轉碼；Libxml 將文件解析為內部格式，之後程式就能夠查詢與編輯內部格式。只要沒有發生錯誤，就能夠確保內部資料是使用 UTF-8 編碼，因為 Libxml 內部也無法使用其他的編碼。

自行撰寫守門員函式需要使用 POSIX 標準的 `iconv` 函式，因為需要處理各式各樣的編碼，`iconv` 函式十分複雜，如果系統中沒有這個函式，可以使用 GNU 提供的可攜版本的 `libiconv`。

 POSIX 標準也要求有個命令列的 `iconv` 命令，這是個供 shell 使用的 C 函式外覆命令。

GLib 提供了一些 `iconv` 外覆函式，接下來需要的是 `g_locale_to_utf8` 與 `g_locale_from_utf8`。雖然在 GLib 手冊中列出了許多的 Unicode 操作函式，但主要分為兩大類：處理 UTF-8 以及處理 UTF-32（GLib 儲存為 `gunichar` 型別）。

由於八個位元不足以在一個單元內儲存所有的字元，每個文字需要使用一至六個單元，因此 UTF-8 被稱為「多位元組編碼」（*multibyte encoding*），所以問題在於如何取得字串真正的長度（使用字元數或是畫面寬度的「長度」）、取得下個字元、取得子字串或比對字串作排序（也就是 *collating*）。

UTF-32 有足夠的內部空白（padding），能夠用相同的區塊表示所有的文字，所以稱為寬字元（*wide character*），一般經常看到的多位元寬字元轉換就是指這個。

一旦有了 UTF-32（GLib 的 gunichar）的單一字元後，可以對字元內容作任何處理，例如判斷內容類型（文字、數字等等）、轉換為大小寫等等。

如果讀者讀過 C 語言標準，一定會注意到其中包含了寬字元型別以及所有處理寬字元型別所需的函式，wchar_t 來自於 C89，也就是早於 Unicode 標準。筆者並不確定這個型別是否還有任何用處；標準中未指定 wchar_t 的寬度，所以可能是 16 位元或 32 位元（或其他長度）。Windows 平台的編譯器一般使用 16 位元，反應出微軟對 UTF-16 的偏好，但 UTF-16 仍然屬於多位元組編碼，所以還需要另一個能保證固定字元寬度的編碼。C11 提供 char16_t 與 char32_t 兩個寬度固定的字元型別，但目前還沒有太多使用這兩個型別的程式碼。

範例程式

範例 9-7 的程式會讀取檔案，將內容分解為「單詞」（word），筆者的意思是使用 strtok_r 將內容用空白與斷行分解，這是很常見的操作。再透過 GLib 將每個單詞的第一個字元從多位元組的 UTF-8 轉換為寬字元的 UTF-32，再顯示第一個字元屬於文字、數字或是 CJK 的符號（CJK 是 Chinese/Japanese/Korean 的縮寫，每個字元在印刷時需要比較大的空間）。

string_from_file 函式將整個檔案內容讀入字串，localstring_to_utf8 將字串由主機的 locale 轉換為 UTF-8。程式中對 strtok_r 的使用最特別的地方就是完全沒有任何不同，只要使用空白與斷行切割單詞，就可以保證不會將多位元組字從中切斷。

使用 HTML 輸出就可以指定為 UTF-8，不需要考慮輸出端使用的編碼方式。如果主機使用 UTF-16 編碼，可以用瀏覽器開啟輸出檔案。

由程式使用到 GLib 與 string_utilities，要使用如下的 makefile 檔：

```
CFLAGS=`pkg-config --cflags glib-2.0` -g -Wall -O3
LDADD=`pkg-config --libs glib-2.0`
CC=c99
```

```
objects=string_utilities.o

unicode: $(objects)
```

範例 10-21 是另一個處理 Unicode 字元的範例，會檢視目錄中每個符合 UTF-8 編碼檔案中的每個文字。

範例 9-7 讀入檔案並輸出內容文字有用的資訊（*unicode.c*）

```
#include <glib.h>
#include <locale.h> //setlocale
#include "string_utilities.h"
#include "stopif.h"

//釋放 instring，不能也不會用在其他地方
char *localstring_to_utf8(char *instring){              ❶
    GError *e=NULL;
    setlocale(LC_ALL, ""); //取得 OS 的 locale
    char *out = g_locale_to_utf8(instring, -1, NULL, NULL, &e);
    free(instring); //不再需要原始字串
    Stopif(!g_utf8_validate(out, -1, NULL), free(out); return NULL,
            "Trouble: I couldn't convert your file to a valid UTF-8 string.");
    return out;
}

int main(int argc, char **argv){
    Stopif(argc==1, return 1, "Please give a filename as an argument. "
                        "I will print useful info about it to uout.html.");

    char *ucs = localstring_to_utf8(string_from_file(argv[1]));
    Stopif(!ucs, return 1, "Existing.");
    FILE *out = fopen("uout.html", "w");
    Stopif(!out, return 1, "Couldn't open uout.html for writing.");
    fprintf(out, "<html><meta http-equiv=\"Content-Type\" "
                "content=\"text/html; charset=UTF-8\" />\n");
    fprintf(out, "This document has %li characters.<br>",
                g_utf8_strlen(ucs, -1));                                  ❷
    fprintf(out, "Its Unicode encoding required %zu bytes.<br>", strlen(ucs));
    fprintf(out, "Here it is, with each space-delimited element on a line "
                "(with commentary on the first character):<br>");

    ok_array *spaced = ok_array_new(ucs, " \n");            ❸
    for (int i=0; i< spaced->length; i++, (spaced->elements)++){
        fprintf(out, "%s", *spaced->elements);
        gunichar c = g_utf8_get_char(*spaced->elements);       ❹
        if (g_unichar_isalpha(c)) fprintf(out, " (a letter)");
        if (g_unichar_isdigit(c)) fprintf(out, " (a digit)");
        if (g_unichar_iswide(c)) fprintf(out, " (wide, CJK)");
        fprintf(out, "<br>");
```

```
    }
    fclose(out);
    printf("Info printed to uout.html. Have a look at it in your browser.\n");
}
```

❶ 輸入守門員，將讀入的資訊從主機編碼設定轉換為 UTF-8，因為輸出為 HTML 檔案，不需要輸出守門員，瀏覽器都能夠處理 UTF-8 編碼。輸出守門員函式與這個函式類似，只是改用 `g_locale_from_utf8`。

❷ `strlen` 是假設每個字元為單一位元組構成的函式之一，需要用更合適的函式取代。

❸ 使用本章之前介紹的 `ok_array_new` 函式，用空白與斷行切割字串。

❹ 對個別文字操作，必須先將多位元組 UTF-8 轉換為固定寬度（寬字元）編碼才能夠運作。

Gettext

程式可能需要輸出許多文字訊息，例如錯誤訊息與輸入提示，真正對使用者友善的程式必須盡可能的將訊息內容翻譯成使用者可能使用的各種語言。GNU Gettext 提供了組織翻譯訊息的框架，Gettext 使用手冊很容易讀，建議讀者自行閱讀手冊的細節，以下只是簡單的介紹：

- 將所有程式碼中的 *"Human message"* 替換成 `_(`*"Human message"*`")`，底線是個巨集，會擴展成函式呼叫，根據使用者執行時的 locale 挑選正確的訊息字串。

- 執行 xgettext 產生需要翻譯的字串索引，格式是 portable object template（*.pot*）檔案。

- 將 *.pot* 檔案送給全球各地使用各種不同語言的伙伴，讓他們送回 *.po* 檔，提供各自語言的翻譯訊息。

- 在 *configure.ac* 中加入 `AM_GNU_GETTEXT`（以及其他指定 *.po* 檔位置等細節所需的巨集）。

## 第十章

更好的結構

Twenty-nine different attributes and only seven that you like

—The Strokes, "You Only Live Once"

本章介紹用結構作為函式參數，改善函式庫使用介面的方法。

首先會介紹三個 ISO C99 中才加入的語法：複合常量（compound literal）、變動長度巨集（variable-length macro）以及指定初始子（designated initializer）；本章深入探討結合這三個功能所能達到的各式各樣效果。

透過複合常量，能夠輕易的將串列傳入函式；接著，變動長度巨集能夠對使用者隱藏複合常量的語法，得到一個能夠接受任何長度串列的函式：可以使用 f(1, 2) 或 f(1, 2, 3, 4)。

利用類似的型式就能夠實作常見於其他程式語言的 foreach 關鍵字，以及向量化單一輸入函式，讓函式能夠對多個輸入值作用。

指定初始子大幅簡化結構的操作，筆者幾乎不曾再使用過舊式的方法，person_struct p = {"Joe", 22, 75, 20} 這種舊式的做法不只難以理解也容易出錯，現在能夠寫成 person_struct p = {.name="Joe", .age=22, .weight_kg=75, .education_years=20}，清楚的表達程式設計師的意圖。

一旦初始化結構不再是問題，也就更容易從函式傳回結構，提供更明確的函式介面。

將結構傳入函式也更為可行，透過將介面包覆在另一個變動長度巨集之中，能夠寫出接受各種不同長度、用名稱指定參數值、甚至能為使用者未指定的參數提供預設值。貸款計算器提供的範例函式能夠同時透過 amortization(.amount=200000, .rate=

4.5, .years=30) 或是 amortization(.rate=4.5, .amount=200000) 等方式呼叫，由於第二種呼叫方式沒有指定貸款期間，函式會使用預設的 30 年期貸款。

本章其他部分提供了一些範例，展示以結構作為輸出輸入介面，能夠減少許多困擾，包含處理使用 void 指標的函式介面，以及橋接使用可怕介面的陳舊程式碼，都需要以更利於使用的方式重新包裝。

複合常量

程式設計師能夠輕易的將常量傳入函式，只要宣告了 double a_value，C 語言就能夠理解 f(a_value)。

但如果想要傳入一連串的元素 — 如 {20.38, a_value, 9.8} 這種型式的複合常量 — 就會產生語法上的警告：必須為複合常量加上轉型，否則剖析器可能產生誤解。使得常量變成 (double[]) {20.38, a_value, 9.8}，函式呼叫則成為：

```
f((double[]) {20.38, a_value, 9.8});
```

複合常量是 automaic 配置，也就是使用時不需要透過 malloc 或 free 函式，一旦脫離生存空間，複合常量就會自動消失。

範例 10-1 是個十分常見的函式 sum，接受 double 陣列作為參數，函式加總陣列中所有的元素直到遇到 NaN（Not-a-Number，參看「用 NaN 表示例外數值」）。如果輸入的陣列中沒有 NaN 就會發生可怕的後果，之後會再加上安全措施。範例的 main 函式使用了兩種不同的呼叫方式：傳統使用暫存變數的方式以及使用複合常量。

範例 10-1 使用複合常量省略暫存變數（*sum_to_nan.c*）

```
#include <math.h> //NAN
#include <stdio.h>

double sum(double in[]){                                      ❶
    double out=0;
    for (int i=0; !isnan(in[i]); i++) out += in[i];
    return out;
}

int main(){
    double list[] = {1.1, 2.2, 3.3, NAN};                    ❷
    printf("sum: %g\n", sum(list));

    printf("sum: %g\n", sum((double[]){1.1, 2.2, 3.3, NAN}));  ❸
}
```

❶ 這個毫不起眼的函式會加總輸入陣列中的元素，直到遇到第一個 NaN 標記。

❷ 這是使用以陣列為參數的函式的標準做法，先用一行程式將陣列宣告為暫存變數，再在下一行將變數傳入函式。

❸ 省略了中間變數，使用複合常量建立陣列，直接傳入函式。

這是複合常量最簡單的使用方式，本章其他部分會利用複合常量達到各式各樣的好處，但目前，檢查看看硬碟裡的程式碼，還有哪些可以用複合常量取代暫存變數的？

 這種型式會設定自動配置的陣列，而非指向陣列的指標，所以要使用 (double[]) 而不是 (double*)。

利用複合常量初始化

先澄清一些很細微的差異，希望能讓讀者對複合常量的運作有更清楚的概念。

一般可能用以下的方式宣告陣列：

```
double list[] = {1.1, 2.2, 3.3, NAN};
```

這段程式宣告了一個名為 list 的陣列，sizeof(list) 會傳回 4 * sizeof(double) 的值，也就是說 list 是個陣列（參看「Automatic、Static 以及自行管理記憶體」一節的討論）。

也可以透過複合常量宣告，這種方法必須加上 (double[]) 轉型：

```
double *list = (double[]){1.1, 2.2, 3.3, NAN};
```

這時系統會先在函式的記憶體 frame 產生一個匿名陣列，接著宣告一個指向匿名陣列的指標 list。也就是 list 是個別名，而 sizeof(list) 的結果會與 sizeof(double*) 相同，範例 8-2 展示了這兩者的差異。

Variadic 巨集

筆者一向認為 C 語言中的動態長度函式（variable-length function）有所缺陷（參看「靈活的函式輸入值」），但動態長度巨集就容易得多，關鍵字是 __VA_ARGS__，這個關鍵字會擴展成輸入的元素。

範例 10-2 就是範例 2-5，是個客製的 printf，能夠在 assert 失敗時印出訊息。

範例 10-2　處理錯誤的巨集，就是範例 2-5（stopif.h）

```c
#include <stdio.h>
#include <stdlib.h> //abort

/** Set this to \c 's' to stop the program on an error.
    Otherwise, functions return a value on failure.*/
char error_mode;

/** To where should I write errors? If this is \c NULL, write to \c stderr. */
FILE *error_log;

#define Stopif(assertion, error_action, ...) {                 \
        if (assertion){                                        \
            fprintf(error_log ? error_log : stderr, __VA_ARGS__); \
            fprintf(error_log ? error_log : stderr, "\n");     \
            if (error_mode=='s') abort();                      \
            else               {error_action;}                 \
        } }

//使用範例
Stopif(x<0 || x>1, return -1, "x has value %g, "
                "but it should be between zero and one.", x);
```

使用者在刪節號位置填入的所有資訊，都會被複製到 __VA_ARGS__ 的位置。

為了示範動態長度巨集的功能，範例 10-3 重寫了 for 迴圈的語法。第二個命令之後的所有東西，不論包含幾個逗號，都會被視為是 ... 參數，複製到 __VA_ARGS__ 的位置。

範例 10-3　巨集的…部分構成了 for 迴圈的主體（varad.c）

```c
#include <stdio.h>

#define forloop(i, loopmax, ...) for(int i=0; i< loopmax; i++) \
                                    {__VA_ARGS__}

int main(){
    int sum=0;
    forloop(i, 10,
            sum += i;
            printf("sum to %i: %i\n", i, sum);
    )
}
```

範例 10-3 的程式並不適合作為實務上的程式碼，但經常會有許多程式碼之間只有很小的差異，可以合理的使用動態長度巨集消除不必要的重複程式碼。

有正確結尾的串列

複合常量與 variadic 巨集是完美的結合，可以使用巨集建立串列與結構。在介紹建立結構的方法之前，先從建立串列開始。

幾頁之前有個接受串列輸入，加總到第一個 NaN 元素的函式，使用這個函式的時候並不需要知道輸入陣列的正確長度，但必須確保陣列的結尾是 NaN 標記，否則就會造成 segfault。透過 variadic 巨集呼叫 sum 就能夠確保串列最後包含 NaN 標記，如範例 10-4。

範例 *10-4 使用 variadic 巨集產生複合常量*（*safe_sum.c*）

```
#include <math.h> //NAN
#include <stdio.h>

double sum_array(double in[]){                              ❶
    double out=0;
    for (int i=0; !isnan(in[i]); i++) out += in[i];
    return out;
}

#define sum(...) sum_array((double[]){__VA_ARGS__, NAN})   ❷

int main(){
    double two_and_two = sum(2, 2);                        ❸
    printf("2+2 = %g\n", two_and_two);
    printf("(2+2)*3 = %g\n", sum(two_and_two, two_and_two, two_and_two));
    printf("sum(asst) = %g\n", sum(3.1415, two_and_two, 3, 8, 98.4));
}
```

❶ 與之前加總陣列內容的函式相同，只有名稱改變。

❷ 這行是真正的動作：variadic 巨集將使用者輸入放進複合常量，也就是巨集接受數量不定的 double，傳入確定以 NAN 結尾的陣列作為函式輸入。

❸ 如此一來，main 就可以使用任意長度的數值作為 sum 的參數，由巨集處理在尾端加上 NAN 標記的工作。

這樣就有個漂亮的函式，能夠接受任意數量的數字，不需要先另外設定陣列，如果資料已經存放在陣列當中，只要能夠確保最後以 NAN 結尾，就可以直接呼叫 sum_array。

多個串列

如果想要傳入兩個任意長度的串列該怎麼做？例如，假設決定程式應該以兩種方式傳出錯誤：在螢幕印出更容易理解的訊息以及在日誌檔（以下使用 stderr）印出可供機器處理的錯誤碼。要是兩種輸出方式都有類似 printf 風格參數的對應參數就太好了，但是編譯器該怎麼分出兩組不同的引數呢？

可以用向來使用的方式將引數分組：使用括號。以 my_macro(f(a, b), c) 這種型式呼叫 my_macro 的時候，第一個巨集引數是 f(a, b)，括號內的逗號因為會破壞括號的對應，產生沒有意義的結果，不會被解讀成巨集引數的分隔子 [C99 與 C11 §6.10.3(11)]。

因此，以下是同時印出兩個錯誤訊息的一種可行方式範例：

```
#define fileprintf(...) fprintf(stderr, __VA_ARGS__)
#define doubleprintf(human, machine) do {printf human; fileprintf machine;} while(0)

//使用方式
if (x < 0) doubleprintf(("x is negative (%g)\n", x), ("NEGVAL: x=%g\n", x));
```

巨集會擴展為：

```
do {printf ("x is negative (%g)\n", x); fileprintf ("NEGVAL: x=%g\n", x);}
while(0);
```

加入 fileprintf 巨集是為了提供兩個指令的一致性，少了 fileprintf 巨集，就必須自行在括號中填入 printf 引數，而 printf 引數不能只用括號：

```
#define doubleprintf(human, ...) do {printf human;\
                                    fprintf (stderr, __VA_ARGS__);} while(0)

//使用方式：
if (x < 0) doubleprintf(("x is negative (%g)\n", x), "NEGVAL: x=%g\n", x);
```

這種寫法雖然符合程式語言的語法規則，但是從使用者介面的角度來看，這種作法並不好，對稱的東西就該有對稱的樣子。

要是使用者完全忘了括號會如何？結果是無法編譯，printf 右括號之後並沒有太多選擇，結果會產生難懂的錯誤訊息。一方面錯誤訊息十分難懂，另一方面，如此就不會不小心忘了括號，讓錯誤程式碼發佈到正式環境。

另一個例子，範例 10-5 會印出乘法表：輸入兩個串列 R 與 C，每個格子就會存放 R_i、C_j 的乘積，範例的核心是 matrix_cross 巨集及其相對使用者友善的介面。

範例 10-5　一個函式傳入兩個變動長度的串列（*times_table.c*）

```c
#include <math.h> //NAN
#include <stdio.h>

#define make_a_list(...) (double[]){__VA_ARGS__, NAN}

#define matrix_cross(list1, list2) matrix_cross_base(make_a_list list1, \
    make_a_list list2)

void matrix_cross_base(double *list1, double *list2){
    int count1 = 0, count2 = 0;
    while (!isnan(list1[count1])) count1++;
    while (!isnan(list2[count2])) count2++;

    for (int i=0; i<count1; i++){
        for (int j=0; j<count2; j++)
            printf("%g\t", list1[i]*list2[j]);
        printf("\n");
    }
    printf("\n\n");
}

int main(){
    matrix_cross((1, 2, 4, 8), (5, 11.11, 15));

    matrix_cross((17, 19, 23), (1, 2, 3, 5, 7, 11, 13));

    matrix_cross((1, 2, 3, 5, 7, 11, 13), (1));    //column 向量
}
```

Foreach

之前看過可以在任何使用陣列或結構的位置使用複合常量，例如以下是個以複合常量宣告的字串陣列：

```c
char **strings = (char*[]){"Yarn", "twine"};
```

接著加上 for 迴圈，迴圈的第一個元素宣告了字串陣列供後續程式使用，接著，依序處理各個元素直到遇到 NULL 標記。為了完整性，加上了 typedef 的字串型別：

```c
#include <stdio.h>

typedef char* string;

int main(){
    string str = "thread";
```

```
    for (string *list = (string[]){"yarn", str, "rope", NULL}; *list; list++)
        printf("%s\n", *list);
}
```

程式看起來還是很複雜，讓我們用巨集隱藏語法上的細節，如此一來 main 函式就可以變得十分乾淨：

```
#include <stdio.h>
//這次不使用 typedef

#define Foreach_string(iterator, ...)\
    for (char **iterator = (char*[]){__VA_ARGS__, NULL}; *iterator; iterator++)

int main(){
    char *str = "thread";
    Foreach_string(i, "yarn", str, "rope"){
        printf("%s\n", *i);
    }
}
```

向量化函式

free 函式只接受一個參數，所以常常會在函式最後看到像這種一長串的型式程式碼，釋放配置的記憶體：

```
free(ptr1);
free(ptr2);
free(ptr3);
free(ptr4);
```

真是太麻煩了！任何一個有自尊心的 LISP 程式設計師，都不能夠忍受這麼多的重複程式碼，一定會動手寫個向量化的 free 函式，能夠接受多個參數：

```
free_all(ptr1, ptr2, ptr3, ptr4);
```

本章讀到現在，一定能夠完全理解接下來的做法：可以寫個 variadic 巨集透過複合常量產生（以特定標記為結尾的）陣列，再利用 for 迴圈操作陣列中的每個元素。範例 10-6 就是最後的成果：

範例 *10-6*　向量化任何接受指標為參數的函式所需的機制（*vectorize.c*）

```
#include <stdio.h>
#include <stdlib.h>  //malloc, free
```

```
#define Fn_apply(type, fn, ...) {                                        \  ❶
    void *stopper_for_apply = (int[]){0};                                \  ❷
    type **list_for_apply = (type*[]){__VA_ARGS__, stopper_for_apply};   \
    for (int i=0; list_for_apply[i] != stopper_for_apply; i++)           \
        fn(list_for_apply[i]);                                           \
    }

#define Free_all(...) Fn_apply(void, free, __VA_ARGS__);

int main(){
    double *x = malloc(10);
    double *y = malloc(100);
    double *z = malloc(1000);

    Free_all(x, y, z);
}
```

❶ 為了提高安全性，巨集需要一個型別名稱的參數，將型別放在函式名稱之前，類似於宣告函式時的傳回值型別 - 函式名稱的格式。

❷ 需要一個不包含 NULL 在內的所有使用中指標相同的指標作為終止標記，所以使用複合常量配置一個包含一個整數的陣列，再用指標指向陣列。特別注意迴圈的終止條件比較指標本身，而不是指標指向的資料。

有了這個機制，就可以向量化任何接受指標參數的函式。以 GSL 函式庫為例，可以定義：

```
#define Gsl_vector_free_all(...) \
        Fn_apply(gsl_vector, gsl_vector_free, __VA_ARGS__);
#define Gsl_matrix_free_all(...) \
        Fn_apply(gsl_matrix, gsl_matrix_free, __VA_ARGS__);
```

除非將指標型別設為 void，不然程式仍然保有編譯期的型別檢查，能夠確保巨集輸入值是相同指標型別的串列。如果要接受不同型別的輸入，就需要另一個技巧 — 指定初始子。

指定初始子

接下來會使用範例定義這個名詞，以下程式會在畫面上印出三乘三的格子點，用星號標記指定的位置。可以透過設定 direction_s 結構，指定星號出現在右上、左中或任何的位置。

範例 10-7 的重點在 main 函式，使用指定初始子宣告了三個結構，也就是在初始子中用名稱指定結構各個元素的數值。

範例 10-7　使用指定初始子指定結構成員（*boxes.c*）

```c
#include <stdio.h>

typedef struct {
    char *name;
    int left, right, up, down;
} direction_s;

void this_row(direction_s d);    //函式實作在下方
void draw_box(direction_s d);

int main(){
    direction_s D = {.name="left", .left=1};                 ❶
    draw_box(D);

    D = (direction_s) {"upper right", .up=1, .right=1};      ❷
    draw_box(D);

    draw_box((direction_s){});                                ❸
}

void this_row(direction_s d){                                 ❹
    printf( d.left     ? "*..\n"
            : d.right ? "..*\n"
            : ".*.\n");
}

void draw_box(direction_s d){
    printf("%s:\n", (d.name ? d.name : "a box"));
    d.up                  ? this_row(d) : printf("...\n");
    (!d.up && !d.down)    ? this_row(d) : printf("...\n");
    d.down                ? this_row(d) : printf("...\n");
    printf("\n");
}
```

❶ 這是第一個指定初始子，因為沒有指定 .right、.up 與 .down 的初始值，會被初始為 0。

❷ 名稱擺在第一個位置似乎很直覺，可以作為第一個初始子，不需要指定名稱也不會產生任何誤解。

❸ 這是比較極端的情況，所有的成員都初始為 0。

❹ 這行之後的程式是處理畫面上顯示格子點的細節，目前沒有什麼比較需要說明的部分。

傳統的做法得記得結構所有成員的順序，透過成員的順序而不是名稱初始化，所以不用成員名稱宣告 upper right 得寫成：

```
direction_s upright = {NULL, 0, 1, 1, 0};
```

這種寫法不但難懂，也造成許多使用者痛恨 C 語言。除了少數成員順序十分直覺與明顯的情況之外，請拋棄這種不使用成員名稱標籤的型式。

- 注意到 upper right 結構的宣告中，故意讓成員順序與結構宣告的順序不同嗎？人生苦短，不該將時間花在記憶這些沒有固定順序的順序，讓編譯器做這些苦工就好。

- 沒有宣告的成員會初始化為零，不會有任何未定義元素 [C99 §6.7.8(21) 以及 C11 §6.7.9(21)]。

- 能夠混用指定與未指定初始子，在範例 10-7 中，名稱位在第一位似乎很自然（而且像 "upper right" 這樣的字串也不是整數），所以即使沒有明確指定成員名稱標籤，仍然可以理解，規則是編譯器會從目前位置繼續往後填：

```
typedef struct{
    int one;
    double two, three, four;
} n_s;

n_s justone = {10, .three=8};   // 未指定名稱的 10 會落在第一個位置： .one=10

n_s threefour = {.two=8, 3, 4}; // 依據繼續往後填的規則，3 會落在 .two 的下一個
                                // 位置，所以是 .three=3 與 .four=4
```

- 先前以陣列的型式介紹過複合常量，由於結構只是以名稱為索引，可以混用不同型別的陣列，複合常量也可以用於結構，如同範例程式中 upper right 與 center 結構的用法。與之前相同，需要在大括號前加上如 (typename) 的轉型，main 中的第一個例子是直接宣告，不需要複合常量初始子的語法，但第二個指派則透過複合常量建立匿名結構，再將匿名結構指派給 D，傳入函式。

輪到你了： 用指定初始子重寫所有程式碼中的結構宣告。真的，傳統不用名稱標記的做法讓初始子十分容易出錯。另外是能夠將這樣的程式碼：

```
direction_s D;
D.left = 1;
D.right = 0;
D.up = 1;
D.down = 0;
```

改寫為

```
    direction_s D = {.left=1, .up=1};
```

用零初始化陣列與結構

如果在函式內宣告變數，C 語言不會自動將變數設為零（這對稱為 automatic 的變數而言是件奇怪的事），這個行為的理由可能是為了節省執行時間：設定函式的堆疊 frame 時，將 frame 內容清除為零需要花費額外的時間，在呼叫上百萬次函式後加總的時間可能十分可觀，這當然是指 1985 年的時候。

來到現在，讓變數處於未定義狀況會帶來麻煩。

對於簡單的數值資料，可以在宣告的同時將數值設為零；對於指標與字串則設為 NULL。只要程式設計師記得，大都不會發生太大的問題（良好的編譯器也可能會在使用未定義變數時發出警告）。

對於固定大小的結構與陣列，先前提過使用指定初始子時，未指定的成員會初始為零，因此，只要不指定任何成員數值，就可以將整個結構設定為零值。以下是示範這個概念的程式碼：

```
    typdef struct {
        int la, de, da;
    } ladeda_s;

    int main(){
        ladeda_s emptystruct = {};
        int ll[20] = {};
    }
```

這不是簡單又方便嗎？

接下來是比較麻煩的部分：假設有個動態長度陣列（也就是陣列大小是在執行期由其他變數決定），使用 memset 是將陣列全設為零唯一的方式：

```
    int main(){
        int length=20;
        int ll[length];
        memset(ll, 0, 20*sizeof(int));
    }
```

只能是這樣[22]。

> **輪到你了：** 撰寫一個宣告動態長度陣列，並將所有成員初始化為零的巨集，這個巨集需要型別、名稱與大小等輸入。

對於稀疏陣列（sparse array）但又不是全部為零時，可以使用指定初始子：

```
//依據繼續往後填的規則，相當於 {0, 0, 1.1, 0, 0, 2.2, 3.3}:
double list1[7] = {[2]=1.1, [5]=2.2, 3.3}
```

Typedef 可省下許多功夫

指定初始子給了結構新的生命，本章接下來的部分圍繞著去除掉繁雜語法後的結構所能做的各種應用。

但首先必須先宣告結構的格式，以下是筆者使用的格式：

```
typedef struct newstruct_s {
    int a, b;
    double c, d;
} newstruct_s;
```

宣告一個與指定格式（struct newstruct_s）相同的新型別（newstruct_s），有些程式設計師使用不同的結構標籤與 typedef 名稱，例如 typedef struct _nst { ... } newstruct_s;。這完全沒有必要：struct 標籤與其他的識別子有不同的命名空間 [K&R 第二版 §A8.3（第 213 頁）、C99 與 C11 § 6.2.3(1)]，使用相同名稱並不會造成編譯器的問題。筆者發現使用相同名稱對人類也不會造成問題，同時也省下建立額外的命名規則的精神。

POSIX 標準保留以 _t 結尾的名稱供未來可能納入標準的型別使用，正確來說，C 語言標準只保留 int...t 與 unit...t，但每個新標準都在標頭檔中加入各式各樣以 _t 結尾的新型別。許多程式設計師任意使用 _t 結尾的名稱作為自訂型別名稱，完全不在意名稱可能會與標準型別發生衝突，這些程式設計師可能會在十幾年後，C22 標準問世時遇到問題，本書中，筆者以 _s 作為結構名稱的結尾。

---

[22] 讀者可以埋怨 ISO C 標準 § 6.7.8 (3)，堅持動態長度陣列無法初始化，但筆者認為應該由編譯器處理這些細節。

在程式中可以用兩種方式宣告使用上述結構：

```
newstruct_s ns1;
struct newstruct_s ns2;
```

只有少數情況必須使用 struct newstruct_s 的名稱，而不是直接使用 newstruct_s：

- 結構成員包含自身時（例如串列結構中指向另一個串列結構的 next 指標），例如：

```
typedef struct newstruct_s {
    int a, b;
    double c, d;
    struct newstruct_s *next;
} newstruct_s;
```

- C11 標準中要求匿名結構必須使用 struct newstruct_s 的型別，這會在「較少接縫的 C 語言」一節介紹。

- 某些人就是比較喜歡使用 struct newstruct_s 的格式，這使得我們必須討論一下程式風格的問題。

風格說明

筆者很訝異有人覺得 typedef 會造成混淆，例如在 Linux-kernel style 檔案中：「在程式碼中看到 vps_t a; 時無法清楚知道它的意義，相反的，如果是 struct virtual_container *a; 就能夠理解程式內容」。這自然是因為後者有比較長的名稱，甚至名稱中還以 *container* 結尾，讓程式更加容易理解，而不是開頭的 struct 的功勞。

但這些對 typedef 的不信任來自於其他地方，深入研究會發現許多人建議使用 typedef 定義不同的單位，例如：

```
typedef double inches;
typedef double meters;

inches length1;
meters length2;
```

如此一來就得每次使用 inches 時都檢查一下真正的型別（unsigned int？double?），而且也沒有提供任何錯誤保護的能力。例如以下的程式碼：

```
length1 = length2;
```

程式設計師早已忘了型別宣告，大多數 C 語言編譯器也不會發出警告訊息。如果很在意單位，可以將單位名稱加在變數名稱之後，讓錯誤更顯著：

```
double length1_inches, length2_meters;

//100 行之後

length1_inches = length2_meters;    //程式很明顯有問題
```

全域型別應該使用 typedef 定義，使用者應該知道的內部型別，也應該如全域型別般使用 typedef，這是很合理的做法，因為查看它們的宣告就像是查看變數宣告一樣令人分心，加上 struct 的同時也提高認知負荷。

另一方面，所有被大量使用的函式庫幾乎都十分依賴 typedef 的全域結構，例如 GSL 中的 gsl_vector 與 gsl_matrix，或是 GLibs 的 hash、tree 以及 plethora 等許許多多的物件。即使是由 Linus Torvalds 撰寫的 Git 原始程式碼，也就是 Linux kernel 使用的版本控制系統，依然包含幾個精心規劃由 typedef 定義的結構。

此外，typedef 的有效範圍與其他的宣告相同，也就是可以將 typedef 限制在檔案內部，不會對檔案外有任何影響，甚至也有理由支持在函式內部使用 typedef。讀者可能會注意到本書到目前使用的 typedef 都是區域宣告，也就是往回幾行就能夠看到定義；使用全域 typedef 時（也就是標頭檔被他人引用時），通常會隱藏在外覆函式當中，使用者完全不需要知道詳細的定義，所以可能以不造成認知負荷的方式使用結構。

從函式傳回多個項目

數學函數並不一定只能對應到一維空間，例如，對應到二維空間中的點(x, y) 的函式是十分稀鬆平常的事。

Python（以及其他程式語言）能夠讓函式透過串列傳回多個項目，例如：

```
#指定標準紙張大小，傳回寬度與長度
def width_length(papertype):
    if (papertype=="A4"):
        return [210, 297]
    if (papertype=="Letter"):
        return [216, 279]
    if (papertype=="Legal"):
        return [216, 356]

[a, b] = width_length("A4");
printf("width= %i, height=%i" % (a, b))
```

在 C 語言中可以傳回結構，也就可以傳回任何數量的項目，這也是筆者一再讚美拋棄式結構的原因：從函式傳回結構不再像以往一樣麻煩了。

坦白說：比起其他支援傳回串列的程式語言，C 語言仍然繁瑣得多。但透過範例 10-8 示範的做法，仍然可以清楚的表示函式傳回 $\mathbb{R}^2$ 的數值。

範例 10-8　需要從函式傳回多個項目值時，傳回結構（*papersize.c*）

```c
#include <stdio.h>
#include <strings.h>  //strcasecmp (from POSIX)
#include <math.h>      //NaN

typedef struct {
    double width, height;
} size_s;

size_s width_height(char *papertype){
  return
    !strcasecmp(papertype, "A4")     ? (size_s) {.width=210, .height=297}
  : !strcasecmp(papertype, "Letter") ? (size_s) {.width=216, .height=279}
  : !strcasecmp(papertype, "Legal")  ? (size_s) {.width=216, .height=356}
                                     : (size_s) {.width=NAN, .height=NAN};
}

int main(){
    size_s a4size = width_height("a4");
    printf("width= %g, height=%g\n", a4size.width, a4size.height);
}
```

 範例程式碼使用 *condition? iftrue : else* 的型式，這是個單一表示式，可以放在 return 之後。這些表示式形成一系列的條件判斷（包含最後一個表示其他狀況的 else），筆者喜歡用這種方式將條件排列成一個小型的表格，但有些人認為這是很糟糕的排版方式。

指標是另一種常見的做法，一般認為是適當的方式，但比較容易混淆輸入與輸出參數，使得額外使用 typedef 的版本看起來更加清楚：

```c
//使用指標傳回寬度與高度
void width_height(char *papertype, double *width, double *height);

//或是直接傳回寬度，但使用指標傳回高度
double width_height(char *papertype, double *height);
```

回報錯誤

Pete Goodliffe 討論了各種從函式傳回錯誤碼的方式，但對於各種方式都不看好。

- 在某些情況下，傳回值可以使用特定的旗標，例如整數傳回值使用 -1，浮點數傳回值使用 NaN（但變數的整個值域都是合法值的情況十分常見）。

- 可以設定全域的錯誤旗標，但在 2006 年，Goodliffe 還無法建議使用 C11 標準中的 _Thread_local 關鍵字，支援平行執行環境下的旗標運作。雖然整個程式全域的旗標一般來說並不可行，但少部分緊密合作的函式卻可以使用 _Thread_local 檔案範圍變數處理錯誤碼。

- 第三個選擇是「傳回複合資料型別（或數對），同時包含錯誤碼以及傳回值，這在主流 C 型式的語言中寫起來十分繁複，很少看到使用這種方式」。

本章到目前為止已經介紹傳回結構能夠帶來的許多好處，而且現代 C 語言的許多機制（typedef、指定初始子）也消除了許多繁瑣的語法。

 每當建立新結構時，考慮是否加入 error 或 status 成員。如此一來，當結構從函式傳回值，就內建能夠表示是否可以使用結構訊息的機制了。

範例 10-9 將物理基本公式轉換為回答以下問題的檢查函式：給定質量的理想物體，從地球自由落下指定的秒數，會有多大的能量？

筆者用了許多巨集作弊，因為筆者發現 C 語言的程式設計師最常撰寫處理錯誤用的巨集，也許是因為沒人想讓程式主流程式中塞滿一堆無關的錯誤處理吧。

範例 *10-9* 　*如果函式需要傳回數值與程式碼，可以傳回結構（errortuple.c）*

```
#include <stdio.h>
#include <math.h> //NaN, pow

#define make_err_s(inttype, shortname) \          ❶
    typedef struct {                    \
        intype value;                   \
        char const *error;              \          ❷
    } shortname##_err_s;

make_err_s(double, double)
make_err_s(int, int)
make_err_s(char *, string)
```

```
double_err_s free_fall_energy(double time, double mass){
    double_err_s out = {};   //將所有元素初始為 0
    out.error = time < 0      ? "negative time"                        ❸
              : mass < 0      ? "negative mass"
              : isnan(time) ? "NaN time"
              : isnan(mass) ? "NaN mass"
                            : NULL;

    if (out.error) return out;                                        ❹

    double velocity = 9.8*time;
    out.value = mass*pow(velocity, 2)/2.;
    return out;
}

#define Check_err(checkme, return_val)  \                             ❺
    if (checkme.error) {fprintf(stderr, "error: %s\n", checkme.error);
    return return_val;}

int main(){
    double notime=0, fraction=0;
    double_err_s energy = free_fall_energy(1, 1);                     ❻

    Check_err(energy, 1);
    printf("Energy after one second: %g Joules\n", energy.value);

    energy = free_fall_energy(2, 1);
    Check_err(energy, 1);
    printf("Energy after two seconds: %g Joules\n", energy.value);

    energy = free_fall_energy(notime/fraction, 1);
    Check_err(energy, 1);
    printf("Energy after 0/0 seconds: %g Jourles\n", energy.value);
}
```

❶ 如果喜歡傳回數值/錯誤數對，就會想為每個型別都建立對應結構。所以筆者寫了個巨集，簡化建立每個基本型別數對結構的過程，並建立 double_err_s、int_err_s、string_err_s 三個型別。如果讀者認為這種做法太過頭，可以不要用這種做法。

❷ 為什麼不用字串作為錯誤碼而要用整數值呢？錯誤訊息一般都是常數字串，不需要做記憶體管理。另外，也沒有人想要翻譯奇怪的 enum 數值，參看「Enum 與字串」一節的討論。

❸ 又一個傳回值表格，這種型式經常出現在函式開頭檢查輸入值，特別注意 out.error 元素指向列出的字串常量。因為沒有複製任何字串，不需要配置或釋放記憶體。為了進一步表明這件事，程式中將 error 宣告為 char const。

❹ 也可以使用「檢查錯誤」一節介紹的 Stopif 巨集：Stopif(out.error, return out, out.error)。

❺ 檢查傳回錯誤的巨集是十分常見的 C 語言慣例（idiom），由於 error 是個字串，巨集可以將內容直接印到 stderr（或是印到錯誤日誌檔）。

❻ 預期的使用方式，程式設計師經常會忽略函式傳回的錯誤碼，因此，將輸出值放在數對中能夠提醒函式使用者，輸出值包含了錯誤碼，使用函式時要考慮到傳回錯誤的情況。

靈活的函式輸入值

variadic 函式 是指可以接受不同個數輸入參數的函式，最常見的例子是 printf，既可以用 printf("Hi.") 呼叫，也可以用 printf("%f %f %i\n", first, second, third) 的方式呼叫，兩種呼叫方式的參數個數不同。

簡單的說，C 語言的 variadic 函式提供實作 printf 所需的功能，也只提供了這些功能；函式必須包含幾個固定的參數，或多或少也預期第一個參數提供了後續參數型別的資訊，至少應該提供參數個數。以 printf 的例子而言，第一個參數（"%f %f %i\n"）表示接下來兩個參數是浮點數，最後一個參數是整數。

沒有型別安全可言：如果在應該傳入浮點數 1.0 的情況傳入了整數 1，會產生未定義結果，如果函式預期接受三個參數卻只傳入了兩個參數，很有可能發生 segfault。由於這些問題，軟體安全組織 CERT 認為 variadic 函式有安全風險（Severity: high; likelihood: probable）[23]。

之前介紹過一種提高安全性的方式：透過外覆巨集串列最後加上終止標記，確保底層函式不會收到不含終止標記的串列。複合常量也會檢查輸入型別，傳入錯誤型別會造成編譯失敗。

本節將介紹另外兩種能提供型別檢查安全性的 variadic 函式實作方式，最後一種方式能夠指定函式參數的名稱，這也能夠降低錯誤的機率。筆者與 CERT 一樣認為直接使用 variadic 函式風險太高，在自己的程式碼中會使用本書介紹的這些方式。

第一種安全型式利用了編譯器為 printf 提供的檢查，擴充這個廣為使用的方式；第二種型式則使用 variadic 巨集，使用指定初始子準備標頭檔中宣告的參數。

---

[23] 參看 CERT 網站（*http://bit.ly/SAJTl7*）。

宣告 printf 型式的函式

首先使用傳統做法,使用 C89 標準的 variadic 函式功能,特別提出這個做法是因為有時會遇到無法使用巨集的情況。這些限制大多來自於社交面而非技術面,只有很少的狀況無法使用本章介紹的 variadic 巨集技巧取代原有的 variadic 函式呼叫。

為了讓 C89 標準的 variadic 函式更加安全,必須搭配 gcc 提供、但其他編譯器廣為支援的擴充功能:`__attribute__`,這個關鍵字能啟用編譯器提供的特殊功能[24]:

```
#include "config.h"
#ifndef HAVE__ATTRIBUTE__
#define __attribute__(...)
#endif
```

這會出現在變數、struct 或函式(如果函式沒有使用前先宣告,就會用到)的宣告。

gcc 與 clang 都提供能將函式宣告為 printf 型式的屬性,讓編譯器檢查型別,在應該使用 double 卻送出 int 或 double * 時發出警告。

假設需要一版使用 printf 型式輸入的 system 函式,在範例 10-10 中,system_w_printf 函式能接受 printf 型式的輸入,將參數寫入字串,再透過標準 system 命令執行,這個函式使用了 vasprintf 這個能夠支援 va_list 的 asprintf 相容版本,這些函式都屬於 BSD/GNU 標準,如果讀者仍在使用 C99,可以用與 snprintf 對應的 vsnprintf 取代(所以要加上 #include <stdarg.h>)。

main 只是很簡單的使用範例:從命令列讀取第一個參數,再執行 ls。

範例 *10-10　處理變動長度輸入的老方法*(*olden_varargs.c*)

```
#define _GNU_SOURCE  //c 讓 stdio.h 引入 vasprintf
#include <stdio.h>  //printf, vasprintf
#include <stdarg.h>  //va_start, va_end
#include <stdlib.h>  //system, free
#include <assert.h>

int system_w_printf(char const *fmt, ...) __attribute__ ((format (printf, 1, 2)));
                                                                                  ❶
```

---

[24]　如果擔心遇到不支援 __attribute__ 編譯器,可以透過 Autotools 處理,需要先從 Autoconf archive 找到 AX_C___ATTRIBUTE__ 巨集,貼到專案目錄的 *aclocal.m4* 檔案,接著在 *configure.ac* 裡呼叫 AX_C___ATTRIBUTE__,然後在 C 語言前置處理器定義 __attribute__ 為空白,讓 Autoconf 判斷使用的編譯器是否支援。

```
int system_w_printf(char const *fmt, ...){
    char *cmd;
    va_list argp;
    va_start(argp, fmt);
    vasprintf(&cmd, fmt, argp);
    va_end(argp);
    int out=system(cmd);
    free(cmd);
    return out;
}

int main(int argc, char **argv){
    assert(argc == 2);                                    ❷
    return system_w_printf("ls %s", argv[1]);
}
```

❶ 標記函式使用了 printf 型式的參數，第一個參數是格式指定子，後續的參數從第二個輸入參數開始算。

❷ 筆者承認這行程式偷懶了，應該只在程式設計師能完全控制的內部流程中直接使用 assert 檢查，不該用來檢查使用者的輸入。參看「檢查錯誤」一節所提供更適當的輸入驗證。

這種作法比 variadic 巨集好的地方在於巨集很難處理傳回值，然而，範例 10-11 中的巨集版本比較簡短也比較簡單，而且如果編譯器能夠檢查 printf 型式的參數，那麼也可以檢查巨集版本（不需要使用 gcc/clang 專屬的屬性）。

範例 10-11　巨集版本比較簡短（*macro_varargs.c*）

```
#define _GNU_SOURCE  //讓 stdio.h 引入 vasprintf
#include <stdio.h>    //printf, vasprintf
#include <stdlib.h>   //system
#include <assert.h>

#define System_w_printf(outval, ...) {             \
    char *string_for_systemf;                      \
    asprintf(&string_for_systemf, __VA_ARGS__);    \
    outval = system(string_for_systemf);           \
    free(string_for_systemf);                      \
}

int main(int argc, char **argv){
    assert(argc == 2);
    int out;
    System_w_printf(out, "ls %s", argv[1]);
    return out;
}
```

非必要以及指名參數

先前介紹過結合複合常量與動態長度巨集，就可以用更乾淨的方式將一連串相同的資料傳入函式，如果忘了，請參考「有正確結尾的串列」一節的介紹。

結構與陣列在許多方面十分相似，但結構可以擁有不同型別的成員，似乎可以用相同的手法：利用外覆巨集用簡潔的介面將所有的元素組合成結構，再將整個結構傳入函式。範例 10-12 示範了這個手法。

範例建立了一個包含數個參數的函式，各個參數能夠透過指定名稱的方式指定輸入值。函式的定義分為三個部分：使用者不會直接使用的拋棄式結構（但如果函式宣告在全域命名空間，那結構名稱仍然會對全域命名空間產生影響）、利用參數初始化結構再傳入底層函式的巨集、以及底層的函式。

範例 *10-12* 接受幾個以名稱指定參數的函式 ── 使用者未指定的參數會有預設值（ *ideal.c* ）

```
#include <stdio.h>

typedef struct {                                              ❶
    double pressure, moles, temp;
} ideal_struct;

/** Find the volume (in cubic meters) via the ideal gas law: V =nRT/P
Inputs:
pressure in atmospheres (default 1)
moles of material (default 1)
temperature in Kelvins (default freezing = 273.15)
  */
#define ideal_pressure(...) ideal_pressure_base((ideal_struct){.pressure=1, \
                                                              ❷
                            .moles=1, .temp=73.15, __VA_ARGS__})

double ideal_pressure_base(ideal_struct in){                  ❸
    return 8.314 * in.moles*in.temp/in.pressure;
}

int main(){
    printf("volume given defaults: %g\n", ideal_pressure() );
    printf("volume given boiling temp: %g\n", ideal_pressure(.temp=373.15) ); ❹
    printf("volume given two moles: %g\n", ideal_pressure(.moles=2) );
    printf("volume given two boiling moles: %g\n",
                        ideal_pressure(.moles=2, .temp=373.15) );
}
```

❶ 首先需要宣告持有函式輸入參數的結構。

❷ 巨集的輸入參數會被插入匿名結構中，使用者輸入的參數會被放置為指定初始子。

❸ 函式本身接受 `ideal_struct` 為參數，而非一般的串列。

❹ 使用者輸入一連串的指定初始子，未指定的部分會使用預設值，之後 `ideal_pressure_base` 會由輸入的結構中取得所需的所有數據。

以下是最後一行函式呼叫（不要告訴使用者他們實際上呼叫的是巨集）擴展之後的型式：

```
ideal_pressure_base((ideal_struct){.pressure=1, .moles=1, .temp=273.15,
                                          .moles=2, .temp=373.15})
```

規則是重複初始化特定成員時，會使用最後一次初始化的值 [C99 §6.7.8 (19) 與 C11 §6.7.9 (19)]。因此 `.pressure` 會維持預設值，其他則使用使用者指定的數值。

 使用 `-Wall` 旗標時，clang 會對 `moles` 與 `temp` 的重複初始化發出警告，編譯器作者認為重複初始化很有可能是錯誤，而非有意取代預設值。可以加上 `-Wno-initializer-overrides` 旗標關閉這個警告訊息；gcc 只會在額外開啟 `-Wextra` 警告旗標時認為這種行為是錯誤，如果使用這個功能，就使用 `-Wextra -Woverride-init` 選項。

輪到你了： 對於這種情況，拋棄式結構並沒有那麼容易拋棄，因為方程式有很多不同的使用方向：

- pressure = 8.314 moles * temp/volume

- moles = pressure * volume /(8.314 temp)

- temp = pressure * volume /(8.314 moles)

修改結構加入 volume 成員，用修改後的結構分別撰寫方程式的不同型式。

接著，使用這些函式產生一個統一的函式，透過結構指定 `pressure`、`moles`、 `temp` 與 `volume` 的三個成員（第四個成員可以是 `NAN`，或是針對結構加入 `what_to_solve` 成員），統一函式會呼叫正確的計算函式找出第四個成員的數值。

這樣就做到能夠自由選用各個參數，甚至可以在六個月後加入新參數而不影響目前函式的其他使用者，可以從簡單能夠運作的函式開始，逐步加入需要的功能。然而，從

其他原生支援這項功能的程式語言中所學到的經驗是：開發人員很容易迷失在這個技巧之中，建立出接受各種不同變數，但每次只會使用到其中一、兩個變數的超級函式。

打磨老舊函式

截至目前的範例都以示範個別技巧為主，過程中沒有太多阻礙，但這種簡短的範例無法整合各種技巧，產生能夠處理實際問題有用且可靠的程式。接下來的範例會愈來愈大，並包含更多實務面的考量。

範例 10-13 是個老舊且難以使用的函式，對於分期償還貸款，每個月的還款金額固定，但一開始利息佔有還款金額較高的比率（有較多欠款要還），在還款末期則漸漸降低為零，其中的數學運算十分複雜（特別是加上每個月額外償還本金或是提前還款的選項），完全可以理解想要跳過這樣的程式碼不看。接下來主要考慮的是函式介面，接受十個輸入參數，參數的順序基本上是隨便決定的，用這個函式做任何財務計算不只痛苦還容易出錯。

實際上 amortize 與 C 語言世界中到處出現的老舊程式碼十分相似，唯一稱得上龐克搖滾的是鄙視聽眾的態度，為了符合雜誌光鮮亮麗的風格，會將這部分加上美觀的外皮。對於這些陳舊的程式碼，雖然無法改變函式的介面（可能會影響其他使用函式的程式），但透過與先前理想氣體方程式相同的做法，可以產生能夠以名稱指定與順序無關的介面，還需要一個在巨集輸出以及陳舊函式之間的橋接函式。

範例 10-13　難以使用的函式，有過多參數，也缺少錯誤檢查（amortize.c）

```c
#include <math.h> //pow
#include <stdio.h>
#include "amortize.h"

double amortize(double amt, double rate, double inflation, int months,
                int selloff_month, double extra_payoff, int verbose,
                double *interest_pv, double *duration, double *monthly_payment){
    double total_interest = 0;
    *interest_pv = 0;
    double mrate = rate/1200;

    //月利率固定，但比例會隨著利息變化
    *monthly_payment = amt * mrate/(1-pow(1+mrate, -months)) + extra_payoff;
    if (verbose) printf("Your total monthly payment: %g\n\n", *monthly_payment);

    int end_month = (selloff_month && selloff_month < months )
                        ? selloff_month
                        : months;
```

```
    if(verbose) printf("yr/mon\t Princ. \t\tInt.\t| PV Princ.\t PV Int.\t Ratio\n");
    int m;
    for (m=0; m < end_month && amt > 0; m++){
        double interest_payment = amt*mrate;
        double principal_payment = *monthly_payment - interest_payment;
        if (amt <= 0)
            principal_payment =
            interest_payment  = 0;
        amt -= principal_payment;
        double deflator = pow(1 + inflation/100, -m/12.);
        *interest_pv    += interest_payment * deflator;
        total_interest  += interest_payment;
        if (verbose) printf("%i/%i\t%7.2f\t\t%7.2f\t| %7.2f\t %7.2f\t%7.2f\n",
                m/12, m-12*(m/12)+1, principal_payment, interest_payment,
                principal_payment*deflator, interest_payment*deflator,
                principal_payment/(principal_payment+interest_payment)*100);
    }
    *duration = m/12.;
    return total_interest;
}
```

範例 10-14 與 10-15 為函式建立了較為友善的介面，標頭檔中大部分是 Doxygen 格式的文件，這麼多的參數，沒有加上適當的文件一定是瘋了，而且現在可以告訴使用者各個參數的預設值以及能不能省略某些參數。

範例 *10-14*　標頭檔，大部分是文件，加上一個巨集以及橋接函式的宣告（*amortize.h*）

```
double amortize(double amt, double rate, double inflation, int months,
        int selloff_month, double extra_payoff, int verbose,
        double *interest_pv, double *duration, double *monthly_payment);

typedef struct {
    double amount, years, rate, selloff_year, extra_payoff, inflation;     ❶
    int months, selloff_month;
    _Bool show_table;
    double interest, interest_pv, monthly_payment, years_to_payoff;
    char *error;
} amortization_s;


/** Calculate the inflation-adjusted amount of interest you would pay     ❷
  over the life of an amortized loan, such as mortgage.

\li \c amount  The dollar value of the loan. No default--if unspecified,
                print an error and return zeros.
\li \c months  The number of months in the loan. Default: zero, but see years.
```

```
\li \c years    If you do not specify months, you can specify the number of
                years. E.g., 10.5=ten years, six months.
                Default: 30 (a typical U.s. mortgage).
\li \c rate     The interest rate of the loan, expressed in annual
                percentage rate (APR). Default: 4.5 (i.e., 4.5%), which
                is typical for current (US 2012) housing market.
\li \c inflation  The inflation rate as an annual percent, for calculating
                  the present value of money. Default: 0, meaning no
                  present-value adjustment. A rate of about 3 has been typical
                  for the last few decades in the US.
\li \c selloff_month  At this month, the loan is paid off (e.g., you resell
                      the house). Default: zero (meaning no selloff).
\li \c selloff_year  If selloff_month==0 and this is positive, the year of
                     selloff. Default: zero (meaning no selloff).
\li \c extra_payoff  Additional monthly principal payment. Default: zero.
\li \c show_table  If nonzero, display a table of payments. If zero, display
                   nothing (just return the total interest). Default: 1

All inputs but \c extra_payoff and \c inflation must be nonnegative.

\return  an \c amortization_s structure, with all of the above values set as
         per your input, plus:

\li \c interest Total cash paid in interest.
\li \c interest_pv Total interest paid, with present-value adjustment for inflation.
\li \c monthly_payment  The fixed monthly payment (for a mortgage, taxes and
                        interest get added to this)
\li \c years_to_payoff  Normally the duration or selloff date, but if you make early
                        payments, the loan is paid off sooner.
\li \c error            If <tt>error != NULL</tt>, something went wrong and the
                        results are invalid.
*/
#define amortization(...) amortize_prep((amortization_s){.show_table=1, \
                                        __VA_ARGS__})          ❸


amortization_s amortize_prep(amortization_s in);                          ❶
```

❶ 巨集用來將資料傳入橋接函式的結構，這個結構必須與巨集以及橋接函式在相同的空間，部分成員並非 **amortize** 函式的輸入參數，但能簡化使用者的使用，其他部分則是由函式填入的輸出結果。

❷ Doxygen 格式的文件，文件佔據介面檔的大多數是件好事，每一行都列出了預設值。

❸ 將 使 用 者 輸 入 （ 例 如 **amortization(.amount=2e6, .rate=3.0)**） 轉 換 為 **amortization_s** 指定初始子的巨集，巨集中必須指定 show_table 的預設值，否則就無法區分使用者是明確的指定 .show_table=0 或是省略了這個參數。對於預設值不是零，但使用者可能輸入零的變數，就必須使用這種型式。

指名參數設定的三個部分仍然十分明顯：結構的 typedef、接受命名參數值並填滿結構成員的巨集，以及接受單一結構輸入的函式。然而，呼叫的函式是個橋接函式而非底層函式，橋接函式的宣告如範例 10-15。

範例 *10-15*　非公開部分的介面（ *amort_interface.c* ）

```
#include "stopif.h"
#include <stdio.h>
#include "amortize.h"

amortization_s amortize_prep(amortization_s in){                    ❶
    Stopif(!in.amount || in.amount < 0 || in.rate < 0              ❷
            || in.months < 0 || in.years < 0 || in.selloff_month < 0
            || in.selloff_year < 0,
            return (amortization_s){.error="Invalid input"},
            "Invalid input, Returning zeros.");

    int months = in.months;
    if (!months){
        if (in.years) months = in.years * 12;
        else          months = 12 * 30; //home loan
    }

    int selloff_month = in.selloff_month;
    if (!selloff_month && in.selloff_year)
        selloff_month = in.selloff_year * 12;

    amortization_s out = in;
    out.rate = in.rate ? in.rate : 4.5;                            ❸
    out.interest = amortize(in.amount, out.rate, in.inflation,
            months, selloff_month, in.extra_payoff, in.show_table,
            &(out.interest_pv), &(out.years_to_payoff), &(out.monthly_payment));
    return out;
}
```

❶　amortize 本該有的橋接函式：能設定適當的預設值並檢查輸入錯誤。由於橋接函式處理了這些行為，amortize 只處理實際邏輯部分也不會造成問題。

❷　參看「檢查錯誤」對 Stopif 巨集的介紹，根據其內容，這行檢查主要是避免 segfault 等基本檢查，而不是自動驗證錯誤的輸入。

❸　因為這是個單純的常數，也可以在 amortization 巨集中設定預設值，show_table 也是同樣的狀況，這些都可以由開發人員自行決定。

因為無法直接改變 amortize 的介面，橋接函式最主要的目的是接受一個結構，利用結構成員呼叫 amortize 函式。但有了準備函式輸入值的專屬函式後，就可以正確的做些錯誤驗證以及設定預設值等動作。例如可以讓使用者指定月份或年的區間,當輸入值超過範圍或不合理時,也可以利用橋接函式丟出適當的錯誤訊息。

因為大多數使用者並不知道(也沒太大的興趣想弄清楚)合理的通貨膨脹率是多少,預設值對這類函式特別重要。如果電腦能提供使用者可能缺乏的相關知識,並加上使用者易於覆寫的預設值,大多數使用者應該都會感謝吧。

amortize 傳回幾個不同的數值,如同「從函式傳回多個項目」一節的介紹,用一個結構傳回所有傳回值比起 amortize 傳回一個傳回值,再用指標傳回其他傳回值來得好。此外,為了讓透過 variadic 巨集使用指定初始子的技巧能夠有作用,必須使用另一個中間結構;為什麼不將兩個結構合而為一?合而為一會讓輸出結構同時具有輸入規範的所有資訊。

完成所有介面之後,就有了一個具備良好文件、容易使用,同時能夠檢查錯誤的函式,範例 10-16 的程式使用了之前的 *amortize.c* 與 *amort_interface.c* 輕鬆的完成許多不同的情境,由於之前的介面程式使用了數學函式庫的 pow 函式,makefile 內容如下:

```
P=amort_use
objects=amort_interface.o amortize.o
CFLAGS=-g -Wall -O3 #the usual
LDLIBS=-lm
CC=c99

$(P):$(objects)
```

範例 *10-16*　現在能夠用 *amortization* 巨集/函式撰寫具有可讀性的程式了
(*amort_use.c*)

```c
#include <stdio.h>
#include "amortize.h"

int main(){
    printf("A typical loan:\n");
    amortization_s nopayments = amortization(.amount=200000, .inflation=3);
    printf("You flushed real $%g down the toilet, or $%g in present value.\n",
            nopayments.interest, nopayments.interest_pv);

    amortization_s a_hundred = amortization(.amount=200000, .inflation=3,
                                            .show_table=0, .extra_payoff=100);
    printf("Paying an extra $100/month, you lose only $%g (PV), "
            "and the loan is paid off in %g years.\n",
            a_hundred.interest_pv, a_hundred.years_to_payoff);

    printf("If you sell off in ten years, you pay $%g in interest (PV).\n",
                    amortization(.amount=200000, .inflation=3,
```

```
                              .show_table=0, .selloff_year=10).interest_pv);❶
  }
```

❶ amortization 函式傳回結構，在前兩次的使用將傳回結構指派給變數，再透過
   變數存取結構成員；但如果不需要中間變數，就不要額外宣告。這行程式碼從函
   式傳回值中取出需要的元素，萬一函式傳回以 malloc 配置的資料，就不能這麼
   做，一定要透過變數才能夠釋放配置的記憶體，但本章所有的範例都是傳回結構
   而不是結構的指標。

包覆底層函式需要許多程式碼，但設定指名參數結構的樣板結構所需的程式碼卻不
多，其他部分是文件及必要的輸入參數檢查。整體而言，我們將原先幾乎無法使用的
介面，轉換為對計算分期貸款使用者而言十分友善的介面。

Void 指標及其指向的結構

接下來要介紹泛型程序與泛型結構的實作，其中一個範例會對目錄結構中的所有檔案
執行一些函式，讓使用者在畫面上印出檔案、搜尋字串等操作；另一個範例使用 GLib
的 hash 結構記錄檔案中每個文字出現的次數，也就是建立 Unicode 字元鍵值與整數值
間的關聯。由於 GLib 的 hash 結構能夠使用任何型別的鍵值與數值，Unicode 字元計
數器是通用容器的應用。

這些功能都使用了能夠指向任何型別的 void 指標，hash 函式與目錄處理函式無法區別
指標指向的資料型別，只是依需要傳入參數。型別安全性也就成為程式設計師的責任，
但結構能夠維持型別安全性，讓處理與撰寫泛型程序更加容易。

接受泛型輸入的函式

「回呼（*callback*）函式」是指傳入函式供函式內部使用的函式。接下來會介紹一個
遞迴處理目錄，對目錄中所有檔案進行處理的泛型程序，回呼函式是傳入目錄遞迴程
序，供程序處理每個檔案之用。

圖 10-1 描繪了這個問題，直接呼叫函式時編譯器知道資料型別以及函式需要的型別，
兩者型別不符時編譯器會發出訊息；但泛型程序無法要求函式的型式或函式使用的資
料，「Pthread」一節使用的 pthread_create 可能使用以下的宣告型式（省略了無關的
部分）：

```
typedef void *(*void_ptr_to_void_ptr)(void *in);
int pthread_create(..., void *ptr, void_ptr_to_void_ptr *fn);
```

使用 pthread_create(..., *indata*, *myfunc*) 時，*indata* 的型別資訊會隨著轉型為 void 指標而消失。可以預期的是，在 pthread_create 當中的某處，有著 *myfunc(indata)* 這樣的函式呼叫，萬一 *indata* 是 double* 而 *myfunc* 需要的參數卻是 char*，就會發生編譯器無法防止的災難。

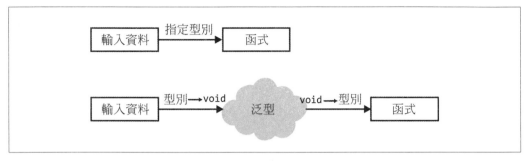

圖 10-1　直接呼叫函式以及泛型方式呼叫

範例 10-17 是目錄處理函式的標頭檔，會對指定目錄下所有的子目錄與檔案執行傳入的函式，標頭檔中包含了說明 process_dir 函式行為介紹的 Doxygen 文件。同樣的，文件長度幾乎與程式碼長度相當。

範例 10-17　泛型目錄遞迴程式的標頭檔（process_dir.h）

```
struct filestruct;
typedef void (*level_fn)(struct filestruct path);

typedef struct filestruct{
    char *name, *fullname;
    level_fn directory_action, file_action;
    int depth, error;
    void *data;
} filestruct;                               ❶

/** I get the contents of the given directory, run \c file_action on each
    file, and for each directory run \c dir_action and recurse into the directory.
    Note that this makes the traversal depth first.

    Your functions will take in a \c filestruct, qv. Note that there is an \c error
    element, which you can set to one to indicate an error.

    Inputs are designated initializers, and may include:

    \li \c .name The current file or directory name
    \li \c .fullname The path of the current file or directory
    \li \c .directory_action A function that takes in a \c filestruct.
            I will call it with an appropriately-set \c filestruct
            for every directory (just before the files in the directory
```

```
              are processed).
      \li \c .file_action Like the \c directory_action, but the function
              I will call for every non-directory file.
      \li \c .data A void pointer to be passed in to your functions.

      \return 0=OK, otherwise the count of directories that failed + errors thrown
              by your scripts.

      Sample usage:
\code
      void dirp(filestruct in){ printf("Directory: <%s>\n", in.name); }
      void filep(filestruct in){ printf("File: %s\n", in.name); }

      //list files, but not directories, in current dir:
      process_dir(.file_action=filep);

      //show everything in my home directory:
      process_dir(.name="/home/b", .file_action=filep, .directory_action=dirp);
\endcode
*/
#define process_dir(...) process_dir_r((filestruct){__VA_ARGS__})    ❷

int process_dir_r(filestruct level);                                ❸
```

❶ 又是相同的型式：接受指名參數函式的三個部分，但去除掉技巧的部分，結構基本上保持了以 void 指標傳遞時的型別安全性。

❷ 轉換使用者輸入參數為指定初始子的巨集。

❸ 接受由 process_dir 巨集所建立結構的函式，使用者不會直接呼叫。

將程式與圖 10-1 比較，標頭檔已經指出型別安全問題的部分解答：定義一個固定的型別，也就是 filestruct，並要求回呼函式接受這個結構為參數。然而結構的另一端仍然存在 void 指標，即使可以將 void 指標移出結構：

```
typedef void (*level_fn)(struct filestruct path, void *indata);
```

但既然總是需要定義結構輔助 process_dir 函式的使用，將 void 指標納入結構當中並不會有什麼問題。結構與 process_dir 之間的連結，可以利用「非必要以及指名參數」一節介紹的技巧，透過巨集將指名初始子轉換為函式輸入，結構能簡化所有的工作。

範例 10-18 示範了 process_dir 的使用方式，也就是圖 10-1 中雲的兩端，回呼函式本身十分簡單，只是印出縮排的空格與目錄/檔案名稱罷了。因為回呼函式的輸入定義為固定的結構，沒有太多型別安全的問題。

以下是範例的輸出結果，目錄下有兩個檔案與一個 *cfiles* 子目錄，子目錄中又有其他三個檔案：

```
Tree for sample_dir:
├ cfiles
└───
      | c.c
      | a.c
      | b.c
  | a_file
  | another_file
```

範例 *10-18*　顯示目前目錄樹狀結構的程式（*show_tree.c*）

```c
#include <stdio.h>
#include "process_dir.h"

void print_dir(filestruct in){
    for (int i=0; i< in.depth-1; i++) printf("     ");
    printf("├ %s\n", in.name);
    for (int i=0; i< in.depth-1; i++) printf("     ");
    printf("└───\n");
}

void print_file(filestruct in){
    for (int i=0; i< in.depth; i++) printf("     ");
    printf("| %s\n", in.name);
}

int main(int argc, char **argv){
    char *start = (argc>1) ? argv[1] : ".";
    printf("Tree for %s:\n", start ? start : "the current directory");
    process_dir(.name=start, .file_action=print_file, .directory_action=print_dir);
}
```

main 函式將 print_dir 與 print_file 函式傳入 process_dir，信任 process_dir 會在正確的時機用適當的輸入參數呼叫適當的函式。

process_dir 函式的內容在範例 10-19，主要內容是根據目前處理的檔案或目錄建立正確的結構，指定的目錄使用 opendir 開啟。接著每次呼叫 readdir 就會讀出目錄中的下一個項目，可能是檔案、目錄、連結或其他目錄的子項。根據目前項目的資訊更新傳入的 filestruct，根據目錄子項的類型是檔案或目錄，用新建立的 filestruct 結構呼叫對應函式，如果子項是目錄，函式會用目前目錄的資訊遞迴呼叫。

範例 10-19 遞迴訪問目錄，對每個遇到的檔案執行 *file_action*，對每個子目錄執行 *directory_action*（*process_dir.c*）

```c
#include "process_dir.h"
#include <dirent.h> //struct dirent
#include <stdlib.h> //free

int process_dir_r(filestruct level){
    if (!level.fullname){
        if (level.name) level.fullname=level.name;
        else            level.fullname=".";
    }
    int errct=0;

    DIR *current=opendir(level.fullname);                           ❶
    if (!current) return 1;
    struct dirent *entry;
    while((entry=readdir(current))) {
        if (entry->d_name[0]=='.') continue;
        filestruct next_level = level;                             ❷
        next_level.name = entry->d_name;
        asprintf(&next_level.fullname, "%s/%s", level.fullname, entry->d_name);

        if (entry->d_type==DT_DIR){
            next_level.depth ++;
            if (level.directory_action) level.directory_action(next_level);  ❸
            errct+= process_dir_r(next_level);
        }
        else if (entry->d_type==DT_REG && level.file_action){
            level.file_action(next_level);                        ❹
            errct+= next_level.error;
        }
        free(next_level.fullname);                                ❺
    }
    closedir(current);
    return errct;
}
```

❶ opendir、readdir 與 closedir 都是 POSIX 標準函式。

❷ 對目錄中的每個子項，建立輸入 filestruct 的複本，再適當更新內容。

❸ 有了正確的 filestruct 之後，呼叫目錄處理函式，遞迴進入子目錄。

❹ 有了正確的 filestruct 之後，呼叫檔案處理函式。

❺ 每個步驟使用的 filestruct 不是指標，也不用 malloc 配置，所以不需要記憶體處理相關程式碼；然而 asprintf 會在內部配置 fullname，必須釋放記憶體。

這樣的結構成功建立適當的封裝：指標函式不需要處理 POSIX 目錄操作，而 *process_dir.c* 也不知道輸入函式做了哪些處理，回呼函式使用的結構讓兩者完美的結合在一起。

泛型結構

串列、雜湊、樹與其他資料結構能夠用在各種不同的場合，理所當然會利用 void 指標儲存不同的資料，由使用者的程式碼在輸出、輸入過程中檢查資料正確性。

接下來介紹的是典型的課本範例：字元頻率雜湊表。雜湊表是個持有鍵值/數值對的容器，能讓使用者透過鍵值快速找到對應的資料。

在介紹處理目錄中檔案的部分之前，需要根據程式的使用方式客製泛型的 GLib 雜湊。使用 Unicode 鍵值與整數數值，設定好元件（本身就是個很好的回呼函式範例）之後，實作檔案巡訪就變得十分簡單。

從程式碼中可以清楚看到 equal_chars 與 printone 函式是供雜湊表使用的回呼函式，雜湊表會將 void 指標傳入這兩個函式。因此，這些函式的第一行都宣告了輸入參數的正確型別的變數，將 void 指標轉型成為正確的資料型別。

範例 10-20 是標頭檔，呈現了範例 10-21 使用的公開介面。

範例 *10-20*　*unictr.c* 的標頭檔（*unictr.h*）

```
#include <glib.h>

void hash_a_character(gunichar uc, GHashTable *hash);
void printone(void *key_in, void *val_in, void *xx);
GHashtable *new_unicode_counting_hash();
```

範例 *10-21*　使用以 Unicode 字元為鍵值的雜湊表為基礎，計算各字元出現次數的程式（*unictr.c*）

```
#include "string_utilities.h"
#include "process_dir.h"
#include "unictr.h"
#include <glib.h>
#include <stdlib.h> //calloc, malloc

typedef struct {                                          ❶
    int count;
} count_s;

void hash_a_character(gunichar uc, GHashTable *hash){
```

```
        count_s *ct = g_hash_table_lookup(hash, &uc);
        if (!ct){
            ct = calloc(1, sizeof(count_s));
            gunichar *newchar = malloc(sizeof(gunichar));
            *newchar = uc;
            g_hash_table_insert(hash, newchar, ct);
        }
        ct->count++;
    }

    void printone(void *key_in, void *val_in, void *ignored){          ❷
        gunichar const *key= key_in;                                    ❸
        count_s const *val= val_in;
        char utf8[7];                                                   ❹
        utf8[g_unichar_to_utf8(*key, utf8)]='\0';
        printf("%s\t%i\n", utf8, val->count);
    }

    static gboolean equal_chars(void const * a_in, void const * b_in){  ❺
        const gunichar *a= a_in;                                      ❻
        const gunichar *b= b_in;
        return (*a==*b);
    }

    GHashTable *new_unicode_counting_hash(){
        return g_hash_table_new(g_str_hash, equal_chars);
    }
```

❶ 沒錯,這是個只有一個整數成員的結構,總有一天會發揮它的作用。

❷ 這是 g_hash_table_foreach 的回呼函式,接受代表鍵值、數值的 void 指標,這個函式並不需要使用第三個 void 指標。

❸ 接受 void 指標參數的函式之中,第一行需要用正確的型別設定變數,將 void 指標轉型為能夠操作的型別。不要將這行程式往後移,函式一開始就要做,才能夠檢查轉型是否正確。

❹ 六個 char 已足夠存放任何 UTF-8 編碼的 Unicode 字元。加上第七個結尾的 '\0',只需要七個位元組就能夠表示任何字元字串。

❺ 因為雜湊表的鍵值與數值可以是任何型別,GLib 要求使用者提供比較函式供檢查兩個鍵值是否相等。之後的 new_unicode_counting_hash 會將這個函式傳入雜湊表的建構函式。

❻ 有說過接受 void 指標參數的函式,第一行就要將 void 指標轉型回正確型別吧?做完就又回到型別安全的環境之中了。

現在有了一組支援 Unicode 字元雜湊表的函式，範例 10-22 使用這些函式以及之前的 process_dir 函式，計算目錄所有的檔案當中的 UTF-8 可顯示字元。

程式使用了之前定義的 process_dir 函式，讀者應該已經對泛型程序與使用方式有基本的認識，處理單一檔案的回呼函式 hash_a_file 接受一個 filestruct 結構，但結構底層包含了 void 指標，函式可以透過 void 指標指向 GLib hash 結構。因此，hash_a_file 函式的第一行將 void 指標轉型到指標指向的結構，讓後續程式能夠以有型別安全的方式撰寫。

只要知道每個元件接受的輸入參數以及被呼叫的時機，元件就可以個別除錯，但也可以跟隨著 hash 在元件間傳遞，驗證透過輸入的 filestruct 中的 .data 元素傳入 process_dir 函式；接著 hash_a_file 將 .data 轉型回 GHashTable，再傳入 hash_a_character，這時會修改其內容或如前所示的加入新的字元。然後 g_hash_table_foreach 使用 printone 回呼函式印出 hash 中的所有成員。

範例 10-22 字元頻率計數器；使用方式：*charct your_dir | sort -k 2 -n*（*charct.c*）

```
#define _GNU_SOURCE            //讓 stdio.h 定義 asprintf
#include "string_utilities.h"  //string_from_file
#include "process_dir.h"
#include "unictr.h"
#include <glib.h>
#include <stdlib.h>            //free


void hash_a_file(filestruct path){
    GHashTable *hash = path.data;                                    ❶
    char *sf = string_from_file(path.fullname);
    if (!sf) return;
    char *sf_copy = sf;
    if (g_utf8_validate(sf, -1, NULL)){
      for (gunichar uc; (uc = g_utf8_get_char(sf))!='\0';           ❷
          sf = g_utf8_next_char(sf))
              hash_a_character(uc, hash);
    }
    free(sf_copy);
}

int main(int argc, char **argv){
    GHashTable *hash;
    hash = new_unicode_counting_hash();
    char *start=NULL;
    if (argc>1) asprintf(&start, "%s", argv[1]);
    printf("Hashing %s\n", start ? start: "the current directory");
    process_dir(.name=start, .file_action=hash_a_file, .data=hash);
```

```
        g_hash_table_foreach(hash, printone, NULL);
    }
```

❶ filestruct 包含了 void 指標 data，函式的第一行當然要宣告正確型別的變數，轉型 void 指標。

❷ UTF-8 字元沒有固定長度，需要特別的函式才能取得目前字元或移到下個字元。

筆者經常犯各式各樣的錯誤，但很少（如果有的話）在串列、樹等資料結構中放入錯誤的型別，以下是筆者確保型別安全的作法：

* 如果有兩個串列，一個使用名為 active_groups 的 void 指標，另一個則是名為 persons 的 void 指標，當看到 g_list_append(active_groups, next_person) 這樣的程式碼時，不用等到編譯器發出訊息，大多數人都會發現串列與使用的型別可能不相符。所以，第一個祕訣就是使用很清楚的名稱，能夠在做傻事的時候很快的顯現出錯誤。

* 將圖 10-1 中兩端的程式碼盡可能放置在相近的位置，如此當其中一部分需要修改的時候，很容易就可以修改另外一端。

* 先前一再提到，接受 void 指標參數函式的第一行程式碼一定要將 void 指標轉型為正確的型別，就如同 printone 與 equal_chars 函式的作法。一開始就轉成正確的型別能避免一些不必要的問題，而且轉型之後編譯器才能夠提供型別安全檢查。

* 為特定的泛型程序或結構建立對應的結構，是十分有道理的做法。

    * 少了特製的結構，想要更改輸入型別就需要連帶修改所有 void 指標轉型的位置，修改轉型為新的型別，編譯器也沒有辦法提供太多的幫助。如果傳入的是持有資料的結構，就只需要修改結構定義。

    * 同樣的道理，發現需要傳送額外的資訊給回呼函式（這是很常發生的情況），也只需要修改結構的定義。

    * 使用結構傳送一個整數似乎沒什麼好處，但這實際上卻是最危險的情況。假設有個泛型程序，接受一個回呼函式以及傳送給回呼函式的 void 指標，並用以下的方式傳入回呼函式與指標：

```
void callback (void *voidin){
    double *input = voidin;
    ...
}

int i=23;
generic_procedure(callback, &i);
```

發現程式存在型別問題了嗎？不論 int 的位元樣式為何，可以確定 callback 函式以 double 型式讀取參數時，絕對不會是任何接近 23 的數值。宣告新結構雖然看起來很制式化，卻可以避免一些很容易發生的錯誤：

```
typedef struct {
    int level;
} one_lonely_integer;
```

- 筆者發現，知道處理某部分功能的程式使用單一型別，心理上會覺得比較輕鬆。每次轉型成針對特定目的建立的結構時，都能夠清楚的知道自己沒有犯錯，不再需要懷疑應該使用 char * 還是使用 char ** 或 wchar_t *。

本章介紹了許多簡化結構傳入/傳出函式的方式：透過設計良好的巨集，輸入的結構可以具有預設值並提供函式指名的參數，輸出結構可以透過複合常量在需要時建立。複製結構時（如遞迴當中）只需要一個指派動作；傳回空結構只是簡單的傳回沒有設定任何成員的指定初始子。搭配針對函式設計的結構能夠解決許多使用泛型程序與結構的問題。遇到泛型就是用這些技巧的好時機。結構還適合用來放置錯誤碼，不再需要佔用函式參數的位置，簡單的型別定義就能夠帶來許許多多的好處。

## 第十一章

C 語言的物件導向程式設計

We favor the simple expression of the complex thought.

...

We are for flat forms

Because they destroy illusion and reveal truth.

— Le Tigre, "Slideshow at Free University"

在 C 語言與其他程式語言中，函式庫經常採用以下的結構：

- 一小組資料結構，代表函式庫所要處理的問題中的主要概念。

- 一組操作這些資料結構的函式（通常稱為**介面函式**）。

以 XML 函式庫為例，會有一組代表 XML 文件的結構，也許再加上文件的 view，再搭配許多函式庫，轉換磁碟上 XML 文件與資料結構、查詢結構中的各個元素等等。資料庫函式庫會有代表與資料庫間通訊狀態的結構，也許加上代表資料庫 table 的結構，配合許多資料庫溝通與處理資料的函式。

這大大顯示出合理組織程式或函式庫的方式，表示函式庫作者針對問題所挑選出適當的名詞與動作。

物件導向程式設計（object-oriented programming，OOP）中第一個有趣的練習就是定義詞彙，雖然筆者不想浪費時間（並引起爭論）作精確的定義，但透過以上對物件導向函式庫的說明，讀者應該能夠有基本的概念：一組中心資料結構，各自帶有一組操作中心資料結構的函式。

每個被專家認定為 OOP 基本特性的功能，都有另一群人認為該功能不屬於 OOP 的核心[25]，以下是在基本的結構加上函式之外的常見延伸：

- 繼承，能夠延伸原有 struct 加入新的元素

- 虛擬函式，讓同一類別的所有物件擁有相同的預設行為，但允許對特定物件（或繼承樹中的後裔）擁有不同的行為

- 更精細的範圍控制，例如將結構元素分為 private 與 public

- 運算子過載（operator overloading），相同的運算子能夠依據作用型別的不同而改變意義

- 參考計數（reference counting），允許物件自動被釋放若且唯若所有相關的資源都不再被使用

本章的各個小節會探討使用 C 語言實作這些特性的方法，內容不會太過困難：參考計數基本上需要管理計數器，函式（不含運算子）過載使用了針對這個用途設計的 _Generic 關鍵字，而虛擬函式可以透過分派函式（dispatch function）實作，甚至可以加上替代函式的鍵/值表。

這帶來了一個有趣的問題：如果這些對基本結構加上函式物件的擴充都很容易實作，只需要加上幾行程式碼，為什麼 C 語言的開發者沒有全部採用這種作法？

連結了語言與認知的沙皮爾－沃爾夫假設（Sapir-Whorf hypothesis）有許多不同的說法，筆者偏好的說法是，每種語言會強迫使用者用不同面向思考，許多語言會強迫使用者思考性別，使用這些語言的時候，所有與人有關的構句都很難避免 *he*、*she*、*his* 或 *her* 之類的性別標記。C 語言比起其他語言更要求使用者思考記憶配置（使得許多非 C 語言使用者對於 C 語言程式碼都有包含大量記憶體操作的既有印象）。實作了擴充範圍的程式語言，會強迫使用者精確的思考每個物件變數的可視範圍與時間，雖然這些程式語言都允許使用者將所有物件成員宣告為 public，但這麼做會引來便宜行事的質疑，因為這個語言的慣常做法是要求使用者思考更精細的可視範圍。

使用 C 語言讓我們處在比使用 C++ 或 Java 等正規 OOP 程式語言更有利的位置：我們可以在結構加上函式的基本物件上透過簡單的型式實作一些擴充，但不會被強迫要這麼做，在事倍功半的情況下，也可以省略不加上 OOP 的特性。

---

[25] 「我有次參加一個 Java 使用者聚會，主講者是 James Gosling（Java 的創造者），在令人難忘的問與答中，有人問他：『如果能夠重新設計 Java，會做些什麼改變？』『我會拿掉 class』，他這麼回答」— Allen Holub，〈*Why extends is evil*〉（*http://bit.ly/W7r7ao*）。

延伸結構與字典

先前提過，本書會示範組織函式庫經久耐用的型式：結構加上一組操作結構的函式。從本節的名稱看來，重點會在建立擴充的方法：如何在結構加入新的元素，如果讓新加入的函式對已擴充結構與新結構都能夠正確的運作？

在 1936 年，為了回應一個正規的數學問題（*The Entscheidungsproblem*），Alonso Church 發展出「λ 代數」（*lambda calculus*），是描述函式與變數的正規工具。到了 1937 年，為了回應相同的問題，Alan Turing 透過計算機模型描述了正規語言，計算機使用磁帶存放資料，透過可移動位置的讀寫頭讀取與寫入資料，之後 Church 的 λ 運算與 Turning 的計算機模型兩者被證明等價：任何能夠用其中一種方式表示的計算，都能夠用另一種模型表示。兩者從此就歸屬於同一個分類，而 Church 與 Turning 的成果也持續作為人們結構化資料時的理論基礎。

λ 運算十分依賴命名串列（named list），在 λ 型式的虛擬碼中，可以將個人資料表示為：

```
(person (
    (name "Sinead")
    (age 28)
    (height 173)
))
```

而在 Turning 計算機中，可以在磁帶上劃分一個區塊存放個人資料，前幾個位置是姓名，接著是年紀等等。即使在將近一世紀之後，Turning 的磁帶概念對電腦記憶體而言，仍然是個很不錯的描述方式：在「指標運算到此為止」中使用的「基底加上位移量」的型式也正是 C 語言處理結構的方法。程式可以寫成：

```
typedef struct {
    char * name;
    double age, height;
} person;

person sinead = {.name="Sinead", .age=28, .height=173};
```

sinead 會指向特定記憶體區塊的位置，sinead.height 則是指向緊接著 name 與 age（以及任何對齊補白空間）之後的磁帶位置。

串列與記憶體區塊兩種方式之間仍然有些差異：

- 告訴電腦從特定位置移動指定的位移量，仍然是電腦上速度最快的運算，C 語言編譯器甚至能夠在編譯期間將標記轉換為位移量。相反的，要在串列中找出特定標籤就需要查找（lookup）：給定 "age" 標記，找出串列中對應的元素及其在記憶體中的位置。每個系統都會透過各種技巧盡可能的加速這個操作，但查找總是比簡單的基底加上位移量需要更多的運算。

- 在串列中加入新元素比起結構中加入新元素要容易得多，結構基本上在編譯期間就固定不變了。

- 由於 C 語言的編譯器能夠看到結構的定義，知道結構中所有的元素，能夠在編譯時期就發現 hieght 是打字錯誤。對於可擴充的串列，就必須等到程式執行的時候，真正的檢查串列內容，才能夠確定 hieght 元素是否存在。

後兩個差異指出壓力主要的方向：程式設計師想要有更大的擴充性，也就是能夠在結構中加入其他元素；想要有登錄系統，才能夠將不存在結構定義中的元素標記為錯誤。這其中需要取得平衡，而每個人對現有串列做受控制延伸的方式都不相同。

C++、Java 等族系的程式語言擁有特別的語法，能夠從現有型別建立新的型別，新型別會包含原有型別中的元素。程式仍然擁有基底加上位移量的執行速度與編譯時期檢查，但付出大量紙上作業為代價。相對於 C 語言只有 struct 與十分簡單的生存空間規則（參看「生存空間」），Java 使用了 implements、extends、final、instanceof、class、this、interface、private、public 以及 protected 等關鍵字。

Perl、Python 與其他許多 LISP 概念出發的程式語言是以命名串列為基礎，自然會以命名串列實作結構，擴展串列只需要在串列中加入新元素。優點：只需要加入新的命名元素就有完全的擴充性；缺點：如先前所述，缺少登錄系統，雖然能夠透過各種技巧改善查找名稱的速度，但執行速度比起其底加上位移量仍然差了一大截。這個家族的許多程式語言都有 class 定義系統，可以註冊特定的串列元素內容，檢查後續使用是否符合定義，這種作法在正確的使用下，能夠在檢查與易於擴展兩者間取得良好的平衡。

回到老派的 C 語言，struct 是存取結構成員最快的方式，付出執行期擴充的代價換來了編譯時期的檢查。如果想要有靈活的串列，能夠在執行期間隨著需要成長，可以加入串列結構，例如 GLib 中的 hash，或其他稍後會介紹的字典資料結構。

實作字典

依據以結構為基礎的 C 語言所提供的功能，很容易就能夠建立字典這種資料結構，這個過程是示範建立物件，實作結構加上函式型式的好機會，也就是本章的核心。但請特別注意，已經有其他程式設計師也做了相同的工作，完成了經得起正式環境使用的版本；例如 GLib 的鍵值資料表或 GHashTable，本章的重點是示範利用複合結構與簡單的陣列產生字典物件的效果。

接下來會先從簡單的鍵/值數對開始，程式碼在 *keyval.c*。範例 11-1 的標頭檔列出了結構與介面函式。

範例 *11-1*　標頭，也就是鍵/值類別的公開部分（*keyval.h*）

```
typedef struct keyval{
   char *key;
   void *value;
} keyval;

keyval *keyval_new(char *key, void *value);
keyval *keyval_copy(keyval const *in);
void keyval_free(keyval *in);
int keyval_matches(keyval const *in, char const *key);
```

有傳統物件導向程式語言經驗的讀者會發現標頭檔內容看來十分熟悉，建立新物件時，很直覺會先建立相關的 new/copy/free 函式，也就是範例程式碼做的事。接下來，一般會有一些結構專屬操作的函式，如檢查 keyval 數對的鍵值是否與輸入字串相等的 keyval_matches 函式。

有了 new/copy/free 函式就表示可以放下管理記憶體的重擔：在 new 與 copy 函式裡，透過 malloc 配置記憶體；在 free 函式中透過 free 釋放記憶體；有了這組函式之後，程式碼處理結構時就不需要直接使用 malloc 或 free，而是相信 keyval_new、keyval_copy 與 keyval_free 能夠正確處理記憶體管理的相關細節。

範例 11-2 實作了鍵-值對的 new/copy/free 函式。

範例 *11-2*　鍵/值物件的典型樣板：結構加上 *new/copy/free* 函式（*keyval.c*）

```
#include <stdlib.h> //malloc
#include <strings.h> //strcasecmp (from POSIX)
#include "keyval.h"

keyval *keyval_new(char *key, void *value){
    keyval *out = malloc(sizeof(keyval));
    *out = (keyval){.key = key, .value=value};        ❶
    return out;
}

/** Copy a key/value pair. The new pair has pointers to
  the values in the old pair, not copies of their data. */
keyval *keyval_copy(keyval const *in){
    keyval *out = malloc(sizeof(keyval));
    *out = *in;                                        ❷
    return out;
}
```

```
void keyval_free(keyval *in){ free(in); }

int keyval_matches(keyval const *in, char const *key){
    return !strcasecmp(in->key, key);
}
```

❶ 指定初始值簡化了設定結構成員的程序。

❷ 切記，用等號就能夠複製結構內容，如果想要複製結構中指標的內容（而不只是複製指標位址本身），就得在這行程式碼之後再加上更多程式碼。

現在有了表示鍵/值數對的物件，可以將字典看成鍵/值數對的串列，利用鍵/值物件建立字典。範例 11-3 是字典的標頭檔。

範例 11-3　字典結構的公開部分（dict.h）

```
#include "keyval.h"

extern void *dictionary_not_found;                ❶

typedef struct dictionary{
    keyval **pairs;
    int length;
} dictionary;

dictionary *dictionary_new (void);
dictionary *dictionary_copy(dictionary *in);
void dictionary_free(dictionary *in);
void dictionary_add(dictionary *in, char *key, void *value);
void *dictionary_find(dictionary const *in, char const *key);
```

❶ 這是字典中找不到指定鍵值時的標記，必須包含在公開介面。

可以看到有類似的 new/copy/free 函式，再加上一些字典獨特的函式，以及稍後會說明的標記。範例 11-4 是私有的實作。

範例 11-4　字典物件實作（dict.c）

```
#include <stdio.h>
#include <stdlib.h>
#include "dict.h"

void *dictionary_not_found;

dictionary *dictionary_new (void){
    static int dnf;                                ❶
    if (!dictionary_not_found) dictionary_not_found = &dnf;
```

```
    dictionary *out= malloc(sizeof(dictionary));
    *out= (dictionary){ };
    return out;
}

static void dictionary_add_keyval(dictionary *in, keyval *kv){          ❷
    in->length++;
    in->pairs = realloc(in->pairs, in->length*sizeof(keyval*));
    in->pairs[in->length-1] = kv;
}

void dictionary_add(dictionary *in, char *key, void *value){
    if (!key){fprintf(stderr, "NULL is not a valid key.\n"); abort();}    ❸
    dictionary_add_keyval(in, keyval_new(key, value));
}

void *dictionary_find(dictionary const *in, char const *key){
    for (int i=0; i < in->length; i ++)
        if (keyval_matches(in->pairs[i], key))
            return in->pairs[i]->value;
    return dictionary_not_found;
}

dictionary *dictionary_copy(dictionary *in){
    dictionary *out = dictionary_new();
    for (int i=0; i< in->length; i++)
        dictionary_add_keyval(out, keyval_copy(in->pairs[i]));
    return out;
}

void dictionary_free(dictionary *in){
    for (int i=0; i< in->length; i++)
        keyval_free(in->pairs[i]);
    free(in);
}
```

❶ 因為鍵/值數對的數值可以是 NULL，所以需要一個獨特的標記表示鍵值不存在的情況，雖然無法確定 dnf 在記憶體實際的位置，但這個位址一定會是唯一值。

❷ 宣告為 static 的函式只能在檔案內使用，這再次提示了函式僅供內部使用。

❸ 筆者承認：這種 abort 用法很糟糕，比較好的方式是使用類似 *stopif.h* 的巨集，這麼做的目的是為了示範測試機具（test harness）之用。

有了字典之後，範例 11-5 可以直接使用字典，不需要擔心記憶體管理，new/copy/free/add 函式處理了所有記憶體管理的細節，也不需要建立鍵/值數對，對於字典的使用而言，鍵/值數對的抽象層級太低了。

範例 11-5 字典物件使用示範，介面提供了所有需要的操作，使用時不需要深入結構的內容（*dict_use.c*）

```c
#include <stdio.h>
#include "dict.h"

int main(){
    int zero = 0;
    float one = 1.0;
    char two[] = "two";
    dictionary *d = dictionary_new();
    dictionary_add(d, "an int", &zero);
    dictionary_add(d, "a float", &one);
    dictionary_add(d, "a string", &two);
    printf("The integer I recorded was: %i\n", *(int*)dictionary_find(d, "an int"));
    printf("The string was: %s\n", (char*)dictionary_find(d, "a string"));
    dictionary_free(d);
}
```

結構加上 new/copy/free 以及其他輔助函式就足以提供適當的封裝層級：字典不需要擔心內部的鍵/值數對，應用程式也不需要擔心字典內部的實作細節。

這些樣板程式跟其他程式語言相比並不會太差，new/copy/free 函式中當然會有些重複，在後續範例中，還會一再看到相同的樣板程式碼。

有時筆者會透過巨集產生這些樣板程式，例如 copy 函式的差異只有內部指標的處理，可以透過巨集自動產生指標操作之外的程式碼：

```c
#define def_object_copy(tname, ...)          \
    void * tname##_copy(tname *in) {         \
        tname *out = malloc(sizeof(tname));  \
        *out = *in;                          \
        __VA_ARGS__;                         \
        return out;                          \
    }

def_object_copy(keyval)   //擴展為先前範例中的 keyval_copy 相同
```

不需要太過在意這些重複的程式碼，儘管數學美學上會要求盡可能的減少重複與文字數量，有時候較多的程式碼的確會讓程式更有可讀性，也更加強固。

較少接縫的 C 語言

在 C 語言中，要在結構中加入新元素，僅有的機制是在原態結構外包覆另一個結構。假設有個定義如下的型別：

```
typedef struct {
    ...
} list_element_s;
```

已經有了明確的定義，無法作任何改變，如果想要增加 typemarker，就需要建立新結構：

```
typedef struct {
    list_element_s elmt;
    char typemarker;
} list_element_w_type_s;
```

這麼做的好處是十分簡單，仍然保有執行快速的優點；壞處則是如此一來，表示成員名稱必須完整寫出整個路徑，`your_typed_list->elmt->name`，使用 C++/Java 之類擴展的程式語言裡只需要用 `your_typed_list->name` 即可。要是在這之上再加上一層外覆，就變得更麻煩了。在「不使用 malloc 的指標」一節中介紹過利用別名改善這個情況的手法。

C11 允許在結構中包含匿名成員，能簡化結構中的結構的使用 [C11 §6.7.2.1(13)]，雖然這項功能在 2011 年 12 月才加入標準，但在更早之前就已經是微軟編譯器的擴充功能；gcc 與 clang 則可以透過 `--fms-extensions` 旗標使用這個功能，C11 相容模式的編譯器可以不加上旗標使用較弱化的型式。

強化型式語法：如範例 11-6 中引用 point 結構的方式，在結構中引入另一個結構但不指定成員名稱，範例 11-6 直接使用結構型別的名稱 `struct point`，如果指定成員名稱應該要寫成 `struct point` *elementname* 的型式。所有被引入結構的成員，都會出現在新結構當中，就像是直接在新結構中宣告一樣。

範例 11-6 將二維的點擴展成為三維空間的點。到目前唯一需要注意的地方是無接縫的將 point 擴展成為 threepoint 的方式，threepoint 的使用者不會注意到結構是定義在另一個結構之上。

範例 *11-6* 　外覆結構中的匿名結構，能夠無接縫的結合進外覆結構當中
（*seamlessone.c*）

```
#include <stdio.h>
#include <math.h>
```

```
typedef struct point {
    double x, y;
} point;

typedef struct {
    struct point;                              ❶
    double z;
} threepoint;

double threelength (threepoint p){
    return sqrt(p.x*p.x + p.y*p.y + p.z*p.z);  ❷
}

int main(){
    threepoint p = {.x=3, .y=0, .z=4};         ❸
    printf("p is %g units from the origin\n", threelength(p));
}
```

❶ 匿名成員，非匿名版本要指定成員名稱寫成 struct point twopt。

❷ point 結構中的 x 與 y 成員的行為與 threepoint 中的 z 成員完全相同。

❸ 即使宣告中完全沒有指出 x 與 y 繼承自原有結構，仍然可以在指名初始子使用。

原始物件 point 可能附帶了幾個仍然有用的介面函式，像是計算指定點與原點間距離的 length 函式。既然在較大結構中沒有指定子結構的名稱，該如何使用這些介面函式呢？

解決方式是使用包含指名 point 與匿名 point 的匿名 union，由於 union 中的兩個結構完全相同，兩個結構會共享所有資訊，唯一差別在於是否匿名：需要呼叫原結構的輔助函式時使用指名版本作為輸入參數，需要從較大結構中無接縫的操作成員時使用匿名版本。範例 11-7 用這個技巧重寫了範例 11-6。

範例 11-7　*point 無接縫的結合進 threepoint 中，但仍然可以使用操作 point 的函式（seamlesstwo.c）*

```
#include <stdio.h>
#include <math.h>

typedef struct point {
    double x, y;
} point;

typedef struct {
    union {
        struct point;                          ❶
```

```
            point p2;                                    ❷
        };
        double z;
    } threepoint;

    double length (point p){
        return sqrt(p.x*p.x + p.y*p.y);
    }

    double threelength(threepoint p){
        return sqrt(p.x*p.x + p.y*p.y + p.z*p.z);
    }

    int main(){
        threepoint p = {.x=3, .y=0, .z=4};               ❸
        printf("p is %g units from the origin\n", threelength(p));
        double xylength = length(p.p2);                  ❹
        printf("Its projection onto the XY plane "
               "is %g units from the origin\n", xylength);
    }
```

❶ 匿名結構。

❷ 這是個指名結構，作為 union 的一部分，與匿名結構完全相同，唯一差別是是
否擁有名稱。

❸ point 結構仍然無接縫的包含在 threepoint 結構中，但⋯

❹ ⋯p2 結構如同以往是個有名字的結構，能夠用來呼叫針對原始結構撰寫的函式。

宣告了 threepoint p 之後，能夠透過 p.x（匿名結構）或是使用 p.p2.x（指名結構）
表示 x 座標，範例的最後一行程式透過 length(p.p2) 顯示了投影到 xy 平面後與原點的
距離。

從多個結構繼承就不一定能夠有效，如果兩個結構都有相同名稱的成員 x，編譯器就
會發出錯誤。C 語言目前並沒有語法能夠改變現有結構成員的名稱，也沒辦法只取出
元素的一部分。但要是面對的情況是在無法修改的舊有程式裡有個包含十個成員的結
構，為了新的需求需要增加成十一個成員，就很適合使用這個技巧。

讀者有發現這是本書第一次使用到 union 關鍵字嗎？union 是另一個需要完整篇
幅解釋的東西（類似 struct，但所有的成員佔有相同的位址），而避免讓 union
造成危害的技巧需要好幾頁篇幅的介紹。如今記憶體十分廉價，撰寫應用程式不
再需要在意記憶體對齊的問題，只使用結構能減少錯誤的機會，即使一次只會使
用一個成員。

弱型式，也就是編譯時不需要加上 -fms-extensions 旗標的型式，不允許先前範例用匿名結構識別子指向已定義結構的作法，需要直接在結構內定義結構。也就是，將較短結構識別子 point p2 改換成複製貼上定義的 p2 結構：

```
typedef struct {
    union {
        struct {
            double x, y;
        };
        point p2;
    };
    double z;
} threepoint;
```

在範例程式庫裡，還有個 seamlessthree.c 檔案，與 seamlesstwo.c 完全相同，只是用了不同的 union 型式與編譯命令。

對於以上討論的擴充，弱型式並不特別有用，使用弱型式時必須由程式設計師維持兩個結構宣告內容一致，但依據狀況不同，仍然有一些協助用的工具：

- 本書的一大主題就是處理大量既有的 C 語言程式碼，如果先前修改程式的人在 2003 年退休了，之後又沒人敢動程式碼，那麼，從舊有程式碼複製貼上的擴充結構定義，有很大的可能不會有任何變動。

- 如果擁有程式的所有權，另外一個作法是使用巨集移除重複：

```
#define pointcontents { \
    double x, y;        \
}

typedef struct pointcontents point;

typedef struct {
    union {
        struct pointcontents;
        point p2;
    };
    double z;
} threepoint;
```

不算特別方便，但達到了維持基底與擴充結構一致的目標，仍然可以在較嚴格的標準解讀下順利編譯，同時保有編譯器檢查的型別安全性。

以指向物件的指標作為程式基礎

第 10 章的技巧使用的都是結構而不是指向結構的指標,但本章所有範例都採取宣告與使用指標的方式。

實際上,如果直接使用指標,那 new/copy/free 函式就得寫成:

new

> 在需要使用結構的第一行使用指定初始子。此外,結構可以在編譯期宣告,不需要另外呼叫設定函式就能夠立即使用。

copy

> 直接用等號就行了。

free

> 不需要,變數離開生存空間就會自動釋放。

看起來使用指標反而讓情況更加複雜,但在筆者經驗中,以指向物件的指標作為設計基礎有比較高的一致性。

使用指標的優點:

- 複製指標比複製整個結構容易,比起直接傳遞結構作為參數,每次呼叫函式可以省下幾毫秒的時間。當然,必須要上百億次函式呼叫之後的加總,才會有足夠大的影響。

- 資料結構函式庫(例如樹、串列等等)都是以傳遞指標的 hook 的方式撰寫。

- 在建立樹或串列的資料時,系統在變數脫離生存空間時自動釋放資料,可能不是程式設計師需要的行為。

- 許多接受結構輸入的函式會在函式內部修改結構的內容,也就是必須傳入指標才能夠符合預期的行為。有些函式使用結構參數有些使用結構指標的參數可能造成混淆(筆者曾經這麼設計過函式庫介面,感到十分後悔),建議最好統一傳遞指標。

- 如果結構成員包含指標,那麼直接使用結構的所有好處就都消失了:如果要 deep copy(所有指標指向的資料都複製,而不是只複製指標)就需要 copy 函式,也許還需要 free 函式確保釋放內部成員資料。

> 使用結構並沒有任何放諸四海皆準的規則，隨著專案成長，某些拋棄型結構可能會成長為程式組織資料的核心，指標的好處會隨之明確，而非指標的好處則逐漸衰減。

結構中的函式

到目前所有的標頭檔案都是由結構加上一組函式組成，但結構成員也能夠像持有一般變數成員一樣，輕易的持有函式成員，所以可以把所有的 object_new 函式移到結構內部：

```
typedef struct keyval{
    char *key;
    void *value;
    keyval *(*keyval_copy)(keyval const *in);
    void (*keyval_free)(keyval *in);
    int (*keyval_matches)(keyval const *in, char const *key);
} keyval;

keyval *keyval_new(char *key, void *value);
```

 假設 *fn* 是個指向函式的指標，那麼 **fn* 就是個函式，而 *fn* 是函式在記憶體中的位址。*(*fn)(x)* 自然就表示呼叫函式，這麼一來 *fn(x)* 代表什麼意思？在這種情況下，C 語言會將呼叫函式指標解讀為呼叫函式，這稱為指標衰退（*pointer decay*），這也是本書將函式以及函式指標視為相同的原因。

這會影響程式設計師在文件中尋找函式的方式以及程式碼的呈現方式，但主要只是風格問題。順道一提，正是因為文件的關係，筆者偏好使用 *keyval_copy* 的命名風格，而不是採用 *copy_keyval* 的命名方式：使用前者能夠在文件索引中將所有與 *keyval-s* 相關的函式放在一起。

結構成員型式真正的好處在於，更易於改變與每個物件實體相關聯的函式，範例 11-8 是一個簡單的串列，沒有足夠的資訊能夠判斷存放的內容是廣告、歌詞、食譜或是其他的文字資訊。不同型式的串列很自然會有不同的格式呈現，也就需要有許多不同的 print 函式。

範例 *11-8* 內建 *print* 方法的通用結構（*print_typedef.h*）

```
#ifndef textlist_s_h
#define textlist_s_h

typedef struct textlist_s {
    char *title;
    char **items;
    int len;
    void (*print)(struct textlist_s*);
} textlist_s;

#endif
```

範例 11-9 使用以上的 typedef 宣告並使用了兩個物件，在定義物件時指派不同的 print 方法。

範例 *11-9* 將函式放到結構內部能夠釐清函式搭配的結構（*print_methods.c*）

```
#include <stdio.h>
#include "print_typedef.h"

static void print_ad(textlist_s *in){
    printf("BUY THIS %s!!!! Features:\n", in->title);
    for (int i=0; i< in->len; i++)
        printf("· %s\n", in->items[i]);
}

static void print_song(textlist_s *in){
    printf("♫ %s ♫\nLyrics:\n\n", in->title);
    for (int i=0; i< in->len; i++)
        printf("\t%s\n", in->items[i]);
}

textlist_s save = {.title="God Save the Queen",
    .len=3, .items=(char*[]){
    "There's no future", "No future", "No future for me."},
    .print=print_song};                              ❶

textlist_s spend = {.title="Never mind the Bollocks LP",
    .items=(char*[]){"By the Sex Pistols", "Anti-consumption themes"},
    .len=2, .print=print_ad};

#ifndef skip_main
int main(){
    save.print(&save);                               ❷
```

```
        printf("\n-----\n\n");
        spend.print(&spend);
    }
    #endif
```

❶ 特別提醒，這裡是函式加到 save 結構的地方，接下來幾行同樣把 print_ad 設為 spend 的成員。

❷ 呼叫結構內函式時使用的方法都相同，不需要區分 save 是歌詞而 spend 是廣告。

從範例的最後三行可以看到，不同的函式有完全一致的介面，可以想像有個接收 textlist_s* 為引數的函式，將引數命名為 t，再呼叫 t->print(&t)。

從反方向看，這種作法的風險在於破壞了不同的東西應該有不同外觀的規則：如果 print 成員設定了有特殊副作用的函式，程式設計師並不會收到任何警告。

特別注意 static 關鍵字的使用，代表了在這個檔案之外的程式碼不能夠用 print_song 與 print_ad 等名稱呼叫這些函式，但可以透過 save.print 與 spend.print 這樣的名稱呼叫這些函式。

還可以加上一些其他附加的功能，首先，save.print(&save) 裡重複的 save 顯得累贅，如果可以寫成 save.print()，讓系統知道第一個參數應該是呼叫的物件不是很好嗎。函式可能可以看到一個特別的變數 this 或 self，或是加上特別的規則，把 *object.fn(x)* 轉換為 *fn(object, x)* 的型式。

可惜，C 語言裡沒有這種事。

C 語言不會幫程式設計師定義神奇的變數，只會忠實的反應出程式碼的行為，參數傳遞到函式的過程完全透明，通常會利用前置處理器對函式的參數作特別的處理，透過前置處理器能夠把 f(*anything*) 轉換為 f(*anything else*)。然而，所有的轉換都只能夠發生在括號當中，前置處理器沒有辦法把 s.prob(d) 這樣的文字轉換為 s.prob(s, d)，如果不想盲目的仿效 C++ 類型的語法，可以使用像這樣的巨集：

```
#define Print(in) (in).print(&in)
#define Copy(in, ...) (in).copy((in), __VA_ARGS__)
#define Free(in, ...) (in).free((in), __VA_ARGS__)
```

這麼一來，Print、Copy 與 Free 這幾個名稱就污染了全域命名空間。也許讀者認為這麼做值得（特別是所有的結構應該都會有對應的 copy 與 free 函式的情況）。

應該盡可能維持命名空間的結構，給予巨集適當的名稱，避免名稱的衝突：

```
#define Typelist_print(in) (in).estimate(&in)
#define Typelist_copy(in, ...) (in).copy((in), __VA_ARGS__)
```

再回到 typelist_s 上，現在能夠印出歌曲與廣告了，那食譜跟其他的列表呢？又或者，如果有人寫了個列表，但忘了設定正確的函式又會如何？

一般會希望有個預設的函式，要達到這個目的最簡單的作法就是派送函式（dispatch function），這個函式會檢查輸入結構的 print 方法，如果不是 NULL 就使用指定的函式，否則就呼叫預設函式。範例 11-10 就示範了派送函式，能夠正確的透過設定的 print 函式印出歌曲，但因為 recipe 沒有設定 print 方法，派送函式就會使用預設函式（食譜來自 Isa Chandra Moskowitz 的 Post Punk Kitchen，*http://www.postpunkkitchen.com/veganbaking.html*）。

範例 *11-10 recipe 沒有設定 print 方法，但 派送函式仍然可以印出*
（*print_dispatch.c*）

```
#define skip_main
#include "print_methods.c"

textlist_s recipe = {.title="1 egg for baking",
    .len=2, .items=(char*[]){"1 Tbsp ground flax seeds", "3 Tbsp water"}};

void textlist_print(textlist_s *in){
    if (in->print){
        in->print(in);
        return;
    }

    printf("Title: %s\n\nItems:\n", in->title);
    for (int i=0; i< in->len; i++)
        printf("\t%s\n", in->items[i]);
}

int main(){
    textlist_print(&save);
    printf("\n-----\n\n");
    textlist_print(&recipe);
}
```

派送函式能夠提供預設行為，解決掉沒有 this 或 self 等神奇變數的問題，而且處理方式也與 textlist_copy 或 textlist_free（如果有定義的話）等一般的介面函式相同。

還有其他的作法，先前使用指定初始子設定函式，使得未指定成員會是 NULL，也讓派送函式有存在的必要。如果要求使用者一定要使用 textlist_new 函式，就可以在函式內部設定預設值。如此也能夠透過類似的巨集消除 *save.print(&save)* 的重複。

再次提醒，程式設計師有所選擇，本書提供了足夠的語法工具，能夠用相同的方式處理對不同物件呼叫不同函式的情況。如此一來，問題就只剩下寫出這些不同的處理函式，讓這些函式透過相同方式呼叫時，都能夠有符合預期的結果。

Vtable

假設在 textlist_s 結構設計完成後經過了一段時間，出現了新的需求，想要將串列發送到網頁上，這麼一來就需要使用 HTML 格式排版呈現的結果。原有結構只提供列印到螢幕的功能，該怎麼加入列印成 HTML 的 print 函式？

「較少接縫的 C 語言」一節介紹了擴充 struct 的技巧，可以使用相同的手法設定結構，加入類似 print 的新函式。

接下來要介紹另一種在物件之外增加新函式的技巧，這函式式會被記錄在「*虛擬表*」（*virtual table*）當中，這是來自物件導向領域的術語，充滿 1990 年代、將所有以軟體實作的東西都稱為*虛擬*（*virtual*）的風格。vtable 是個雜湊表（一個簡單的鍵/值數對），雖然在「實作字典」一節介紹了建立類似鍵/值表的方法，但接下來的實作會使用 GLib 的雜湊表實作。

給定物件（或多個物件），產生雜湊值（鍵值），再建立函式與雜湊值的關聯。接下來，當程式呼叫指定運算的派送函式時，派送函式會先檢查雜湊表是否設定了對應函式，有就執行對應函式，否則就執行預設操作。

以下是完成目標所需要的各個組成：

- 雜湊函式

- 型別檢查器，必須確保雜湊表裡儲存的每個函式都有相同的型別簽章

- 鍵/值表以及對應的儲存/取得函式

雜湊函式

雜湊函式從輸入的參數計算出一個對應的數值，使得兩個不同的輸入值幾乎不會得到相同的數值。

GLib 本身提供了一些雜湊函式，包含 g_direct_hash、g_int_hash 以及 g_str_hash。g_direct_hash 是針對指標設計，直接以數字的方式讀取指標，除非兩個物件指向記憶體的相同位置，不然雜湊值就不會發生碰撞。

對於更複雜的情況，開發人員就必須自行提供雜湊函式，以下是 Dan J. Bernstein 提供的一般用途雜湊函式，對字串中的每個字元（或 UTF-8 多位元字元中的每個位元組），會將總值乘上 33 再加上新字元（或位元組）。由於最後的結果很可能會超出 unsigned int 能夠儲存的範圍，但溢位只是演算法中隱含但可預期的一部分。

```
static unsigned int string_hash(char const *str){
    unsigned int hash = 5381;
    char c;
    while ((c = *str++)) hash = hash * 33 + c;
    return hash;
}
```

由於 GLib 已經提供了 g_str_hash 函式，實際上並不需要使用以上的函式，但可以這個函式為樣板實作其他的雜湊函式。假設有個指標串列，可以使用這樣的雜湊值：

```
static unsigned int ptr_list_hash(void const **in){
    unsigned int hash = 5381;
    void *c;
    while((c = *in++)) hash = hash*33 + (uintptr_t)c;
    return hash;
}
```

對於熟悉物件導向的讀者，請注意我們接下來要實作的是多重派送，給定兩個不同的物件，可以從第一個物件取得一個雜湊值，再對第二個物件計算雜湊值，接著在鍵/值表中對這個數對設定適當的對應函式。

GLib 的雜湊表還需要相等檢查，因此 GLib 也提供了 g_direct_equal、g_int_equal 以及 g_str_equal 等對應於雜湊的函式。

不管使用怎麼樣的雜湊函式，雜湊值總是會有碰撞的可能性，只是對於夠好的雜湊函式，碰撞機率十分低罷了。筆者個人的程式碼中使用的是如先前介紹的雜湊函式，清楚的知道，總有一天會有個倒霉鬼傳入兩個會發生雜湊碰撞的指標值，但是在有限的生命中，總是還有其他需要修正的臭蟲、實作的功能、補充的文件或人際互動，這些都比消除雜湊值可能的碰撞還要更為重要。Git 也是利用雜湊值記錄 commit，而 Git 使用者可能會產生數百萬（億？）的 commit 數量，但消除雜湊碰撞似乎在 Git 維護人員待辦清單十分後頭的位置。

型別檢查

接下來要讓使用者在雜湊表中放入任意函式，讓派送函式能夠取得函式，透過預先定義的樣板呼叫函式。要是使用者提供的函式接受錯誤的型別，派送函式就會發生錯誤，接著使用者就會在各大社群媒體貼上你的程式沒有用的貼文了。

一般而言，在程式中明確呼叫函式時可以在編譯時期完成所有的型別檢查。一方面，動態選擇函式讓我們失去了型別安全性，但另一方面，可以使用相同特定檢查的函式有相同的型別。

假設我們希望函式接受一個 double* 與一個 int（例如一個列表再加上一個長度值），同時傳回 *out_type* 型別的結構，就可以定義：

```
typedef out_type (*object_fn_type)(double *, int);
```

接著定義一個什麼事都沒做的函式：

```
void object_fn_type_check(object_fn_type in){ };
```

在接下來的例子裡，為了確保使用者一定會呼叫這個函式，會將這個函式包覆在巨集當中，呼叫這個函式就能夠提供我們需要的型別安全性：要是使用者試著在雜湊表中放入錯誤型別的函式，編譯器就會在編譯呼叫這個什麼也沒做的函式時，發出型別錯誤資訊。

結合一切

範例 11-11 是 vtable 需要的標頭檔，提供了加入新方法的巨集以及取得要執行函式的派送函式。

範例 *11-11*　將函式對應到特定物件的 vtable 標頭檔（*print_vtable.h*）

```
#include <glib.h>
#include "print_typedef.h"

extern GHashTable *print_fns;

typedef void (*print_fn_type)(textlist_s*);                          ❶

void check_print_fn(print_fn_type pf);

#define print_hash_add(object, print_fn){                       \   ❷
    check_print_fn(print_fn);                                   \
    g_hash_table_insert(print_fns, (object)->print, print_fn); \
```

```
}

void textlist_print_html(textlist_s *in);
```

❶ 非必要，但良好的 typedef 能大幅簡化函式指標的處理。

❷ 提醒使用者需要呼叫型別檢查函式只是浪費時間，直接提供巨集執行必要的檢查。

範例 11-12 提供了派送函式，第一步先檢查 vtable，除了從 vtable 而不是從結構內查找之外，與先前的派送方法並沒有太大的差異。

範例 *11-12* 　使用虛擬表的派送函式（*print_vtable.c*）

```
#include <stdio.h>
#include "print_vtable.h"

GHashTable *print_fns;                                                    ❶

void check_print_fn(print_fn_type pf) { }

void textlist_print_html(textlist_s *in){
    if (!print_fns) print_fns = g_hash_table_new(g_direct_hash, g_direct_equal); ❷

    print_fn_type ph = g_hash_table_lookup(print_fns, in->print);        ❸
    if (ph) {
        ph(in);
        return;
    }
    printf("<title>%s</title>\n<ul>", in->title);
    for (int i=0; i < in->len; i++)
        printf("<li>%s</li>\n", in->items[i]);
    printf("</ul>\n");
}
```

❶ 這裡的 vtable 是私有實作而非公開介面，使用者無法直接操作。

❷ 用雜湊與相等函式初始化 GLib 雜湊表，一旦儲存到雜湊結構，使用者就再也不需要直接使用這些函式。這行設定了 print 函式的雜湊，可以依需要加入任意多個雜湊。

❸ 輸入結構的 print 方法用來識別結構是否為歌曲、食譜等型別，再利用這些資料取得適當的 HTML print 方法。

最後，範例 11-13 是使用範例，注意到使用者只透過巨集建立物件與特殊函式的關聯，實際的工作都由派送函式完成。

範例 *11-13* 　將函式關聯到特定物件的虛擬表（*print_vtable_use.c*）

```
#define skip_main
#include "print_methods.c"
#include "print_vtable.h"

static void song_print_html(textlist_s *in){
    printf("<title>♫ %s ♫</title>\n", in->title);
    for (int i=0; i < in->len; i++)
        printf("%s<br>\n", in->items[i]);
}

int main(){
    textlist_print_html(&save);
    printf("\n-----\n\n");

    print_hash_add(&save, song_print_html);
    textlist_print_html(&save);
}
```

❶　這時候雜湊表還是空的，會使用實際派送函式裡的預設 print 方法。

❷　在雜湊表中加入特殊 print 方法後，接下來呼叫派送函式就會找到並使用這個特殊的函式。

vtable 是一般物件導向式程式語言用來實作許多功能的技巧，實作上並不算特別困難，如果計算以上範例中 vtable 的程式函式，會發現程式碼總數不超過 10 行[26]，範例的設定還可以處理特定物件組合使用的特殊函式，特別依據範例中的設定，完全不需要發明特異的語法。vtable 需要一些設定時間，大都會在後續的版本才依需要加入系統，實務上只對特定結構的特定操作實作 vtable 能夠帶來真正的好處。

---

[26] 由於沒有人會讀註腳，筆者可以放心的承認自己對 m4 的喜愛，這是從 1970 年代就出現的巨集處理語言，讀者的系統裡可能也都安裝了這個工具，這是 POSIX 標準工具也被用在 Autoconf 當中。除了普遍存在之外，m4 還有兩個相當獨特有用的功能。首先，它是設計來搜尋內嵌在 shell 命令稿、Autoconf 產出、HTML 或 C 程式碼等其他用途檔案中的巨集，處理完巨集之後，產生的會是符合標準的命令稿/HTML/C 檔案，完全不留下 m4 的痕跡。其次，還可以寫出產生其他巨集的巨集，C 的前置處理器做不到這樣的事，在一個必須產生大量不同 vtable 的專案裡，筆者透過 m4 產生型別檢查函式與 C 語言巨集，減少了許多重複的程式碼，在 makefile 中加上 m4 過濾步驟之後，就可以發佈純 C 語言程式。由於 m4 十分普及，想要直接處理過濾前程式碼的人也可以做得到。

生存空間

生存空間（*scope*）是指變數在程式碼中存在，能夠使用的範圍，神志清醒的程式設計師依據經驗，會盡可能縮小變數的生存空間，如此一來就能夠減少腦袋中需要處理的變數數量，也表示降低了變數被意料之外的程式碼更動的機率。

OK，接下來是 C 語言中所有的變數生存空間規則：

- 任何變數的生存空間都是從宣告開始起算，不會包含宣告之前的範圍，那太可笑了。

- 如果變數宣告在一對大括號中，變數的生存空間只到最接近的大括號，少數的例外：for 迴圈與函式宣告會在左大括號之前宣告一些變數，這些變數與在迴圈/函式主體大括號當中宣告的變數有相同的生存空間。

- 如果變數沒有包含在任何大括號中，那麼生存空間就是從宣告位置直到檔案結尾。

就這些。

沒有 class 生存空間、prototype 生存空間、friend 生存空間、namespace 生存空間、執行期環境重新繫結（runtime environment rebinding）或其他特殊的生存空間關鍵字、運算子（除了大括號之外，或者再加上指定連結方式的 static 與 extern）。對實質生存空間（lexical scoping）感到困擾嗎？不需要擔心這些東西，只要知道大括號的位置，就能夠判斷變數的可用範圍。

其他的特性都是這些基本規則的延伸，例如，*code.c* 中有一行 #include <header.h>，這行程式碼會將 *header.h* 的所有內容貼進 *code.c*，變數也因此有了生存空間。

函式是另一個大括號生存空間的例子，以下是計算輸入整數的加總的範例函式：

```
int sum (int max){
    int total=0;
    for (int i=0; i<= max; i++){
        total += i;
    }
    return total;
}
```

依據大括號規則，以及對於宣告在大括號前小括號中變數的生存空間規則 ，max 與 total 的生存空間在函式之內；同樣的規則也適用於 for 迴圈，i 變數生存在迴圈主體的大括號之中；如果 for 迴圈的主體只有一行程式碼，那麼像 for (int i= 0; i <=max;

i++) total += 1; 這樣的程式碼，不需要加上大括號，i 的生存空間依然局限在迴圈之中。

總結：C 語言只有簡單的生存空間規則很酷，只要找到對應的右大括號或是到檔案結尾，就能夠確認變數的生存空間範圍。只要十分鐘就能夠讓生手學會生存空間的所有規則。對於有經驗的程式設計師，這些規則比起函式或 for 迴圈的大括號更一般性，某些情況可以使用大括號將變數的生存空間限制在特定範圍之內，就如同「建立強固又靈活的巨集」一節中介紹的方式一般。

私有結構成員

所以可以丟開支援進一步生存空間所需的額外規則與關鍵字。

不用額外的關鍵字能夠實作私有結構成員嗎？一般 OOP 慣例中，「私有」資料不會被編譯器加密並受到適當的保護：只要有變數的位址（例如，知道在結構中的位移量），就能夠將指標指向私有變數，在除錯時查看內容或修改私有變數。C 語言擁有足夠的工具提供這種層級的隱藏。

一般會使用兩個檔案定義物件：包含細節的 .c 檔以及供其他人引入使用物件的 .h 檔。很合理可以將 .c 檔視為私有部分而 .h 檔視為公開介面。例如，假設想要將某些元素作為結構的私有成員，公開介面可以宣告為：

```
typedef struct a_box_s {
    int public_size;
    void *private;
} a_box_s;
```

private 指標成員對其他程式設計師沒有任何用處，因為不知道該如何轉型成正確的型別，私有部分的 *a_box.c* 中則包含需要的 typedef 與使用：

```
typedef struct private_box_s {
    long double how_much_i_hate_my_boss;
    char **coworkers_i_have_to_crush_on;
    double fudge_factor;
} private_box_s;

//依據以上的 typedef，能夠在 a_box.c 中將私有指標轉型為想要的型別

a_box_s *box_new(){
    a_box_s *out = malloc(sizeof(a_box_s));
    private_box_s *outp = malloc(sizeof(private_box_s));
    *out = (a_box_s){.public_size=0, .private=outp};
    return out;
```

```
    }

    void box_edit(a_box_s *in){
        private_box_s *pb = in->private;
        //現在處理私有變數，如：
        pb->fudge_factor *= 2;
    }
```

在 C 語言結構實作私有資料並沒有那麼難，但很少在實際的函式庫中看到類似的用法，很少 C 程式設計師認為有必要這麼做。

以下是比較常見在公開結構中使用私有資料的方式：

```
    typedef struct {
        int pub_a, pub_b;
        int private_a, private_b;        //私有：請勿使用
    } public_s;
```

就這樣，加上註解說明不該使用的部分，相信其他程式設計師不會作弊。如果其他團隊成員沒辦法遵守這些規定，那需要先幫咖啡機上鎖，因為問題遠大於編譯器的能力範圍。

函式私有化容易多了：不要把函式宣告放在標頭檔，或是在函式定義前加上 static 關鍵字，讓其他人知道這些是私有函式。

運算子過載

筆者的印象中，很多人都覺得整數除法（例如 3/2==1）很麻煩，一般人看到 3/2 會預期得到 1.5，但實際上卻是 1。

事實上，這是 C 語言與其他提供整數運算程式語言常見的困擾，這同時也顯示了運算子過載的風險，運算子過載是指 / 這樣的運算子，根據運算元的型別不同而有不同的行為。如果兩個運算元都是整數，斜線就表示兩數相除並捨去小數，但對其他型別的數字則執行一般的除法。

在「不使用 malloc 的指標」中提過，不同的行為應該使用不同的符號；這就是 3/2 錯誤的地方。整數除法與浮點數除法的行為不同，但看起來完全相同，會造成誤解並帶來臭蟲。

人類語言包含許多冗餘（redundant），這是好事，能夠提供自動更正錯誤。妮娜·西蒙（Nina Simone）說「ne me quitte pas」（會被解譯成「don't leave me no」），只要把

開頭的 ne 拿掉就沒什麼問題，因為 *pas* 已經表達出否定的意思；拿掉結尾的 pas 也不會有問題，因為 ne 也能夠表示否定的意義。

語法上的性別在現實世界並沒有太大的意義，有時會隨著使用的字彙而改變標的；筆者最喜歡的是一個西班牙文的例子，*el pene* 與 *la polla* 都是指相同的東西，但前者是陽性，後者則是陰性。性別真正的價值在於提供語言的冗餘，強制讓句子中的各部分一致，讓語句更為明確。

程式語言會避免冗餘，只會表示否定一次，一般也只用一個字元（！）表示否定，但程式語言中的確存在性別，稱之為型別。一般而言，名詞與動詞的型別應該一致（如同阿拉伯語、希伯來語、俄語等語言），加上這些冗餘後，矩陣加法就得寫成 `matrix_multiply(a, b)`，複數相乘就得寫成 `complex_multiply(a, b)`。

運算子過載是為了消除冗餘，不論是矩陣、複數、自然數或是集合，都能夠寫成 a * b。以下節錄自一篇關於減少冗餘很傑出的文章：「在 C 語言中看到 i = j * 5；這樣的程式碼，至少能夠知道 j 乘上 5，並將結果儲存在 i；但同樣的程式碼在 C++ 中，並沒有辦法提供任何資訊，什麼都沒有。」[27]，問題在於必須先知道 j 的型別，才能夠知道 * 所代表的意義，必須看過 j 的型別的整個繼承結構，才能夠找到正確的 * 版本，接著再檢查 i 的型別，根據 j * 5 的型別找出 = 對應的意義。

筆者個人對於過載（不論使用的是 _Generic 或其他手法）的經驗規則是：「如果使用者忘了輸入型別，能不能得到正確答案？」依據這個規則，對 int、float 與 double 絕對值的過載完全沒有問題，GNU Scientific Library 提供了表示複數的 gsl_complex，C 語言標準則允許 complex double 這樣的型別，由於兩種型別的目的相同，過載函式似乎就很合理。

本書到目前為止的範例，C 語言的慣例是遵循之前提到的性別一致性規則，例如：

```
//使用 GNU Scientific Library 作向量加法
gsl_vector *v1, *v2;
gsl_vector_add(v1, v2);

//開啟 Glib I/O channel 讀取指定的檔案
GError *e;
GIOChannel *f = g_io_channel_new_file("indata.csv", "r", &e);
```

要打更多字，當連續十幾行程式碼操作同一個結構時，程式碼看起來會有許多重複，但每行程式都很清楚。

---

[27] 「Making Wrong Code Look Wrong」（ *http://bit.ly/look-wrong* ），[Spolsky 2008. 第 192 頁] 集結成冊。

_Generic

C 語言透過 `_Generic` 關鍵字提供有限的過載功能,這個關鍵字能根據輸入型別計算出適當的數值,能夠用來寫出統整多種型別的巨集。

當型別數量大量成長時會需要泛型函式,某些系統提供大量精確的型別,但每個新型別都會增加支援的難度。例如 GNU Scientific Library 提供了複數、複數向量以及向量三種型別,同時 C 語言也提供了複數型別,程式中可能會需要對這四種型別作混合運算,也就是會需要 16 個函式。範例 11-14 列出了其中一部分的函式,如果讀者對複數向量沒太多興趣,可以跳過這個難懂的範例,直接看整理後的結果。

範例 *11-14*　*對於對 GSL 複數型別有興趣的讀者,這就是操作的細節*(*complex.c*)

```
#include "cplx.h"                 //gsl_cplx_from_c99; see below
#include <gsl/gsl_blas.h>         //gsl_blas_ddot
#include <gsl/gsl_complex_math.h> //gsl_complex_mul(_real)

gsl_vector_complex *cvec_dot_gslcplx(gsl_vector_complex *v, gsl_complex x){
    gsl_vector_complex *out = gsl_vector_complex_alloc(v->size);
    for (int i=0; i < v->size; i++)
        gsl_vector_complex_set(out, i,
                          gsl_complex_mul(x, gsl_vector_complex_get(v, i)));
    return out;
}

gsl_vector_complex *vec_dot_gslcplx(gsl_vector *v, gsl_complex x){
    gsl_vector_complex *out = gsl_vector_complex_alloc(v->size);
    for (int i=0; i< v->size; i++)
        gsl_vector_complex_set(out, i,
                          gsl_complex_mul_real(x, gsl_vector_get(v, i)));
    return out;
}

gsl_vector_complex *cvec_doc_c(gsl_vector_complex *v, complex double x){
    return cvec_dot_gslcplx(v, gsl_cplx_from_c99(x));
}

gsl_vector_complex *vec_dot_c(gsl_vector *v, complex double x){
    return vec_dot_gslcplx(v, gsl_cplx_from_c99(x));
}

complex double ddot(complex double x, complex double y){return x*y;}      ❶

void gsl_vector_complex_print(gsl_vector_complex *v){
    for (int i=0; i< v->size; i++) {
```

```
        gsl_complex x = gsl_vector_complex_get(v, i);
        printf("%4g+%4gi%c", GSL_REAL(x), GSL_IMAG(x), i < v->size-1 ? '\t' : '\n');
    }
}
```

❶ C 內建複數能夠和實數一樣，直接使用 * 運算。

程式碼的整理發生在標頭檔範例 11-15，透過 _Generic 根據輸入的型別，從範例 11-14 挑選出對應的函式。第一個參數（控制表示式，*controlling expression*）不是用於計算而是用於型別檢驗，再根據型別選擇 _Generic 指令的值。目標是根據兩個型別選擇函式，所以第一個巨集會依據型別選擇使用第二或第三個巨集。

範例 *11-15* 　使用 _*Generic* 提供較簡化的前端（*cplx.h*）

```
#include <complex.h> //nice names for C's complex types
#include <gsl/gsl_vector.h> //gsl_vector_complex

gsl_vector_complex *cvec_dot_gslcplx(gsl_vector_complex *v, gsl_complex x);
gsl_vector_complex *vec_dot_gslcplx(gsl_vector *v, gsl_complex x);
gsl_vector_complex *cvec_dot_c(gsl_vector_complex *v, complex double x);
gsl_vector_complex *vec_dot_c(gsl_vector *v, complex double x);
void gsl_vector_complex_print(gsl_vector_complex *v);

#define gsl_cplx_from_c99(x) (gsl_complex){.dat= {creal(x), cimag(x)}}      ❶

complex double ddot (complex double x, complex double y);

#define dot(x, y) _Generic((x),                            \          ❷
                    gsl_vector *: dot_given_vec(y),          \
                    gsl_vector_complex*: dot_given_cplx_vec(y), \
                    default: ddot)((x),(y))

#define dot_given_vec(y) _Generic((y),                     \
                    gsl_complex: vec_dot_gslcplx,          \
                    default: vec_dot_c)

#define dot_given_cplx_vec(y) _Generic((y),                \
                    gsl_complex: cvec_dot_gslcplx,         \
                    default: cvec_dot_c)
```

❶ gsl_complex 與 C99 complex double 都是兩個元素的陣列，陣列內容依序是實部與虛部[參看 GSL 使用手冊與 C99 及 C11 § 6.2.5(13)]。轉換只需要建立適當的結構 — 複合常量是即時建立結構最好的方式。

❷ 第一次使用 x 時並不會真的作計算，只會檢查型別，也就是說像 dot(x++, y) 這樣的式子，x 只會增加一次。

範例 11-16 中，程式又簡單得多了，能夠使用 dot 計算 gsl_vector 與 gsl_complex、gsl_vector_complex 與 C complex 等不同型別的乘積。當然，程式中仍然需要指定傳回值的型別，因為常量乘上常量的結果是常量而不是向量，所以輸出型別會取決於輸入型別。根本的問題在於大量型別，但 _Generic 機制能夠提供基本的改善。

範例 11-16　成果：能夠（幾乎）不用在意輸入型別，直接使用 dot 運算（simple_cplx.c）

```
#include <stdio.h>
#include "cplx.h"

int main(){                                              ❶
    int complex a = 1+2I;
    complex double b = 2+I;
    gsl_complex c = gsl_cplx_from_c99(a);

    gsl_vector *v = gsl_vector_alloc(8);
    for (int i=0; i< v->size; i++) gsl_vector_set(v, i, i/8.);

    complex double adotb = dot(a, b);                    ❷
    printf("(1+2i) dot (2+i): %g + %gi\n", creal(adotb), cimag(adotb));   ❸

    printf("v dot 2:\n");
    double d = 2;
    gsl_vector_complex_print(dot(v, d));

    printf("v dot (1+2i):\n");
    gsl_vector_complex *vc = dot(v, a);
    gsl_vector_complex_print(vc);

    printf("v dot (1+2i) again:\n");
    gsl_vector_complex_print(dot(v, c));
}
```

❶ complex 宣告有點類似 const 宣告，complex int 與 int complex 都是正確的語法。

❷ 最後得到的好處：程式中呼叫了四次 dot，每次都用不同型別的參數。

❸ 這是 C 語言內建複數取得實部與虛部的方式。

參考計數

本章接下來將透過一些範例，示範在 new/copy/free 函式樣板中加入參考計數的情況，由於加入參考計數並不是太大的挑戰，可以藉此提供一些更完整的範例，加入更多實務上的考量與做些有趣的事。在本章介紹的各種有趣的延伸與變化之上，結構加上搭配的函式仍然是現今大規模 C 語言函式庫的基礎。

第一個範例是個只有主要結構的小函式庫，主要用來將整個檔案讀成單一字串，要將全本《白鯨記》存在記憶體中的字串並不是太大的問題，但要是有上千個副本就太過浪費了。所以，與其複製可能十分龐大的字串，可以只標記不同的起、終點。

如此一來字串就會有好幾個視景（view），當字串沒有任何關聯的視景後，只需要釋放字串一次，透過物件框架（object framework），很容易就能夠達成這個目的。

第二個例子是以代理（agent）為基礎的 group formation，這個例子也有類似的問題：group 只要有成員就必須持續存在，當最後一個成員離開時，group 也隨之釋放。

範例：子字串物件

管理大量指向相同字串物件的關鍵是在結構中加入參考計數成員，將四個樣板函式依據以下方式修改：

- 型別定義加入一個指向整數的指標 refs，這個變數只會（透過 new 函式）設定一次，所有（透過 copy 函式建立）的複本會共享字串與這個參考計數器。

- new 函式設定 refs 指標並設定 *refs = 1。

- copy 函式複製原始結構到輸出結構複本並增加參考計數。

- free 函式減少參考計數，並在計數值為零時釋放共享的字串。

範例 11-17 是字串操作的標頭檔 *fstr.h*，包含了表示字串的主要結構以及表示字串串列的輔助結構。

範例 *11-17* 冰山的一角（*fstr.h*）

```
#include <stdio.h>
#include <stdlib.h>
#include <glib.h>

typedef struct {                        ❶
    char *data;
    size_t start, end;
    int* refs;
} fstr_s;

fstr_s *fstr_new(char const *filename);
```

```
fstr_s *fstr_copy(fstr_s const *in, size_t start, size_t len);
void fstr_show(fstr_s const *fstr);
void fstr_free(fstr_s *in);

typedef struct {                          ❷
    fstr_s **strings;
    int count;
} fstr_list;

fstr_list fstr_split (fstr_s const *in, gchar const *start_pattern);
void fstr_list_free(fstr_list in);
```

❶ 希望讀者已經開始覺得 typedef/new/copy/free 設定無趣了，fstr_show 函式在除錯時十分有用。

❷ 這原先是作為拋棄式結構而不是完整的物件，注意到 fstr_split 函式傳回的是串列本身而不是串列的指標。

範例 11-18 是函式庫 *fstr.c*，使用 GLib 讀取文字檔以及與 Perl 相容的正規表示式剖析邏輯，程式碼中標記了本節開頭強調的步驟，讀者應該能夠根據這些步驟實作參考計數。

範例 *11-18* 　表示子字串的物件（*fstr.c*）

```
#include "fstr.h"
#include "string_utilities.h"

fstr_s *fstr_new(char const *filename){
    fstr_s *out = malloc(sizeof(fstr_s));
    *out = (fstr_s){.start=0, .refs=malloc(sizeof(int))};     ❶
    out->data = string_from_file(filename);
    out->end = out->data ? strlen(out->data): 0;
    *out->refs = 1;
    return out;
}


fstr_s *fstr_copy(fstr_s const *in, size_t start, size_t len){   ❷
    fstr_s *out = malloc(sizeof(fstr_s));
    *out=*in;
    out->start += start;
    if (in->end > out->start + len)
        out->end = out->start + len;
    (*out->refs)++;                                             ❸
    return out;
}
```

```
void fstr_free(fstr_s *in){
    (*in->refs)--;                                                          ❹
    if (!*in->refs) {
        free(in->data);
        free(in->refs);
    }
    free(in);
}

fstr_list fstr_split (fstr_s const *in, gchar const *start_pattern){
    if (!in->data) return (fstr_list){ };

    fstr_s **out=malloc(sizeof(fstr_s*));
    int outlen = 1;
    out[0] = fstr_copy(in, 0, in->end);

    GRegex *start_regex = g_regex_new (start_pattern, 0, 0, NULL);
    gint mstart=0, mend=0;
    fstr_s *remaining = fstr_copy(in, 0, in->end);
    do {                                                                    ❺
        GMatchInfo *start_info;
        g_regex_match(start_regex, &remaining->data[remaining->start],
                                   0, &start_info);
        g_match_info_fetch_pos(start_info, 0, &mstart, &mend);
        g_match_info_free(start_info);
        if (mend > 0 && mend < remaining->end - remaining->start){  ❻
            out = realloc(out, ++outlen * sizeof(fstr_s*));
            out[outlen-1] = fstr_copy(remaining, mend, remaining->end-mend);
            out[outlen-2]->end = remaining->start + mstart;
            remaining->start += mend;
        } else break;
    } while (1);

    fstr_free(remaining);
    g_regex_unref(start_regex);
    return (fstr_list){.strings=out, .count=outlen};
}

void fstr_list_free(fstr_list in){
    for (int i=0; i< in.count; i++){
        fstr_free(in.strings[i]);
    }
    free(in.strings);
}

void fstr_show(fstr_s const *fstr){
    printf("%.*s", (int)(fstr->end-fstr->start), &fstr->data[fstr->start]);
}
```

❶ 對於新建的 fstr_s，所有者位元設定為 1，除此之外函式與 new 樣板函式相同。

❷ copy 函式複製傳入的 fstr_s，並設定指定子字串的起點與終點（並確定終點不會超過輸入 fstr_s 的尾端）。

❸ 設定所有者位元的位置。

❹ 使用所有者位元的位置，檢查是否需要釋放基本資料。

❺ 這個函式使用了 GLib 的 Perl 相容正規表示式，將輸入字串在指定標記的位置分開。在「剖析正規表示式」一節中會提到，regex matcher 會提供字串中符合輸入樣式的段落位置，接著可以使用 fstr_copy 取得子字串，然後從範圍的結尾開始，試著尋找下一個符合的子字串。

❻ 否則沒有符合的字串或是超出邊界。

最後是應用程式，必須要有《白鯨記》的檔案才能夠正常運作，如果沒有現成的檔案，可以試著使用範例 11-19 從 Project Gutenberg 網站上下載。

範例 11-19　使用 curl 取得 Project Gutenber 版本的白鯨記，再使用 sed 去除 Gutenberg 的標頭與檔尾，讀者可能必須先使用套件管理工具安裝 curl（find.moby）

```
if [ ! -e moby ] ; then
 curl http://www.gutenberg.org/cache/epub/2701/pg2701.txt \
     | sed -e '1,/START OF THIS PROJECT GUTENBERG/d'       \
     | sed -e '/End of Project Gutenberg/,$d'              \
     > moby
fi
```

有了電子檔之後，範例 11-21 會將檔案依章節切割，並使用相同的分割函式計算每個章節中 whale(s) 與 I 的使用次數。注意這時候 fstr 結構可以作為不透明物件，只透過 new、copy、free、show 與 split 函式使用。

這個程式需要使用 GLib、fstr.c 以及本書之前介紹的字串工具，所以需要如範例 11-20 的 makefile。

範例 11-20　範例程式的 makefile（cetology.make）

```
P=cetology
CFLAGS=`pkg-config --cflags glib-2.0` -g -Wall -std=gnu99 -O3
LDLIBS=`pkg-config --libs glib-2.0`
objects=fstr.o string_utilities.o

$(P): $(objects)
```

範例 11-21 將書籍內容依章節分割，並計算每個章節中特定單字出現的次數
（*cetology.c*）

```c
#include "fstr.h"

int main(){
    fstr_s *fstr = fstr_new("moby");
    fstr_list chapters = fstr_split(fstr, "\nCHAPTER");
    for (int i=0; i< chapters.count; i++){
        fstr_list for_the_title=fstr_split(chapters.strings[i], "\\.");
        fstr_show(for_the_title.strings[1]);
        fstr_list me     = fstr_split(chapters.strings[i], "\\WI\\W");
        fstr_list whales = fstr_split(chapters.strings[i], "whale(s|)");
        fstr_list words  = fstr_split(chapters.strings[i], "\\W");
        printf("\nch %i, words: %i.\t Is: %i\twhales: %i\n", i, words.count-1,
                me.count-1, whales.count-1);

        fstr_list_free(for_the_title);
        fstr_list_free(me);
        fstr_list_free(whales);
        fstr_list_free(words);
    }
    fstr_list_free(chapters);
    fstr_free(fstr);
}
```

為了讓讀者有動力嘗試這個範例，筆者就不提供程式執行的結果，但要提醒幾點，即使在現代，海明威要發行或是在部落格上發表《白鯨記》也會遇到許多問題。

- 章節長度範圍橫跨幾個數量級。

- 三十章之前並沒有太多與白鯨相關的內容。

- 敘述者角色十分強烈，即使是在以白鯨為主題的章節，仍然使用了第一人稱六十次，少了這麼強烈的個人形象，這個章節就只是個鯨魚百科。

- GLib 的正規表示式剖析器速度比預期的慢。

範例：Group Formation 的代理式模型

這個範例是 group membership 的代理式模型（agent-based model），代理位於二維的偏好空間（preference space）的 (-1, 1) 到 (1, 1) 之間的正方形之中（因為要畫出 group 點）。每個回合代理會加入效用最高的群組，群組對代理的效用（utility）計算方式是 -（到群組的平均位置 + M * 成員數量）。群組的平均位置是群組成員位置的平均值（不包含目前計算的代理），M 是常數，代表代理對於群組大小與位置的偏好：$M = 0$，群

組大小就不會有任何影響，代理只在乎與群組的位置；M 趨近無限大則只會考慮群組大小，不在乎群組位置。

在某些隨機情況下，代理會產生新群組。然而，由於代理每個週期都會挑選新群組，產生新群組的代理很有可能在下個週期就拋棄這個新產生的群組。

這個問題與參考計數類似，處理方式也很接近：

- 型別定義包含一個 counter 的整數。
- new 函式設定 counter = 1。
- copy 函式設定 counter++。
- free 函式檢查 if(--counter==0)，條件成立就釋放共享資料，否則，代表還有其他的參考使用結構，就維持原狀。

同樣的，只要所有對結構的操作都是透過介面函式，就不需要在使用物件時考慮記憶體配置的問題。

模擬本身只需要 125 行程式碼，但由於筆者使用 CWEB 作文件記錄，檔案的總數成長了一倍（在「透過 CWEB 撰寫文學式程式（Literate Code）」一節中介紹了 CWEB 的閱讀與寫作方式）。由於採取文學式的程式撰寫風格，程式內容應該很容易閱讀，即使是習慣跳過長程式碼的讀者，也可以試看看瀏覽看看，如果手邊有 CWEB 工具，可以產生 PDF 文件，試著讀取內容。

程式輸出是預期導向到 Gnuplot，這是個能方便自動化的描點軟體。以下是使用 here 文件將指定文字導向給 Gnuplot 的命令稿程式，包含了一系列的資料點（用 e 表示數列結束）。

```
cat << "------" | gnuplot --persist
set xlabel "Year"
set ylabel "U.S. Presidential elections"
set yrange [0:5]
set key off
plot '-' with boxes
2000, 1
2001, 0
2002, 0
2003, 0
2004, 1
2005, 0
e
------
```

讀者可能已經在思考如何透過程式產生 Gnuplot 命令了，例如在程式碼裡用 printf 產生前幾個設定命令，再利用 for 迴圈產生資料。最後，將這些資料傳送給 Gnuplot 產生圖表。

接下來的模擬程式會產生像這樣的圖表，可以透過 ./groups | gnuplot 執行模擬程式，在畫面上產生動態圖表，印刷很難表現動態效果，讀者必須親自執行程式。讀者會發現即使程式中沒有特別這麼做，但新群組會造成鄰近群組移動，產生較平均、符合常態分佈的群組位置。政治學家常常在政黨分佈上觀察到相同的情況：新政黨成立時，原有政黨也會調整本身的位置。

接下來是標頭檔，其中的 join 與 exit 函式一般比較常稱為 copy 與 free 函式，group_s 結構有 size 成員，表示群組成員數量 — 也就是參考計數。程式中使用了 Apophenia 與 GLib，此外要注意群組包含一個串列，是 *groups.c* 檔案的私有資料，維護串列只用了兩行程式碼，包含呼叫 g_list_append 與 g_list_remove（範例 11-22）。

範例 *11-22　group_s* 物件的公開介面（*groups.h*）

```
#include <apop.h>
#include <glib.h>

typedef struct {
    gsl_vector *position;
    int id, size;
} group_s;

group_s* group_new(gsl_vector *position);
group_s* group_join(group_s *joinme, gsl_vector *position);
void group_exit(group_s *leaveme, gsl_vector *position);
group_s* group_closest(gsl_vector *position, double mb);
void print_groups();
```

接下來是 group 物件的細部定義（範例 11-23）。

範例 *11-23　group_s* 物件（*groups.w*）

```
@ Here in the introductory material, we include the header and specify
the global list of groups that the program makes use of. We'll need
new/copy/free functions for each group.

@c
#include "groups.h"

GList *group_list;
@<new group@>
@<copy group@>
```

@<free group@>

@ The new group method is boilerplate: we |malloc| some space,
fill the struct using designated initializers, and append the newly formed
group to the list.

@<new group@>=
```
group_s *group_new(gsl_vector *position){
    static int id=0;
    group_s *out = malloc(sizeof(group_s));
    *out = (group_s) {.position=apop_vector_copy(position), .id=id++, .size=1};
    group_list = g_list_append(group_list, out);
    return out;
}
```

@ When an agent joins a group, the group is `copied' to the agent, but
there isn't any memory being copied: the group is simply modified to
accommodate the new person. We have to increment the reference count, which
is easy enough, and then modify the mean position. If the mean position
without the nth person is P_{n-1}, and the nth person is at position
p, then the new mean position with the person, P_n is the weighted sum.

$$P_n = \left((n-1)P_{n-1}/n \right) + p/n.$$

We calculate that for each dimension.

@<copy group@>=
```
group_s *group_join(group_s *joinme, gsl_vector *position){
    int n = ++joinme->size;   //增加參考計數
    for (int i=0; i< joinme->position->size; i++){
        joinme->position->data[i] *= (n-1.)/n;
        joinme->position->data[i] += position->data[i]/n;
    }
    return joinme;
}
```

@ The `free' function really only frees the group when the reference count
is zero. When it isn't, then we need to run the data-augmenting formula
for the mean in reverse to remove a person.

@<free group@>=
```
void group_exit(group_s *leaveme, gsl_vector *position){
    int n = leaveme->size--;   //減少參考計數
    for (int i=0; i< leaveme->position->size; i++){
        leaveme->position->data[i] -= position->data[i]/n;
        leaveme->position->data[i] *= n/(n-1.);
    }
    if (leaveme->size == 0){ //垃圾收集?
```

```
            gsl_vector_free(leaveme->position);
            group_list= g_list_remove(group_list, leaveme);
            free(leaveme);
        }
    }
}
```

@ I played around a lot with different rules for how exactly people
evaluate the distance to the groups. In the end, I wound up using the L_3
norm. The standard distance is the L_2 norm, aka Euclidian distance,
meaning that the distance between (x_1, y_1) and (x_2, y_2) is
$\sqrt{(x_1-x_2)^2+(y_1-y_2)^2}$. This is L_3,
$|\sqrt[3]{(x_1-x_2)^3+(y_1-y_2)^3}|$.
This and the call to |apop_copy| above are the only calls to the Apophenia
library; you could write around them if you don't have that library on hand.

@<distance@>=
apop_vector_distance(g->position, position, .metric='L', .norm=3)

@ By `closest', I mean the group that provides the greatest benefit,
by having the smallest distance minus weighted size. Given the utility
function represented by the |dist| line, this is just a simple |for|
loop to find the smallest distance.

```
@c
group_s *group_closest(gsl_vector *position, double mass_benefit){
    group_s *fave=NULL;
    double smallest_dist=GSL_POSINF;
    for (GList *gl=group_list; gl!= NULL; gl = gl->next){
        group_s *g = gl->data;
        double dist= @<distance@> - mass_benefit*g->size;
        if(dist < smallest_dist){
            smallest_dist = dist;
            fave = g;
        }
    }
    return fave;
}
```

@ Gnuplot is automation-friendly. Here we get an animated simulation with
four lines of plotting code. The header |plot '-'| tells the system to plot
the data to follow, then we print the (X, Y) positions, one to a line. The
final |e| indicates the end of the data set. The main program will set some
initial Gnuplot settings.

```
@c
void print_groups(){
    printf("plot '-' with points pointtype 6\n");
    for (GList *gl=group_list; gl!= NULL; gl = gl->next)
```

```
            apop_vector_print(((group_s*)gl->data)->position);
        printf("e\n");
    }
```

現在有了 group 物件以及 add/join/leave group 的介面函式，程式能夠集中在處理介面
程序：定義人員陣列，再透過主迴圈重新檢查成員關係與輸出（範例 11-24）。

範例 11-24 代理式模型，使用 group_s 物件（groupabm.w）

```
@* Initializations.

@ This is the part of the agent-based model with the handlers for the
|people| structures and the procedure itself.

At this point all interface with the groups happens via the
new/join/exit/print functions from |groups.cweb.c|. Thus, there is zero
memory management code in this file--the reference counting guarantees us
that when the last member exits a group, the group will be freed.

@c
#include "groups.h"

int pop=2000,
    periods=200,
    dimension=2;

@ In |main|, we'll initialize a few constants that we can't have as static
variables because they require math.

@<set up more constants@>=
    double  new_group_odds = 1./pop,
            mass_benefit = .7/pop;
    gsl_rng *r = apop_rng_alloc(1234);

@* The |person_s| structure.

@ The people in this simulation are pretty boring: they do not die, and do
not move. So the struct that represents them is simple, with just |position|
and a pointer to the group of which the agent is currently a member.

@c
typedef struct {
    gsl_vector *position;
    group_s *group;
} person_s;

@ The setup routine is also boring, and consists of allocating a uniform
```

random vector in two dimensions.

```
@c
person_s person_setup(gsl_rng *r){
    gsl_vector *posn = gsl_vector_alloc(dimension);
    for (int i=0; i< dimension; i++)
        gsl_vector_set(posn, i, 2*gsl_rng_uniform(r)-1);
    return (person_s){.position=posn};
}
```

@* Group membership.

@ At the outset of this function, the person leaves its group.
Then, the decision is only whether to form a new group or join an existing one.

```
@c
void check_membership(person_s *p, gsl_rng *r,
                        double mass_benefit, double new_group_odds){
    group_exit(p->group, p->position);
    p->group = (gsl_rng_uniform(r) < new_group_odds)
            ? @<form a new group@>
            : @<join the closest group@>;
}
```

```
@
@<form a new group@>=
group_new(p->position)
```

```
@
@<join the closest group@>=
group_join(group_closest(p->position, mass_benefit), p->position)
```

@* Setting up.

@ The initialization of the population. Using CWEB's macros, it is at this point
self-documenting.

```
@c
void init(person_s *people, int pop, gsl_rng *r){
    @<position everybody@>
    @<start with ten groups@>
    @<everybody joins a group@>
}
```

```
@
@<position everybody@>=
    for (int i=0; i< pop; i++)
        people[i] = person_setup(r);
```

@ The first ten people in our list form new groups, but because everybody's position is random, this is assigning the ten groups at random.

```
@<start with ten groups@>=
    for (int i=0; i< 10; i++)
        people[i].group = group_new(people[i].position);

@
@<everybody joins a group@>=
    for (int i=10; i< pop; i++)
        people[i].group = group_join(people[i%10].group, people[i].position);
```

@* Plotting with Gnuplot.

@ This is the header for Gnuplot. I arrived at it by playing around on Gnuplot's command line, then writing down my final picks for settings here.

```
@<print the Gnuplot header@>=
printf("unset key;set xrange [-1:1]\nset yrange [-1:1]\n");
```

@ Gnuplot animation simply consists of sending a sequence of plot statements.
```
@<plot one animation frame@>=
print_groups();
```

@* |main|.

@ The |main| routine consists of a few setup steps, and a simple loop: calculate a new state, then plot it.

```
@c
int main(){
    @<set up more constants@>
    person_s people[pop];
    init(people, pop, r);

    @<print the Gnuplot header@>
    for (int t=0; t< periods; t++){
        for (int i=0; i< pop; i++)
            check_membership(&people[i], r, mass_benefit, new_group_odds);
        @<plot one animation frame@>
    }
}
```

結語

本節提供了基本物件型式的範例：一個結構加上對應的 new/copy/free 元素，提供較多的範例是因為過去數十年來的經驗證明，這是許許多多函式庫組織程式碼絕佳的方法。

那些沒有提供基本 struct/new/copy/free 型式示範的部分，介紹了許多擴展現有設定的手法。在擴展結構上，會看到透過在外覆結構中加入匿名結構的方式延伸現有結構。

對於關聯函式方面，讀者也會看到幾種方式，讓相同的函式呼叫能夠依據不同的結構實體產生不同的行為，透過在結構中加入函式的方式，能夠建立使用包含在物件內結構的派送函式。藉由 vtable，能夠在結構撰寫完成，發佈之後，仍然能夠延伸派送函式；還會看到 _Generic 關鍵字，能夠依據控制表示式的型別選擇呼叫的函式。

這些技巧能夠提高程式碼可讀性，也能然改善函式庫的使用者介面，但這些額外的型式在改善「其他開發人員的程式碼」可讀性上特別有用。讀者也許會需要使用久遠前完成的函式庫，而且目前的需求也與原始作者不同，這時候就可以利用本章介紹的方法：擴展現有的結構，為函式增加新的可能性。

## 第十二章

平行執行緒

It's 99 revolutions tonight.

— Green Day, "99 Revolutions"

最近幾年出廠的所有電腦（甚至許多手機）都有了多核心，如果讀者現在使用的電腦有螢幕與鍵盤，可以透過以下命令查看電腦上擁有的核心：

- Linux: `grep cores /proc/cpuinfo`

- Mac: `sysctl hw.logicalcpu`

- Cygwin: `env | grep NUMBER_OF_PROCESSORS`

單執行緒程式無法完全使用到目前硬體製造商所提供的所有核心，所幸要將程式轉換成支援平行執行緒並不困難，實際上，通常只需要一行額外的程式碼就行了。本章內容涵蓋：

- 簡單介紹目前撰寫平行 C 程式的標準規範

- 將程式 for 迴圈多緒化的單行 OpenMP 程式碼

- 編譯 OpenMP 或 pthreads 程式碼需要特別注意的編譯器旗標值

- 適用單行魔法程式的一些考量

- 實作 map-reduce，需要擴展單行程式，加上其他指令

- 平行執行一些 task 的語法，包含 UI 以及 GUI 程式的後端

- C 語言的 _Thread_local 關鍵字，能建立全域靜態變數的執行緒私有複本

- 臨界區域（critical region）與 mutex

- OpenMP 的基元（atomic）變數

- 簡單說明循序一致性（sequential consistency）以及需要的時機

- POSIX 執行緒，以及 POSIX 執行緒與 OpenMP 的差異

- 使用 C atoms 的基元常量變數（atomic scalar variable）

- 使用 C atoms 的基元結構（atomic struct）

本章是大多數標準 C 語言教科書遺漏的主題，筆者很意外目前市場上很難找到涵蓋 OpenMP 的一般 C 語言教材。本章將介紹相關的基本知識，甚至也許完全不需要參考介紹完整執行緒理論的書籍。

然而，市面上有許多以並行程式設計（concurrent programming）的主題的書籍，大多使用 C 語言，這些書籍包含了許多本書未提到的細節；參看《*The Art of Concurrency: A Thread Monkey's Guide to Writing Parallel Applications*》、《*Multicore Application Programming: for Windows, Linux and Oracle Solaris*》或《*Introduction to Parallel Computing（2nd Edition）*》。本書會使用預設排程以及最安全的同步型式，甚至是還有其他調校空間的情境也是如此，也不會深入快取最佳化的細節或是完整介紹所有的 OpenMP pragma 指令（網路上就可以搜尋得到相關資訊）。

環境

C 語言標準規範直到 2011 年 12 月修訂版才納入執行緒機制，當時已有許多人提供了相關的機制。開發人員擁有幾個選擇：

- POSIX 執行緒。pthread 標準定義於 POSIX v1，大約是 1995 年，`pthread_create` 函式會將特定型式的函式執行分配到每個執行緒，開發人員只需要撰寫適當的函式介面，通常會再加上一個搭配的結構。

- Windows 也提供自己的執行緒系統，使用上類似 pthraed，例如 `CreateThread` 函式接受函式以及一個指向參數的指標，與 `pthread_create` 的介面十分類似。

- OpenMP 標準規範透過 `#pragma` 以及一組函式庫，讓編譯器知道建立執行緒的時機與方式，開發人員只需要一行程式碼，就能夠將循序執行的 `for` 迴圈轉換為多緒執行的 `for` 迴圈。OpenMP 第一版規範發表於 1998 年。

- C 語言標準函式庫的標準規範目前包含了定義執行緒與基元變數操作的標頭檔。

開發人員能夠依據目標環境、個人目標與偏好選擇使用的技術，OpenMP 寫起來最為容易，因此也比其他執行緒系統更不容易產生臭蟲。大多數主流編譯器（包含 Visual

Studio）都提供 OpenMP 支援，但在本書 2014 年底完稿時，clang 的支援仍然在進行中[28]。支援標準 C 語言執行緒的編譯器與標準函式庫仍然不常見，如果無法使用 OpenMP 及其 #pragma，那麼所有相容於 POSIX 的環境（甚至是 MinGW）都能夠使用 pthread。

還有其他的選擇，如 MPI（message passing interface，能跨網路結點通訊）或 OpenCL（特別適用於 GPU 運算）。在 POSIX 系統上則可以使用 fork 系統呼叫產程兩個程式複本，兩個複本除了共享記憶體外都是獨立運作。

組成

語法上需要的並不多，考慮一切情況，只需要：

* 讓編譯器知道要同時啟動多個執行緒的機制，舉個早期的例子，（Nabokov-1962）在 404 行包含了這樣的說明：*[And here time forked]*，接下來的部分就在兩個執行緒間切換。

* 標記新執行緒結束位置的機制，之後只會留下主執行緒繼續執行，在如前例的情況裡，邊界自然是指該段落的結尾，但有些情況會需要明確的結束執行緒的步驟。

* 對於不具多緒安全的程式碼，必須提供標記程式碼不以多緒執行的機制。例如，如果執行緒一將陣列大小調整為 20，同時執行緒二將陣列大小調整為 30 會如何？即使調整大小對人類而言是以毫秒為單位計算，要是放慢時間，即使是像 x++ 這麼簡單的指令，也需要一系列的步驟才能夠完成，可能會與其他程式衝突。透過 OpenMP pragma，可以將這些無法在執行緒間共享的部分標記為「臨界區域」（*critical region*）；pthread 類的系統則可以透過 *mutex* 標記（稱為「互斥區域」（*mutual exclusion*））。

* 提供機制標記可能同時在多個執行緒操作的變數，可能的作法有取得全域變數，建立執行緒私有複本；或是在每次使用變數的時候加上小範圍的 mutex。

OpenMP

接下來使用單字計算程式作為範例，會利用範例 11-21 的字串處理函式產生單字計算函式。將這個函式放在獨立的檔案，獨立於其他執行緒處理部分之外，函式內容如範例 12-1。

---

[28] Visual Studio 支援的是 OpenMP 2.0 版，目前 OpenMP 版本是 4.0，但本書介紹的基本 pragma 並不是新指令。

範例 *12-1* 單字計數器，運作方式是先將整個檔案讀入記憶體，再以非單字字元切割內容（*wordcount.c*）

```
#include "string_utilities.h"

int wc(char *docname){
    char *doc = string_from_file(docname);              ❶
    if (!doc) return 0;
    char *delimiters = " `~!@#$%^&*()_-+={[]}|\\;:\",<>./?\n";
    ok_array *words = ok_array_new(doc, delimiters);    ❷
    if (!words) return 0;
    double out= words->length;
    ok_array_free(words);
    return out;
}
```

❶ string_from_file 將指定檔案讀進字串，取自範例 9-6。

❷ 另一個借用自先前範例的函式，這個函式會用指定的分隔子切割字串，我們只想要計算單字數量。

範例 12-2 對由命令列傳入的一系列檔案呼叫單字計算函式，main 函式基本上只是透過 for 迴圈呼叫 wc，接著再依序加總每次計算的結果得到總數。

範例 *12-2* 只需要加一行程式，就能夠在不同執行緒呼叫 *for* 迴圈的區塊（*openmp_wc.c*）

```
#include "stopif.h"
#include "wordcount.c"

int main(int argc, char **argv){
    argc--;
    argv++;                                             ❶

    Stopif(!argc, return 0, "Please give some file names on the command line.");
    int count[argc];

    #pragma omp parallel for                            ❷
    for (int i=0; i< argc; i++){
        count[i] = wc(argv[i]);
        printf("%s:\t%i\n", argv[i], count[i]);
    }

    long int sum=0;
    for (int i=0; i< argc; i++) sum+=count[i];
    printf("Σ:\t%li\n", sum);
}
```

❶ argv[0] 是程式名稱，先移動 argv 指標位置，跳過程式名稱，其他從命令列傳入的參數都是要計算單字數的檔案。

❷ 加上這行程式碼，for 迴圈就會在平行執行緒中執行。

將程式多緒化的 OpenMP 指令是這行：

```
#pragma omp parallel for
```

這行程式碼表示接下來的 for 迴圈區塊應該在多個執行緒中執行，實際的執行緒數量由系統執行程式時決定。以這個例子而言，筆者實現了先前的承諾，只用一行程式就把沒有平行化的程式轉換為平行執行的程式。

OpenMP 會找出系統能夠使用的最大執行緒數，依據這個數量分派工作。如果需要自行指定執行緒數量，可以在執行程式前先設定環境變數：

```
export OMP_NUM_THREADS=N
```

或是在程式中透過 C 函式設定：

```
#include <omp.h>
omp_set_num_threads(N);
```

這個機制也許最常用在設定 N=1 的情況，如果想要回到預設情況，使用電腦能夠支援的最大執行緒數，就設定為：

```
#include <omp.h>
omp_set_num_threads(omp_get_num_procs());
```

#pragma 無法擴展由 #define 定義的巨集，如果想要平行化巨集該怎麼做？這正是 _Pragma 運算子的作用 [C99 與 C11 §6.10.9]。這個運算子的輸入會（在語言的正式標準裡）去字串化作為 pragma 使用，例如：

```
#include <stdio.h>

#define pfor(...) _Pragma("omp parallel for") \
    for(__VAR_ARGS__)

int main(){
    pfor(int i=0; i< 1000; i++){
        printf("%i\n", i);
    }
}
```

_Pragma( ) 的括號裡只能夠有一個字串，需要使用多個字串的替代作法是使用將輸入值視為字串的子巨集，例如以下的前置處理區塊裡，透過這種技巧定義 OMP_critical 巨集，如果定義了 _OPENMP，就會將指定的標籤擴展為 OpenMP 臨界區塊，否則就不做任何變動。

```
#ifdef _OPENMP
    #define PRAGMA(x) _Pragma(#x)
    #define OMP_critical(tag) PRAGMA(omp critical(tag))
#else
    #define OMP_critical(tag)
#endif
```

編譯 OpenMP、pthread 與 C atom

對於 gcc 與 clang（clang 在某些平台的 OpenMP 支援仍在開發中），只需要在編譯時加上 -fopenmp 旗標，如果需要額外的連結步驟，就需要同步加上 -fopenmp 連結旗標（編譯器會知道需要額外連結的函式庫，為依程式設計師的預期連結必要的函式庫）。對 pthread 而言則是需要加上 -pthread 旗標，C atom 的支援（在本書完稿時只限 gcc）則需要連結 atomic 函式庫。所以，如果想要同時使用這三個函式庫，就需要在 makefile 裡加上：

```
CFLAGS=-g -Wall -O3 -fopenmp -pthread
LDLIBS=-fopenmp -latomic
```

如果想用 Autoconf 產生 OpenMP 專案，就需要在原來的 *configure.ac* 命令稿中加上：

```
AC_OPENMP
```

這個指令會產生 $OPENMP_CFLAGS 變數，讀者需要將這個變數加到 *Makefile.am* 原有的旗標當中。

```
AM_CFLAGS = $(OPENMP_CFLAGS) -g -Wall -O3 …
AM_LDFLAGS = $(OPENMP_CFLAGS) $(SQLITE_LDFLAGS) $(MYSQL_LDFLAGS)
```

這需要修改三行程式碼，接著 Autoconf 就能夠在所有支援 OpenMP 的平台上正確的編譯程式。

OpenMP 標準要求，要是編譯器接受 OpenMP pragma，就得定義 _OPENMP 變數，程式設計師可以依需要在程式中加上 #ifdef _OPENMP 區塊。

順利將程式編譯為 threaded_wc 之後，試著執行 ./threaded_wc `find ~ -type f`，對個人家目錄下的所有檔案計算字數，同時在另一個視窗執行 top 看看是否產生多個 wc 實體。

干涉

現在有了將程式多緒化的語法，能不能保證語法一定有用？對於簡單的情況，程式設計師能夠驗證迴圈的每次迭代都不會與其他迭代互動，但對於其他的情況，就需要更加小心。

要驗證一組執行緒是否有用，就需要知道每個變數的情況以及任何副作用的影響。

- 如果是執行緒的私有變數，可以保證會與單執行緒程式有相同行為，不會受到任何干涉。在先前的例子裡，迴圈的迭代定義了 i 變數，會成為每個執行緒的私有變數（OpenMP 4.0 §2.6），在迴圈內部定義的變數也都是該迴圈的私有變數。

- 如果變數會被多個執行緒讀取但不會有任何寫回，那仍然不會有任何問題，這不是什麼量子物理：讀取變數但不改變狀態（還沒有介紹 C 語言的基元旗標，那才是真正的讀取後不改變狀態）相當於私有變數。

- 如果變數只會被一個執行緒改動且不會被其他執行緒讀取，仍然不會有任何問題，這個變數相當於私有變數。

- 如果變數被多個執行緒共享，其中一個執行緒寫入但會被其他執行緒讀取，這就真的會有問題了，本章接下來主要討論的都是這種情況。

因此，程式設計師應該盡量避免寫回共享變數，讀者可以從先前的範例中看到其中一種作法：所有執行緒都使用 count 陣列，但第 i 次迭代只會用到陣列中的第 i 個元素，使得陣列的每個元素都相當於執行緒私有變數。此外，count 陣列本身在迴圈中也沒有改變大小、釋放或其他的變動，argv 也是相同，接下來甚至完全不會用到 count 陣列。

我們不知道 printf 內部用到哪些變數，但可以查看 C 語言標準，看看標準函式庫對輸入與輸出串流的所有操作（所有的一切都在 stdio.h 裡）是否滿足多緒安全的要求，確保呼叫 printf 時不需要擔心多次呼叫間會不會有交互影響（C11 §7.21.2(7) 與 (8)）。

筆者在寫這個範例時，十分小心的確保範例符合一切的條件，然而，對於避免全域變數之類的要求即使在單執行緒的情況也都是很好的建議。此外，後 C99 風格建議的在使用變數前再作宣告也再次帶來好處，因為在多緒區段內宣告的變數，自然而然會是執行緒的私有變數。

附帶一提，OpenMP 的 omp prallel for pragma 只能夠處理簡單的迴圈：迴圈索引只能夠使用整數型別，同時以固定的步伐遞增或遞減，並採用迴圈索引與一個不受迴圈影響的數值或變數比較作為迴圈結束條件。所有對固定迴圈內容套用特定函式的型式都能夠符合這樣的要求。

Map-reduce

單字計算程式的型式非常常見：每個執行緒執行獨立的運算，將輸入值轉換為輸出，但使用者真正有興趣的是將個別的輸出合併為單一的結果，OpenMP 透過在原有的 pragma 加上額外的指令，支援這種型式的 map-reduce 作業流程。範例 12-3 將 count 陣列轉換為單一個變數 total_wc，同時在 OpenMP pragma 加上 reduction(+:total_wc)，如此一來，編譯器就能夠將每個執行緒的 total_wc 合併為最終的結果。

範例 *12-3* 將迴圈轉換為 *map-reduce* 作業流程需要在 *#pragma omp parallel for* 行加上額外的指令（*mapreduce_wc.c*）

```
#include "stopif.h"
#include "wordcount.c"

int main(int argc, char **argv){
    argc--;
    argv++;
    Stopif(!argc, return 0, "Please give me some file names on the command line.");
    long int total_wc = 0;

    #pragma omp parallel for  \
     reduction(+:total_wc)                                        ❶
    for (int i=0; i< argc; i++){
        long int this_count = wc(argv[i]);
        total_wc += this_count;
        printf("%s:\t%li\n", argv[i], this_count);
    }

    printf("Σ:\t%li\n", total_wc);
}
```

❶ 在 pragma omp parallel for 後加上額外的指令，讓編譯器知道這個變數持有所有執行緒結果的加總。

這種作法同樣也有其限制：reduction(+:variable) 中的 + 只能夠替換為其他的基本四則運算（+、*、-）、位元運算（&、|、^）以及邏輯運算（&&、||）。其他情況就必須回到 count 陣列之類的機制，自己實作滿足多緒安全的 map-reduce（參看計算最大值的範例 12-5），此外，別忘了在啟動執行運算前先初始化 reduction 變數。

多任務

除了對陣列裡的每個元素套用相同操作之外，也可能會有兩個完全不同的操作，互相獨立能夠平行執行。例如，具有使用者介面的程式通常會用一個執行緒執行 UI，另一個執行緒執行背景處理，讓邏輯處理不會造成 UI 凍結，這種情況使用的 pragma 自然就是 parallel sections 了：

```
#pragma omp parallel sections
{
    #pragma omp section
    {
    //這個區塊的邏輯只會發生在一個執行緒
    UI_starting_fn();
    }

    #pragma omp section
    {
    //這個區塊的邏輯發生在另一個執行緒
    backend_starting_fn();
    }
}
```

以下是本書沒有介紹，但讀者可能會有興趣的其他 OpenMP 功能：

simd

單一指令多重資料（single instruction, multiple data）。某些處理器有能力將相同運算作用在向量裡的每個元素，並非所有處理器都具備這個能力，這與需要在不同核心執行的多執行緒不同。參看 `#pragma omp simd`，另外記得查看編譯器的使用手冊，某些編譯器會自動啟用能夠 SIMD 化的指令。

#pragma omp task

事前不知道任務（task）數量時，能夠使用 `#prgama omp task` 產生新執行緒。例如，可以在一個執行緒遍歷樹狀結構，每個終端節點使用 `#pragma omp task` 產生新執行緒處理葉節點。

#pragma omp cancel

如果是用多個執行緒進行搜尋，一旦有執行緒找到目標，就沒必要讓其他執行緒繼續執行下去。透過 `#pragma omp cancel`（對應於 pthead 的 pthread_cancel）結束其他執行緒。

另外有一點需要提醒，以免有讀者對每個 for 迴圈都加上 #pragma 指令：產生執行緒是需要付出成本的，例如：

```
int x = 0;
#pragma omp parallel for reduction(+:x)
for (int i=0; i< 10; i++){
    x++;
}
```

花在產生執行緒的時間遠高於遞增 x 的時間，幾乎可以確定用單執行緒會更有效率。盡量使用執行緒，但要注意時脈，確認改動對效能有正面影響。

建立與清除執行緒需要額外的成本這個事實，也帶來建立較少執行緒比建立較多執行緒來得好的經驗法則。例如，對於巢狀迴圈，通常只平行化外層迴圈會比平行化內層迴圈來得好。

如果確認所有多緒化的區段都沒有寫入共享變數，且區段內呼叫的函式都具備多緒安全，就不用繼續往下讀了，只需要在適當位置加上 #pragma omp parallel for 或 parallel sections 就能夠提昇速度。本章後續的內容以及絕大多數的多緒程式，會集中在修改共享資源的策略。

Thread Local

即使在 #pragma omp parallel 區段內宣告，靜態變數預設會被所有執行緒共享，在 pragma 加上 threadprivate 指令能夠讓每個執行緒產生變數的私有複本，例如：

```
static int state;
#pragma omp parallel for threadprivate(state)
for (int i=0; i< 100; i++)
    …
```

一般的提醒，系統會維持 threadprivate 數的內容，使得如果 4 號執行緒的某個平行區段結束時 static_x 值是 2.7，相同執行緒的另一個平行區段開始時，static_x 值仍然會是 2.7（OpenMP §2.14.2）。一定會有個主執行緒，在平行區段之外，主執行緒會保有自己的靜態變數複本。

C 語言的 _Thread_local 關鍵字會用類似的方式分離變數，在 C 語言裡，thread-local 靜態變數的「生命週期是建立變數的執行緒的執行期間，變數儲存的數值會在執行緒建立時初始化。」[C11 §6.2.4(4)]。如果在一個平行區段讀取 4 號執行緒，結果會與另一個平行區段讀取 4 號執行緒有相同的結果，與 OpenMP 有相同的行為，如果是在不同執行緒讀取，那麼 C 語言標準規範要求每個平行區段會重新初始化 thread-local 儲存區。

在所有平行區段之外仍然會有主執行緒[雖然沒有明文規定，但 C11 §5.1.2.4(1) 會帶來這樣的結果]，因此，主執行緒中的執行緒私有靜態變數看起來就跟傳統的與程式生命週期一致的靜態變數相同。

gcc 與 clang 都提供 __thread 關鍵字，這是 gcc 在標準納入 _Thread_local 關鍵字前的擴充功能，在函式裡兩者都可以使用：

```
static __thread int i;       //GCC/clang 專有，目前能夠使用
//或
static _Thread_local int i; //C11，需等待編譯器支援
```

函式外的 static 變數是預設值，不一定得特別加上，標準要求 threads.h 標頭檔中定義 thread_local 作為 _Thread_local 的別名，類似 stdbool.h 定義 bool 作為 _Bool 別名的作法。

程式設計師能夠透過以下的前置處理區塊檢查應該使用的指令，這段前置處理命令會依據情況將 threadlocal 設定為正確的指令。

```
#undef threadlocal
#if __STDC_VERSION__ > 201100L
    #define threadlocal _Thread_local
#elif defined(__APPLE__)
    #define threadlocal //本書完稿時尚未實作
#elif (defined(__GNUC__) || defined(__clang__)) && !defined(threadlocal)
    #define threadlocal __thread
#else
    #define threadlocal
#endif
```

區域化非靜態變數

如果變數會分割到所有執行緒作為私有複本，就必須指定每個執行緒初始化變數的方法，以及離開執行緒區域時對應的處理。OpenMP 的 threadprivate() 指令會利用變數的初始值初始化靜態變數，同時在離開多緒區段後仍然保有複本，等待下次進入區段時重複使用。

先前介紹過另一個類似的指令：reduction(+:var) 指令會讓 OpenMP 將每個執行緒複本初始化為 0（乘法則初始為 1），讓每個執行緒執行各自的加法或減法運算，在離開執行緒區段時將私有複本值加到原始的 var 值。

平行區段外宣告的非靜態變數預設會共享，程式能夠透過在 #pragma omp paralle 行後加上 firstprivate(localvar)，讓每個執行緒產生 localvar 的私有複本。每個執行

緒會產生一個私有複本，以啟動執行緒時的變數值初始化私有變數，這些私有複本在執行緒結束時也隨之清除，完全不會影響原始變數。加上 lastprivate(*localvar*) 將最後一個執行緒（對應到 for 迴圈最後索引值的執行緒，或是 section 內最後列出的區段）的最終數值複製到區段外的變數，一般 firstprivate 與 lastprivate 指令內會列出相同變數。

共享資源

到目前都強調使用私有變數的價值，並提供機制將一個靜態變數轉化為一組執行緒私有變數。但有時候真的需要共享資源，這種情況下「臨界區域」（*critical region*）是保護共享資源最簡單的作法。臨界區域會標記一段程式，被標記的程式一次只能由一個執行緒執行，在大多數的 OpenMP 結構裡，作用在以下的區塊：

```
#pragma omp critical (a_private_block)
{
    //有趣的程式碼
}
```

如此確保一次只會有一個執行緒進入區塊，如果另一個執行緒要進入區塊時已經有執行緒在區塊內執行，新到達的執行緒就必須等待，直到先前的執行臨界區塊的執行緒離開臨界區域才會繼續執行。

這稱為「阻塞」（*blocking*），被阻塞的執行緒會暫停（inactive）一段時間，這很浪費時間，但效能較差的程式比錯誤的程式要好得多。

(a_private_block)（要加上括號）是能夠將臨界區域連結在一起的名稱，能用來保護在多個臨界區域重複使用的共享資源。如果不想讓結構在讀取時遭到修改，可以使用以下的型式：

```
#pragma omp critical (delicate_struct_region)
{
    delicate_struct_update(ds);
}

[other code here]

#pragma omp critical (delicate_struct_region)
{
    delicate_struct_read(ds);
}
```

如此就能夠保證一次只會有一個執行緒進入這兩個區段合併起來的臨界區域，不會同時呼叫 delicate_struct_update 與 delicate_struct_read，中間的程式碼則會如常的由多緒執行。

 技術上並不一定需要指定名稱，但所有未指定名稱的區段會視為相同的臨界區域，這對簡短的程式十分常見（例如在網路上常見的簡單程式），但如果想要更進一步就不見得適合了。給予每個臨界區域不同的名稱，就能夠避免意外連結兩個程式段落。

考慮找出數字因數（質數與非質數）個數的問題，如 18 能夠被六個數整除：1、2、3、6、9 與 18。數字 13 只有兩個因數，1 與 13，表示是個質數。

質數很好找，在一千萬以內有 664,579 個質數，但在一千萬以內只有 446 個數字剛好有三個因數，6 個剛好有 7 個因數與一個剛好有 17 個因數的數，其他的模式也很好找：一千萬以下有 2,228,418 個數恰有 8 個因數。

範例 12-4 是計算因數個數的程式，透過 OpenMP 多緒化，基本邏輯包含兩個陣列，第一個陣列是一千萬個元素的陣列 factor_ct，陣列中所有大於一的數都初始化為 2，因為所有大於一的數都可以被一與本身整除，接著所有索引值可以被 2 整除的元素都加一（也就是所有的偶數）。接著對所有索引值能被 3 整數的陣列元素加一，以此類推，直到五百萬（只會改動一千萬位置的數值，如果在陣列內的話）。程序結束後，就能夠知道每個數的因數個數，讀者可以自行加上 for 迴圈，使用 fprintf 將結果輸出到檔案。

接著設定另一個陣列，記錄有多少數字有 1、2、…個因數，這麼做之前，必須要先找出最大的因數個數，才能夠知道應該設定的陣列大小，接著就利用 factor_ct 陣列取得對應的數值。

顯然每個步驟都是使用 #pragma omp parallel for 平行化的標的，但很容易發生衝突。標記 5 的倍數與標記 7 的倍數的執行緒可能會同時修改 factor_ct[35] 的值，為了避免寫入衝突，可以將修改 i 項元素個數的程式碼標記為臨界區域：

```
#pragma omp critical (factor)
factor_ct[i]++;
```

 這些 pragma 會作用在緊接著的程式碼區塊，一般會加上大括號包覆。如果沒有加上大括號，那麼緊接著 pragma 的那行程式碼會自己成為一個區塊。

當一個執行緒要遞增 factor_ct[30] 時，並不一定會阻塞另一個想要遞增 factor_ct[33] 的執行緒。臨界區域是特定的程式碼區塊，只有在區塊與某個資源有關時才有意義，但範例實際上是試著保護一千萬個不同的資源，這帶來了「*mutex*」與「**基元變數**」（*atomic variable*）。

「mutex」是「**互斥**」（*mutual exclusion*）的縮寫，與先前介紹的臨界區域一樣，是用來阻塞執行緒之用。然而 mutex 是個普通的結構，所以可以透過另一個有一千萬個元素組成的 mutex 陣列，在寫入 i 元素前鎖住 mutex i，寫入完成後釋放 mutex i，如此就能夠得到針對第 i 的元素的臨界區域。程式碼看起來會像是這樣：

```
omp_lock_t locks[1e7];
for (long int i=0; i< lock_ct; i++)
    omp_init_lock(&locks[i]);

#pragma omp parallel for
for (long int scale 2; scale *i < max; scale ++) {
        omp_set_lock(&locks[scale*i]);
        factor_ct[scale*i]++;
        omp_unset_lock(&locks[scale*i]);
    }
```

omp_set_lock 函式實際上是個等待與設定（wait-and-set）函式：如果 mutex 尚未被鎖定，就鎖定 mutex 且繼續執行；如果 mutex 已經被鎖定，就阻擋執行緒並等待，直到鎖定 mutex 的執行緒呼叫 omp_unset_lock 釋放 mutex，接著再繼續執行。

一如預期的，程式的確產生了一千萬個不同的臨界區域，唯一的問題在於 mutex 結構本身會佔有空間，而配置一千萬個結構可能比簡單的數學計算本身還要麻煩。接下來提供的第一個解決方案只使用 128 個 mutex，鎖定 i % 128 個 mutex，這表示兩個寫入不同位置的執行緒，會有 1/128 的機會阻塞對方的執行。這並不太嚴重，在筆者的測試電腦上，執行速度比使用一千萬個 mutex 改善了許多。

pragma 必須要搭配編譯器才能夠發揮作用，而 mutex 是單純的 C 結構，範例需要 #include <omp.h> 才能夠獲得需要的定義。

範例 12-4 是透過不同的串列尋找最大因數個數的程式碼內容。

範例 *12-4* 產生因數陣列，找出陣列的最大元素，接著分別計算有多少數字有 1、2、…個因數（*openmp_atoms.c*）

```
#include <omp.h>
#include <stdio.h>
#include <stdlib.h> //malloc
#include <string.h> //memset
```

```c
#include "openmp_getmax.c"                                    ❶

int main(){
    long int max = 1e7;
    int *factor_ct = malloc(sizeof(int)*max);

    int lock_ct = 128;
    omp_lock_t locks[lock_ct];
    for (long int i=0; i< lock_ct; i++)
        omp_init_lock(&locks[i]);

    factor_ct[0] = 0;                                         ❷
    factor_ct[1] = 1;
    for (long int i=2; i< max; i++)
        factor_ct[i] = 2;

    #pragma omp parallel for
    for (long int i=2; i<= max/2; i ++)
        for (long int scale=2; scale*i < max; scale ++) {
                omp_set_lock(&locks[scale*i % lock_ct]);      ❸
                factor_ct[scale*i]++;
                omp_unset_lock(&locks[scale*i % lock_ct]);    ❹
            }

    int max_factors = get_max(factor_ct, max);
    long int tally[max_factors+1];
    memset(tally, 0, sizeof(long int)*(max_factors+1));

    #pragma omp parallel for
    for (long int i=0; i< max; i++){
        int factors = factor_ct[i];
        omp_set_lock(&locks[factors % lock_ct]);              ❺
        tally[factors]++;
        omp_unset_lock(&locks[factors % lock_ct]);
    }

    for (int i=0; i<=max_factors; i++)
        printf("%i\t%li\n", i, tally[i]);

}
```

❶ 參看下一個串列。

❷ 初始化，0 與 1 定義為非質數。

❸ 執行緒讀取或寫入變數前先鎖定 mutex。

❹ 執行緒讀取或寫入變數後釋放 mutex。

❺ 範例重複使用同一組 mutex 以節省初始化的時間，但這與先前程式中使用的 mutex 用途不同。

範例 12-5 是尋找 `factor_ct` 列表中的最大值，由於 OpenMP 並沒有提供 max reduction，程式必須自行管理最大值陣列，從中找出需要的資訊。陣列長度是 `omp_get_max_threads()` 值，執行緒可以透過 `omp_get_thread_num()` 取得自己的索引值。

範例 *12-5* 平行搜尋陣列中的最大值元素（*openmp_getmax.c*）

```
int get_max(int *array, long int max){
    int thread_ct = omp_get_max_threads();
    int maxes[thread_ct];
    memset(maxes, 0, sizeof(int)*thread_ct);

    #pragma omp parallel for
    for (long int i=0; i< max; i++)
        int this_thread = omp_get_thread_num();
        if (array[i] > maxes[this_thread])
            maxes[this_thread] = array[i];
    }

    int global_max=0;
    for (int i=0; i< thread_ct; i++){
        if (maxes[i] > global_max)
            global_max = maxes[i];
    }

    return global_max;
}
```

範例中每個 mutex 只包覆了一行的程式碼區塊，但類似先前介紹的臨界區域，也可以使用一個 mutex 在多個程式碼位置保護資源。

```
omp_set_lock(&delicate_lock);
delicate_struct_update(ds);
omp_unset_lock(&delicate_lock);

[其他程式碼]

omp_set_lock(&delicate_lock);
delicate_struct_read(ds);
omp_unset_lock(&delicate_lock);
```

基元（Atom）

基元（atom，元子）是微小、不可見的元素[29]，基元操作通常是透過處理器功能實現，OpenMP 將基元操作縮限到以常量為標的：大多用來處理整數與浮點數，偶爾會處理指標（也就是記憶體位址），C 語言避免基元結構，即使使用基元結構，一般也會再加 mutex 保護結構的存取。

對基本常量運算的情況十分簡單，針對這種情況可以拋棄 mutex，透過基元操作在每次使用變數時自動加上隱含的 mutex。

程式必須透過 pragma 讓 OpenMP 知道對基元的行為：

```
#pragma omp atomic read
out = atom;

#pragma omp atomic write seq_cst
atom = out;

#pragma omp atomic update seq_cst
atom ++;    //或 atom--

#pragma omp atomic update
//或二元運算：atom *= x, atom /=x, ...
atom -= x;

#pragma omp atomic capture seq_cst
//或更新後讀取
out = atom *= 2;
```

seq_cst 雖非必要，但（若編譯器支援則）建議使用，後續範例會維持相同的作法。

接著就由編譯器負責產生正確的指令，確保從基元變數讀取時不會受到其他基元變數寫入操作的影響。

對於因數計算器而言，所有需要保護的資源都是常量，不需要使用 mutex。基元能讓範例 12-6 更為簡潔，也比範例 12-4 的 mutex 版本更有可讀性。

---

[29] 附帶一提，C 語言標準中明訂 C 語言的基元有無限的生命週期：「Atomic variables shall not decay」[C11 7.17.3(13)，註腳]。

範例 *12-6* 用 *atom* 取代 *mutex*（*atomic_factor.c*）

```c
#include <omp.h>
#include <stdio.h>
#include <stdlib.h> //malloc
#include <string.h> //memset

#include "openmp_getmax.c"

int main(){
    long int max = 1e7;
    int *factor_ct = malloc(sizeof(int)*max);

    factor_ct[0] = 0;
    factor_ct[1] = 1;
    for (long int i=2; i< max; i++)
        factor_ct[i] = 2;

    #pragma omp parallel for
    for (long int i=2; i<= max/2; i++)
        for (long int scale=2; scale*i < max; scale++) {
                #pragma omp atomic update
                factor_ct[scale*i]++;
            }

    int max_factors = get_max_factors(factor_ct, max);
    long int tally[max_factors+1];
    memset(tally, 0, sizeof(long int)*(max_factors+1));

    #pragma omp parallel for
    for (long int i=0; i< max; i++){
        #pragma omp atomic update
        tally[factor_ct[i]]++;
    }

    for (int i=0; i<=max_factors; i++)
        printf("%i\t%li\n", i, tally[i]);
}
```

循序一致性

良好的編譯器會重新調整指令順序，讓指令與原始程式碼保持相同的結果，
但有更快執行速度。如果在第 10 行初始化的變數直到第 20 行才會使用，也
許直接在第 20 行初始化與使用會比分開兩個步驟更快。以下是引用自 C11
§7.17.3(15) 的兩個執行緒範例，程式碼內容有作過簡化：

```
x = y = 0;

//Thread 1
r1 = load(y);
store(x, r1);

//Thread 2
r2 = load(x);
store(y, 42);
```

看起來似乎 r2 不可能會是 42，因為設定 y 值的程式碼位置在設定 r2 的程式碼之後，前提是一號執行緒完整的執行在二號執行緒之前、介於二號執行緒的兩行程式之間，或是在二號執行緒執行完畢之後。但由於編譯器可能會調整二號執行緒的兩行程式碼位置，其中一行與 r2、x 有關，另一行只與 y 有關，兩者間沒有相依性，調整後不需要維持相同的順序，使得以下順序成為合理的調整：

```
x = y = 0;
store(y, 42);    //thread 2
r1 = load(y);    //thread 1
store(x, r1);    //thread 1
r2 = load(x);    //thread 2
```

如此一來，y、x、r1 以及 r2 都會是 42。

C 語言標準規範接著又提出了幾個更特殊的例子，甚至將其中一些稱為「不是有用的行為，實作不該允許」。

因此，seq_cst 的目的是：告知編譯器指定執行緒內的基元操作順序應該與原始程式碼出現的順序相同，這是 OpenMP 4.0 加入的新功能，利用了 C 語言的循序一致基元（sequentially consistent atom），讀者目前使用的編譯器也許還沒有提供支援。就目前而言，要特別注意，當編譯器在相同執行緒內調整指令順序時可能產生這類特殊的行為。

Pthread

接下來要將先前的範例轉換為 pthread 版本，我們有類似的工具：分散執行緒與合併執行緒的機制以及 mutex。ptherad 不提供基元變數，但 C 語言本身提供，請繼續讀下去。

程式最大的差異在於產生新執行緒執行的 pthread_create，需要一個宣告為 void *fn(void *in) 型別的函式，由於這個函式只能接受一個 void 指標，必須將函式需要的參數以結構的型式傳入，如果定義了函式專用的 typedef，函式也會同時傳回結構，通常將輸出元素定義在輸入結構的 typedef 比起輸出、輸入分別定義不同的結構要來得容易。

介紹完整範例之前，先說明主要部分（表示某些變數還沒有定義）：

```
tally_s thread_info[thread_ct];
for (int i=0; i< thread_ct; i++){
    thread_info[i] = (tally_s){.this_thread=i, .thread_ct=thread_ct,
                               .tally=tally, .max=max, .factor_ct=factor_ct,
                               .mutexes=mutexes, mutex_ct=mutex_ct};
    pthread_create(&thread[i], NULL, add_tally, &thread_info[i]);
}
for (int t=0; t< thread_ct; t++)
    pthread_join(threads[t], NULL);
```

第一個 for 迴圈產生固定數量的執行緒（因此，pthread 很難依據不同情況，動態產生不同數量的執行緒），首先設定需要的結構，接著呼叫 pthread_create 使用 add_tally 作為執行緒執行的內容，傳入預先建立的結構。迴圈結束後，就會有 thread_ct 個執行緒在執行。

下一個 for 迴圈是收集步驟，pthread_join 函式會阻擋直到指定執行緒完成工作，因此，必須等到所有執行緒都執行完畢，程式才會回到單一執行緒狀態，繼續執行 for 迴圈之後的程式碼。

OpenMP mutexes 與 pthread mutexes 行為十分相似，在本書有限的例子裡，改為 pthread mutexes 只需要改變名稱。

範例 12-7 是用 pthread 重寫的程式碼，將每個子程序分離到個別執行緒，定義函式專用結構，以及分派與收集流程增加了不少程式碼（但仍然重複使用了 OpenMP 版本的 get_max 函式）。

範例 12-7　使用 pthread 的因數範例（pthread_factors.c）

```
#include <omp.h>      //get_max 屬於 OpenMP
#include <ptherad.h>
#include <stdio.h>
#include <stdlib.h> //malloc
#include <string.h> //memset

#include "openmp_getmax.c"

typedef struct {
    long int *tally;
    int *factor_ct;
```

```
        int max, thread_ct, this_thread, mutex_ct;
        pthread_mutex_t *mutexes;
} tally_s;

void *add_tally(void *vin){
    tally_s *in = vin;                                                    ❶
    for (long int i=in->this_thread; i < in->max; i += in->thread_ct){
        int factors = in->factor_ct[i];
        pthread_mutex_lock(&in->mutexes[factors % in->mutex_ct]);         ❷
        in->tally[factors]++;
        pthread_mutex_unlock(&in->mutexes[factors % in->mutex_ct]);
    }
    return NULL;
}

typedef struct {
    long int i, max, mutex_ct;
    int *factor_ct;
    pthread_mutex_t *mutexes ;
} one_factor_s;

void *mark_factors(void *vin){
    one_factor_s *in = vin;
    long int si = 2*in->i;
    for (long int scale=2; si < in->max; scale++, si=scale*in->i) {
        pthread_mutex_lock(&in->mutexes[si % in->mutex_ct]);
        in->factor_ct[si]++;
        pthread_mutex_unlock(&in->mutexes[si % in->mutex_ct]);
    }
    return NULL;
}

int main(){
    long int max = 1e7;
    int *factor_ct = malloc(sizeof(int)*max);

    int thread_ct = 4, mutex_ct = 128;
    pthread_t threads[thread_ct];
    pthread_mutex_t mutexes[mutex_ct];
    for (long int i=0; i< mutex_ct; i++)
        ptread_mutex_init(&mutexes[i], NULL);

    factor_ct[0] = 0;
    factor_ct[1] = 1;
    for (long int i=2; i< max; i++)
        factor_ct[i] = 2;

    one_factor_s x[thread_ct];
    for (long int i=2; i<= max/2; i+=thread_ct){
      for (int t=0; t < thread_ct && t+i <= max/2; t++) { // extra threads do no harm
```

```
            x[t] = (one_factor_s){.i=i+t, .max=max,
                        .factor_ct=factor_ct, .mutexes=mutexes, .mutex_ct=mutex_ct};
            pthread_create(&threads[t], NULL, mark_factors, &x[t]);        ❸
        }
        for (int t=0; t< thread_ct; t++)
            pthread_join(threads[t], NULL);                                ❹
    }
    FILE *o=fopen("xpt", "w");
    for (long int i=0; i < max; i++){
        int factors = factor_ct[i];
        fprintf(o, "%i %li\n", factors, i);
    }
    fclose(o);

    int max_factors = get_max(factor_ct, max);
    long int tally[max_factors+1];
    memset(tally, 0, sizeof(long int)*(max_factors+1));

    tally_s thread_info[thread_ct];
    for (int i=0; i< thread_ct; i++){
        thread_info[i] = (tally_s){.this_thread=i, .thread_ct=thread_ct,
                            .tally=tally, .max=max, .factor_ct=factor_ct,
                            .mutexes=mutexes, .mutex_ct=mutex_ct};
        pthread_create(&threads[i], NULL, add_tally, &thread_info[i]);
    }
    for (int t=0; t< thread_ct; t++)
        pthread_join(threads[t], NULL);

    for (int i=0; i<=max_factors; i++)
        printf("%i\t%li\n", i, tally[i]);
}
```

❶ 除了必須符合 pthread_create 要求的型式之外，拋棄式 typedef tally_s 也能提高安全性，為了正確使用 pthread 系統，必須小心處理輸入與輸出，在 main 與這個函式，結構內部都有型別檢查。以後，當我把 tally 改成一般 int 字串的時候，編譯器就能夠提醒有沒有沒改到的位置。

❷ pthread mutex 與 OpenMP mutex 看起來十分相似。

❸ 建立執行緒步驟，在迴圈前宣告一個執行緒資訊指標的陣列，接著，迴圈會填滿下個執行緒資訊指標，透過 pthread_create 產生新執行緒，再將剛產生的執行緒資訊指標送入新執行緒會執行的函式當中。第二個引數控制了一些入門章節不會介紹的執行緒屬性。

❹ 第二個迴圈收集輸出結果，pthread_join 的第二個引數是多緒執行函式（mark_factors）能夠用來寫入輸出值的指標位址。

for 結尾的大括號會結束區塊，清除所有區域宣告的變數，一般而言，所有呼叫函式結束前不會結束區塊，但使用 pthread_create 的目的就是讓 main 函式能在執行緒執行的同時，繼續執行下去，因此，以下執行緒會出錯：

```
for (int i=0; i< 10; i++){
    tally_s thread_info = {...};
    pthread_create(&threads[i],
        NULL, add_tally, &thread_info);
}
```

因為 add_tally 使用到 &thread_info 的時候，這個位址的資訊已經被拋棄了，將宣告移到迴圈之外：

```
tally_s thread_info;
for (int i=0; i< 10; i++){
    thread_info = (tally_s) {...};
    pthread_create(&threads[i],
        NULL, add_tally, &thread_info);
}
```

仍然會有問題，因為儲存在 thread_info 的資訊會在下個迴圈迭代改變，而第一個迭代會讀取該位址的資訊。因此，範例設定了函式輸入值的陣列，能保證傳入每個執行緒的資訊能夠維持，不會因為後續執行緒的設定而有所改變。

pthread 透過這些額外的設定提供了什麼東西呢？非常多，例如 pthread_rwlock_t 是只有在有執行緒寫入該執行緒時才會阻塞讀取或寫入的 mutex，但不會阻塞同時的讀取。pthread_cont_t 是個能透過訊號（signal）同時阻塞/開啟多個執行緒的 semaphore，能夠用來實作讀寫鎖（read-write lock）或一般的 mutex。但功能愈多也愈容易犯錯，很容易寫出在測試平台上比 OpenMP 快上許多的最佳化多緒程式，但相同程式在新平台卻可能得不到正確答案。

OpenMP 規範完全沒有提到 pthread，而 POSIX 規範也沒有提到 OpenMP，因此，沒有偽法律文件要求 OpenMP 提到的執行緒與 POSIX 提到的執行緒有相同意義。然而，編譯器的開發人員必須想辦法實作出 OpenMP、POSIX 或 Windows，以及 C 執行緒函式庫，他們很努力的完成每個標準規範所要求的執行緒程序。此外，電腦處理器也沒有分為 pthread 核心或 OpenMP 核心，同樣使用相同的機器指令控制執行緒，由編譯器將各組標準規範轉換到相同的指令組，因此，混合使用各個規範十分合理，用 OpenMP #pragma 簡單的產生執行緒，再透過 pthread mutex 或 C atoms 保護資訊，或是用 OpenMP 啟動，接著在需要的時候將部分程式轉換到 pthread。

C atoms

C 標準規範包含兩個標頭檔，（*stdatomic.h* 與 *threads.h*），定義了基元變數與執行緒的函式與型別，接下來的範例使用 pthread 達到多緒執行，再利用 C atoms 保護變數。

不使用 C 語言執行緒的原因有二，首先，本書的範例程式都經過測試後才會提供，但截至完稿前，仍然沒有編譯器/標準函式庫實作了 *threads.h*。因為第二個原因這完全可以理解：C 語言執行緒採用了 C++ 執行緒的模型，而 C++ 執行緒又是源自於 Windows 與 POSIX 執行緒的公因數，因此，C 執行緒基本上只是改了名稱，沒有任何令人興奮的新功能，只有 C atoms 有帶來新的東西。

假設有個 `my_type` 型別，可以是結構、常量或任何東西，就可以透過以下宣告方式成為基元：

```
_Atomic my_type x;
//或
_Atomic(my_type) x;
```

第一個型式很清楚的看得出來 `_Atomic` 是型別修飾子，第二種是過渡型式，能讓編譯器開發人員較容易實作（例如以巨集的型式），因此，在本書完稿時仍然很容易遇到只支援第二種型式的編譯器。對於標準中定義的整數型別，可以縮寫成 `atomic_int x`、`atomic_bool x` 等等。

只是將變數宣告為基元就能夠得到一些效果：x++、--x、x *= y 以及其他的二元運算/指派都會以多緒安全的方式執行 [C11 §6.5.2.4(2) 與 §6.5.16.2(3)]。這些運算以及接下來介紹的所有多緒安全運算都是 `seq_cst`，如同在 OpenMP 基元章節的「循序一致性」所介紹的一般（實際上，在 OpenMP v4.0 §2.12.6 提到 OpenMP atom 與 C11 atom 應該有相似的行為），其他運算就必須透過 atom 專有函式執行。

- 初始化要使用 `atomic_init(&your_var, starting_val)`，這會設定初始值「同時也會初始化其他實現基元物件必要的額外狀態」[C11 §7.17.2.2(2)]。這並不具備多緒安全，必須在分散多個執行緒前先使用，或是包覆在 mutex 或臨界區域當中。另外也有 `ATOMIC_VAR_INIT` 巨集，能夠在宣告程式行達到相同效果，所以可以使用以下兩種方式：

  ```
  _Atomic int i = ATOMIC_VAR_INIT(12);
  //或
  _Atomic int x;
  atomic_init(&x, 12);
  ```

- 使用 atomic_store(&*your_var*, x) 能將 *your_var* 以符合多緒安全的型式指派給 x。

- 使用 x = atomic_load(&*your_var*) 能以多緒安全的型式讀取 *your_var* 的數值，並指派給 x。

- 使用 x = *atomic_exchange(&your_var, y)* 能夠將 y 寫到 *your_var*，並將前一個值複製到 x。

- 使用 x = atomic_fetch_add(&*your_var*, 7) 能將 *your_var* 加 7，再將 x 設定相加前的值；atomic_fetch_sub 則是相減（但沒有 atomic_fetch_mul 與 atomic_fetch_div）。

基元變數還有許多功能，這一部分是因為 C 語言委員會希望未來的多緒函式庫實作仍然使用這些基元變數，在 C 語言的標準規範之內產生 mutex 與其他的結構。由於筆者假設讀者不會自行設計 mutex，就不深入介紹這些機制（例如實作了比較與交換運算的 atomic_compare_exchange_weak 與 _strong 函式）。

範例 12-8 是用基元變數重新寫過的程式碼，使用 pthread 處理執行緒，但程式碼仍然十分繁瑣，但 mutex 相關的繁瑣則被消除了。

範例 *12-8* 使用 C 語言基元變數的因數範例（*c_factors.c*）

```c
#include <pthread.h>
#include <stdatomic.h>
#include <stdlib.h> //malloc
#include <string.h> //memset
#include <stdio.h>

int get_max_factors(_Atomic(int) *factor_ct, long int max){
    //單緒儲存
    int global_max=0;
    for (long int i=0; i< max; i++){
        if (factor_ct[i] > global_max)
            global_max = factor_ct[i];
    }
    return global_max;
}

typedef struct {
    _Atomic(long int) *tally;
    _Atomic(int) *factor_ct;
    int max, thread_ct, this_thread;
} tally_s;
```

```
void *add_tally(void *vin){
    tally_s *in = vin;
    for (long int i=in->this_thread; i < in->max; i += in->thread_ct){
        int factors = in->factor_ct[i];
        in->tally[factors]++;                                        ❶
    }
    return NULL;
}

typedef struct {
    long int i, max;
    _Atomic(int) *factor_ct;
} one_factor_s;

void *mark_factors(void *vin){
    one_factor_s *in = vin;
    long int si = 2*in->i;
    for (long int scale=2; si < in->max; scale++, si=scale*in->i) {
        in->factor_ct[si]++;
    }
    return NULL;
}

int main(){
    long int max = 1e7;
    _Atomic(int) *factor_ct = malloc(sizeof(_Atomic(int))*max);       ❷

    int thread_ct = 4;
    pthread_t threads[thread_ct];

    atomic_init(factor_ct, 0);
    atomic_init(factor_ct+1, 1);
    for (long int i=2; i< max; i++)
        atomic_init(factor_ct+i, 2);

    one_factor_s x[thread_ct];
    for (long int i=2; i<= max/2; i+=therad_ct){
        for (int t=0; t < thread_ct && t+i <=max/2; t++){
            x[t] = (one_factor_s){.i=i+t, .max=max,
                            .factor_ct=factor_ct};
            pthread_create(&threads[t], NULL, mark_factors, x+t);
        }
        for (int t=0; t< thread_ct && t+i <=max/2; t++)
            pthread_join(threads[t], NULL);
    }

    int max_factors = get_max_factors(factor_ct, max);
    _Atomic(long int) tally[max_factors+1];
```

```
        memset(tally, 0, sizeof(long int)*(max_factors+1));

        tally_s thread_info[thread_ct];
        for (int i=0; i< thread_ct; i++){
            thread_info[i] = (tally_s){.this_thread=i, .thread_ct=thread_ct,
                            .tally=tally, .max=max,
                            .factor_ct=factor_ct};
            pthread_create(&threads[i], NULL, add_tally, thread_info+i);
        }
        for (int t=0; t< thread_ct; t++)
            pthread_join(threads[t], NULL);

        for (int i=0; i<max_factors+1; i++)
            printf("%i\t%li\n", i, tally[i]);
    }
```

❶ 先前使用 mutex 或 #pragma omp atomic 保護這行程式，由於 tally 陣列的元素
宣告為 atomic，可以保證像遞增這類簡單運算本身會是多緒安全。

❷ _Atomic 關鍵字，如同 const，是型別修飾子，但與 const 不同的是，基元 int 的
大小與一般 int 的大小不同 [C11 §6.2.5(27)]。

基元結構

結構也可以基元化，然而「存取基元結構或 union 物件的成員會造成未定義行為」[C11
§6.5.2.3(5)]，使得在處理基元結構時必須使用一定的程序：

1. 將共享基元結構複製到有相同基底類別的非基元私有結構： struct_t
   private_struct = atomic_load(&shared_struct)。

2. 使用私有複本。

3. 將修改過的私有複本複製回基元結構： atomic_store(&shared_struct,
   private_struct)。

如果有兩個執行緒可以修改同一個結構，無法保證在步驟一與步驟三之間結構不會被
其他執行緒改變。仍然需要確保一次只有一個執行緒會寫入，作法可以透過不同的設
計方式或使用 mutex，但讀取基元結構不再需要使用 mutex。

底下是個找質數的程式碼，雖然到目前為止的範例使用的版本（修改自 Sieve of
Eratosthenes）都比這個版本來得快，但這個版本很適合示範基元結構。

想要檢查標的是否能夠被任何比自己小的數整除，如果知道標的不能被 3 也不能被 5
除，那麼就能夠知道標的不能被 15 整除，所以程式只需要檢查比自己小的質數，也沒

必要檢查大於標的一半的數值，因為最大的因數一定會滿足 2×因數 = 標的，因此，虛擬碼可以寫成：

```
for (candidate in 2 to a million){
    is_prime = true
    for (test in (the primes less than candidate/2))
        if ((candidates/test) has no remainder)
            is_prime = false
}
```

剩下的問題是除了記得 primes less than candidate/2 這個串列，需要一個大小會變動的串列，也就表示需要使用 realloc。因為打算使用沒有結尾標記的一般陣列，所以也要記錄長度，這是基元結構很好的示範，陣列本身與長度資訊必須維持同步。

在範例 12-9 中，prime_list 是個所有執行緒共享的結構，可以看到結構位址多次作為函式引數傳遞，但其他的使用都是透過 atomic_init、atomic_store 以及 atomic_load。add_a_prime 函式是唯一一個會修改 prime_list 的地方，使用了先前介紹的處理方式，將結構複製到私有複本再使用私有複本。由於同時發生 realloc 會發生大問題，所以再加上 mutex 保護。

另一個值得一提的是 test_a_number：函式等待直到 prime_list 的質數到達 candidate/2 後才繼續執行，以免遺漏因數，這是個有用且方便的功能，讀者可以檢查這個程式不會發生「死鎖」（deadlock），也就是執行緒互相等待的情況，畢竟演算法與上述的虛擬碼相同。特別注意的是程式碼裡沒有使用任何 mutex，只有透過 atomic_load 讀取結構內容。

範例 12-9　使用基元結構尋找質數（c_primes.c）

```
#include <stdio.h>
#include <stdatomic.h>
#include <stdlib.h> //malloc
#include <stdbool.h>
#include <pthread.h>

typedef struct {
    long int *plist;                                        ❶
    long int length;
    long int max;
} prime_s;

int add_a_prime(_Atomic (prime_s) *pin, long int new_prime){
    prime_s p = atomic_load(pin);                           ❷
    p.length++;
    p.plist = realloc(p.plist, sizeof(long int) *p.length);
```

```c
        if (!p.plist) return 1;
        p.plist[p.length-1] = new_prime;
        if (new_prime > p.max) p.max = new_prime;
        atomic_store(pin, p);
        return 0;
}

typedef struct{
    long int i;
    _Atomic (prime_s) *prime_list;
    pthread_mutex_t *mutex;
} test_s;

void* test_a_number(void *vin){
    test_s *in = vin;
    long int i = in->i;
    prime_s pview;
    do {
        pview = atomic_load(in->prime_list);
    } while (pview.max*2 < i);

    bool is_prime = true;
    for (int j=0; j < pview.length; j++)
        if (!(i % pview.plist[j])){
            is_prime = false;
            break;
        }

    if (is_prime){
        pthread_mutex_lock(in->mutex);                    ❸
        int retval = add_a_prime(in->prime_list, i);
        if (retval) {printf("Too many primes.\n"); exit(0);}
        pthread_mutex_unlock(in->mutex);
    }
    return NULL;
}

int main(){
    prime_s inits = {.plist=NULL, .length=0, .max=0};
    _Atomic (prime_s) prime_list = ATOMIC_VAR_INIT(inits);
    ptherad_mutex_t m;
    pthread_mutex_init(&m, NULL);

    int thread_ct = 3;
    test_s ts[thread_ct];
    pthread_t threads[thread_ct];

    add_a_prime(&prime_list, 2);
```

```
        long int max = 1e6;
        for (long int i=3; i< max; i+=thread_ct){
            for (int t=0; t < thread_ct && t+i < max; t++){
                ts[t] = (test_s) {.i = i+t, .prime_list=&prime_list, .mutex=&m};
                pthread_create(threads+t, NULL, test_a_number, ts+t);
            }
            for (int t=0; t< thread_ct && t+i <max; t++)
                pthread_join(threads[t], NULL);
        }

        prime_s pview = atomic_load(&prime_list);
        for (int j=0; j < pview.length; j++)
            printf("%li\n", pview.plist[j]);

    }
```

❶ 所有的重配置過程，串列本身與串列長度值都必須維持一致，所以將這兩項資訊放在結構當中，只宣告結構的基元實例。

❷ 函式使用程序是，將基本結構載入非基元本地複本，修改複本，再透過 `atomic_store` 將資訊複製回基元版本。這個過程不具多緒安全，所以一次只能有一個執行緒呼叫。

❸ 因為 add_a_prime 不具多緒安全，必須用 mutex 保護。

本章介紹了平行執行程式碼的許多機制，透過 OpenMP，只需要簡單的註記就能夠設定分派與收集執行緒。困難在於追蹤所有的變數，每個在多緒邏輯中處理的變數都必須分類與處理。

最簡單的一類是唯讀變數，接著是在執行緒內部產生與消滅，不會與其他執行緒互動的變數，這表示我們寫的函式應該不要修改任何輸入資訊（也就是所有的指標都應該標上 const）且不要產生任何副作用，這樣的函式可以平行執行不用擔心。就某方面來說，這類程式沒有時間與環境的概念：一般的 sum 函式，sum(2, 2) 一定會傳回 4，不會受到呼叫的時間與方式影響，也不會受到環境其他部分影響。實際上，在某些「純函數式」（*purely functional*）程式語言裡，努力限制使用者只能撰寫這類函式。

「狀態變數」（*state variable*）是指會隨著函式運算過程變化的變數，一旦有了狀態變數，函式就失去了不受時間影響的特性，執行傳回銀行帳戶存款餘額的函式可能會得到很大的金額，但第二天呼叫相同的函式卻可能傳回很小的數值，純粹函數式學派的作者們回歸到最簡單的原則，我們應該避免狀態變數。然而狀態變數無可避免，因為程式描寫的是滿是狀態的真實世界，在閱讀純函數式作者的著作時，會對他們將狀態延後的努力感到驚歎。例如 Harold Abelson 等人的著作，直到全書的三分之一（第 217 頁）才承認世界充滿狀態的情況，如銀行帳戶餘額、虛擬亂數產生器以及電子電路等等。

本章大多數內容著重在平行環境中狀態變數的處理，讀者現在已經有許多可以使用的工具，讓時間能夠一致，包含了基元運算、mutex 以及臨界區域，這些機制全都能夠強制狀態以循序的方式更新。由於這些機制都得花上許多時間實作、驗證與除錯，最簡單的方式就是避免狀態變數，在寫下處理時間與環境的函式前，盡可能的多寫些不含狀態的函式。

## 第十三章

函式庫

And if I really wanted to learn something I'd listen to more records.

And I do, we do, you do.

— The Hives, "Untutored Youth"

本章介紹一些能簡化日常工作的函式庫。

筆者認為近來的 C 語言函式庫使用起來愈來愈不需要技巧，十幾年前，一般函式庫只提供工作所需的基本工具，讓程式設計師為基本工具建立方便且便於程式設計師使用的版本，因為函式庫不應該自行佔用記憶體，大多數函式庫會要求使用者處理記憶體配置相關工作。然而，本章介紹的函式都採用「方便」的介面，像是 cURL 的 `curl_easy_...` 函式，SQLite 能執行所有資料庫交易的單一函式，這些函式會完成指定的動作，用起來都很方便。

本章先介紹一些標準的通用函式庫，接著是介紹一些筆者在特定功能比較偏愛的函式庫，包含 SQLite、GNU Scientific Library、libxml2 以及 libcURL。筆者無法得知讀者使用 C 語言的目的，但這些好用又可靠的系統能適用許多不同的工作。

GLib

由於標準函式庫留下了許多必要的工作，自然會出現填補這些空隙的函式庫。GLib 實作能滿足資訊科系第一學年的計算需求，能夠支援幾乎所有的系統（即使是對 POSIX 不那麼友善的 Windows），目前也十分穩定可靠。

筆者並不打算提供 GLib 的使用範例程式，本書之前已經提供許多範例：

- 範例 2-2 的超快速串列範例。

- 「單元測試」一節中的測試機具。

- 「Unicode」一節中的 Unicode 工具。

- 「泛型結構」一節中的雜湊表。

- 「參考計數」一節中將文字檔讀入記憶體以及與 Perl 相容的正規表示式剖析器。

在接下來的內容中，「使用 mmap 處理大資料集」一節會使用 GLib 在 POSIX 與 Windows 系統提供的 mmap 外覆。

此外，如果讀者需要撰寫滑鼠與視窗系統，就會需要事件迴圈（event loop）抓取與分派滑鼠及鍵盤事件，GLib 提供了這項功能。還有能在 POSIX 與非 POSIX 系統（如 Windows）通用的檔案工具，還有個組態檔（configuration file）的簡易剖析器以及輕量級的語法掃描器能供進一步處理之用。

POSIX

POSIX 標準在標準 C 語言函式庫之上提供了許多有用的函式，由於 POSIX 廣為採用，十分值得學習。接下來的兩個小節會簡單介紹兩個特別實用的功能：正規表示式剖析以及將檔案映射到記憶體。

剖析正規表示式

「正規表示式」（*regular expresion*）是種表示文字樣式（pattern）的方式，例如（一個數字加上一個以上的文字）或（數字-逗號-空白-數字，沒有其他任何東西）；能用很簡單的正規表示式表示為 [0-9]\+[[:alpha:]]\+ 與 ^[0-9]\+, [0-9]\+\$，POSIX 標準規定了一組剖析正規表示式的 C 語言函式，使用的是自己定義的語法，許多工具都使用了這些函式。筆者認為自己的確每天都會用到這些工具，包含在命令列執行 sed、awk 與 grep 等 POSIX 標準工具，以及程式碼中的小型文字剖析工具，也許是需要在檔案裡找到某個人的姓名，或是有人寄了個用 "04Apr2009-12Jun2010" 單行表示日期範圍的檔案，需要切割成六個常用欄位，又或者是筆者有篇在鯨類學的論文（偽），需要找出論文裡的章節標記。

如果想用一個字元作為分隔子，將字串切割成一連串的識別子，可以使用 strtok，參看「A Pæne to strtok」。

但筆者決定不在本書加上正規表示式介紹的章節，筆者在網路搜尋「*regular expression tutorial*」得到 12,900 篇結果，在 Linux 主機上，man 7 regex 也會有一份說明，要是系統裡安裝了 Perl，那麼 man perlre 會簡單介紹 Perl 相容的正規表示式（PCRE）。《*Friedl，2002*》是針對這個主題很傑出的一本書，以下只介紹正規表示式在 POSIX C 函式庫的運作。

正規表示式主要分為三類：

- 基本正規表示式（basic regular expression，BRE）是初版草案，只有一些常見的符號有特殊意義，例如 * 表示前一個基元能出現零或多個，[0-9]* 表示可能會有個整數，額外的功能需要透過反斜線表示特殊字元：一個以上的位元表示成 \+，所以前面有個加號的整數會是 +[0-9]\+。

- 擴充正規表示式（extended regular expression，ERE）是第二版草案，主要是讓不加反斜線時表示特殊字元，加上反斜線表示一般字元，現在有加號帶頭的整數要表示成\+[0-9]+。

- Perl 從程式語言的核心就支援了正規表示式，而 Perl 程式語言的作者在正規表示式的文法上作了幾個顯著的擴充，包含前溯/回溯（lookahead/lookbehind）特性，只會符合最小可能相符字串的非貪子數量限定子，以及正規表示式內部註解。

前兩種類型的正規表示式是透過 POSIX 標準裡的一小組函式實作而成，也許已經是讀者標準函式庫的一部分，PCRE 透過 libpcre 使用，可以從線上下載或是使用套件管理工具安裝，man pcreapi 有更詳細的說明。GLib 提供了方便、高階的 libpcre 外覆，參看範例 11-18。

由於正規表示式是 POSIX 基礎的一部分，本節的正規表示式範例，範例 13-2，在 Linux 與 Mac 平台上，不需要任何編譯器旗標就能夠正常編譯，只需要使用一般的設定：

```
CFLAGS="-g -Wall -O3 --std=gnu11" make regex
```

POSIX 與 PCRE 介面使用上都需要相同的四個步驟：

1. 透過 regcomp 或 pcre_compile 編譯正規表示式。

2. 透過 regexec 或 pcre_exec，在字串執行前一步編譯好的正規表示式。

3. 如果正規表示式中標記了要取出的子字串（參看以下說明），可以使用 regexec 或 pcre_exec 函式傳回的位移量，將子字串從基底字串複製出來。

4. 釋放編譯好的正規表示式內部使用的記憶體。

前兩個步驟與最後一個步驟都只需要執行一行程式碼，所以，如果只想知道字串是否與指定的正規表示式相符，那就很簡單。由於 POSIX 標準裡的相關說明，同樣的被納入 Linux 與 BSD 的文件當中（試試 man regexec），而且也有許多網站一字不漏的提供這些文件，本書將不會詳細介紹 regcomp、regexec 以及 regfree 的使用方式與旗標。

如果想要取出子字串，就稍稍複雜了些，正規表示式中的小括號表示剖析器應該取得與小括號內的子樣式相符的字串（甚至相符的是 null 字串），因此，ERE 樣式 "(.*)o" 會符合 "hello" 字串，同時會儲存與 .* 相符的最長字串，也就是 hell。regexec 的第三個數是樣式內加上括號的子表示式數量，在以下的範例中將這個參數稱為 matchcount；regexec 的第四個參數是 matchcount+1 的 regmatch_t 元素的陣列。regmatch_t 包含兩個元素：rm_so 表示相符起始位，以及 rm_eo 代表結尾，零長度元素的陣列的啟始與結束值會等於整個正規表示式（想像包住整個樣式的括號），而接下來的元素都是每個括號子樣式的啟、迄位置，依照左括號在樣式中出現的順序排列。

事先說明，範例 13-1 的標頭檔定義了本節最後範例中的程式碼，regex_match 函式加上巨集與結構，能透過命名與自訂參數，如「非必要以及指名參數」，工具函式接受字串與一個正規表示式，會產生子字串陣列。

範例 13-1　一些正規表示式工具的標頭檔（*regex_fns.h*）

```
typedef struct {
    const char *string;
    const char *regex;
    char ***substrings;
    _Bool use_case;
} regex_fn_s;

#define regex_match(...) regex_match_base((regex_fn_s){__VA_ARGS__})

int regex_match_base(regex_fn_s in);
char * search_and_replace(char const *base, char const *search, char const *replace);
```

另外還需要 POSIX 沒有提供的搜尋與取代函式，除非取代的字串長度與原字串長度相同，否則這此操作都會需要重新配置原始字串。但我們已經有了將字串分割為子字串的工具，所以 search_and_replace 使用加上括號的子字串將字串分割為子字串，再重建新的字串，並在適當位置插入取代的字串。

如果沒有任何相符子字串就傳回 NULL，透過以下程式碼可以做到全域搜尋與取代：

```
char *s2;
while((s2 = search_and_replace(long_string, pattern))){
    char *tmp = long_string;
    long_string = s2;
    free(tmp);
}
```

以上程式有些地方不夠有效率：`regex_match` 函式每次都會重新編譯字串，如果利用 `result[1].rm_eo` 之前的子字串都不用重新搜尋的特性，全域搜尋與取代能夠更有效率。針對這個例子，可以使用 C 語言作為 C 語言的原型語言：先寫個簡單的版本，如果評析器顯示效率是個問題，就取代為更有效率的程式碼。

範例 13-2 是實作部分，標記的部分是上述說明的關鍵事件，以及後續的註記。程式碼最後的測試函式顯示了這些函式簡單的使用方式。

範例 13-2　正規表示式剖析工具（regex.c）

```
#define _GNU_SOURCE //讓 stdio.h 引入 asprintf
#include "stopif.h"
#include <regex.h>
#include "regex_fns.h"
#include <string.h> //strlen
#include <stdlib.h> //malloc, memcpy

static int count_parens(const char *string){                    ❶
    int out = 0;
    int last_was_backslash = 0;
    for (const char *step=string; *step !='\0'; step++){
        if (*step == '\\' && !last_was_backslash){
            last_was_backslash = 1;
            continue;
        }
        if (*step == ')' && !last_was_backslash)
            out++;
        last_was_backslash = 0;
    }
    return out;
}

int regex_match_base(regex_fn_s in){
    Stopif(!in.string, return -1, "NULL string input");
    Stopif(!in.regex, return -2, "NULL regex input");

    regex_t re;
    int matchcount = 0;
    if (in.substrings) matchcount = count_parens(in.regex);
```

```
        regmatch_t result[matchcount+1];
        int compiled_ok = !regcomp(&re, in.regex, REG_EXTENDED            ❷
                                    + (in.use_case ? 0 : REG_ICASE)
                                    + (in.substrings ? 0 | REG_NOSUb) );
        Stopif(!compiled_ok, return -3, "This regular expression didn't "
                                "compile: \"%s\"", in.regex);

        int found = !regexec(&re, in.string, matchcount+1, result, 0);     ❸
        if (!found) return 0;
        if (in.substrings){
            *in.substrings = malloc(sizeof(char*) * matchcount);
            char **substrings = *in.substrings;
            //只對應到 /0，略過
            for (int i=0; i< matchcount; i++){
                if (result[i+1].rm_eo > 0){        //GNU 專屬：對應到 empty 標記
                    int length_of_match = result[i+1].rm_eo - result[i+1].rm_so;
                    substrings[i] = malloc(strlen(in.string)+1);
                    memcpy(substrings[i], in.string + result[i+1].rm_so,
                            length_of_match);
                    substrings[i][length_of_match] = '\0';
                } else {                           //未相符
                    substrings[i] = malloc(1);
                    substrings[i][0] = '\0';
                }
            }
            in.string += result[0].rm_eo;          //對應結束
        }
        regfree(&re);                                                      ❹
        return matchcount;
}

char * search_and_replace(char const *base, char const *search, char const *replace){
    char *regex, *out;
    asprintf(&regex, "(.*)(%s)(.*)", search);                              ❺
    char **substrings;
    int match_ct = regex_match(base, regex, &substrings);
    if(match_ct < 3) return NULL;
    asprintf(&out, "%s%s%s", substrings[0], replace, substrings[2]);
    for (int i=0; i< match_ct; i++)
        free(substrings[i]);
    free(substrings);
    return out;
}

#ifdef test_regexes
int main(){
    char **substrings;

    int match_ct = regex_match("Hedonism by the alps, savory foods at every meal.",
```

```
                "([He]*)do.*a(.*)s, (.*)or.* ([em]*)al", &substrings);
    printf("%i matches:\n", match_ct);
    for (int i=0; i< match_ct; i++){
        printf("[%s] ", substrings[i]);
        free(substrings[i]);
    }
    free(substrings);
    printf("\n\n");

    match_ct = regex_match("", "([[:alpha:]]+) ([[:alpha:]]+)", &substrings);
    Stopif(match_ct != 0, return 1, "Error: matched a blank");

    printf("Without the L, Plants are: %s",
            search_and_replace("Plants\n", "l", ""));
}
#endif
```

❶ 需要傳入 regexec 已經配置好的陣列以存放相符的子字串與長度,這表示需要知道會有多少子字串。這個函式接受一個 ERE,計算沒有用反斜線跳脫的左括號數量。

❷ 將正規表示式編譯為 regex_t,這個函式在重複使用上不夠有效率,因為正規表示式每次都會重新編譯,快取已經編譯好的正規表示式就留給讀者練習。

❸ 使用 regexec,如果想要知道是否有相符,可以傳入 NULL 與 0 作為相符串列及長度。

❹ 別忘了釋放 regex_t 內部使用的記憶體。

❺ 搜尋與取代的運作方式是將輸入字串切割成(相符位置前的字子串)(相符部分)(之後的子字串),這是表示用的正規表示式。

使用 mmap 處理大資料集

之前提過有三種類型的記憶體(靜態、自行配置以及自動),而第四種是:磁碟(disk-based)。這種型式的記憶體會從硬碟取得檔案,透過 mmap 將檔案內容對應到記憶體位址。

一般共享函式庫都是用這種方式運作:系統找到 *libwhatever.so*,指派記憶體位址給檔案中需要的函式,就能夠將函式載入記憶體。

或是,可以透過 mmap 同一個檔案讓不同執行程序共享資料。

也可以使用這種方式將資料結構儲存到記憶體,mmap 檔案到記憶體,使用 memmove 將記憶體中的資料結構複製到對映的記憶體,就能夠在下次執行時使用。問題會出在資料結構中使用指標指向其他結構時，將一系列用指標指向的資料轉換為可以儲存的資料結構是「序列化」（serialization）的問題，本書並不討論這個問題。

當然，還有資料太大無法全部載入記憶體的情況，mmap 的陣列大小受到磁碟空間的限制，而不是實體記憶體限制。

範例 13-3 的範例程式，load_mmap 函式負責大多數的工作，如果使用 malloc 就需要建立檔案，將檔案擴展成正確大小；如果是開啟已經存在的檔案，則是先開啟檔案再 mmap。

範例 13-3　磁碟上的檔案輕易的轉換到記憶體中（mmap.c）

```c
#include <stdio.h>
#include <unistd.h>          //lseek, write, close
#include <stdlib.h>          //exit
#include <fcntl.h>           //open
#include <sys/mman.h>
#include "stopif.h"

#define Mapmalloc(number, type, filename, fd) \                    ❶
            load_mmap((filename), &(fd), (number)*sizeof(type), 'y')
#define Mapload(number, type, filename, fd)   \
            load_mmap((filename), &(fd), (number)*sizeof(type), 'n')
#define Mapfree(number, type, fd, pointer)    \
            releasemmap((pointer), (number)*sizeof(type), (fd))

void *load_mmap(char const *filename, int *fd, size_t size, char make_room){ ❷
    *fd=open(filename,
            make_room=='y' ? O_RDWR | O_CREAT | O_TRUNC : O_RDWR,
            (mode_t)0600);
    Stopif(*fd==-1, return NULL, "Error opening file");

    if (make_room=='y'){     //擴展檔案大小到與 (mmap) 陣列相同
        int result=lseek(*fd, size-1, SEEK_SET);
        Stopif(result==-1, close(*fd), return NULL,
            "Error stretching file with lseek");

        result=write(*fd, "", 1);
        Stopif(result!=1, close(*fd): return NULL,
            "Error writing last byte of the file");
    }

    void *map=mmap(0, size, PORT_READ | PROT_WRITE, MAP_SHARED, *fd, 0);
    Stopif(map==MAP_FAILED, return NULL, "Error mmapping the file");
    return map;
}

int releasemmap(void *map, size_t size, int fd){                   ❸
    Stopif(munmap(map, size) == -1, return -1, "Error un-mmapping the file");
```

```
        close(fd);
        return 0;
    }

    int main(int argc, char *argv[]) {
        int fd;
        long int N=1e5+6;
        int *map = Mapmalloc(N, int, "mmapped.bin", fd);

        for (long int i = 0; i <N; ++i) map[i] = i;                          ❹

        Mapfree(N, int, fd, map);

        //重開開啟作再算一次
        int *readme = Mapload(N, int, "mmapped.bin", fd);

        long long int oddsum = 0;
        for (long int i = 0; i <N; ++i) if (readme[i]%2) oddsum += i;
        printf("The sum of odd numbers up to %li: %lli\n", N, oddsum);

        Mapfree(N, int, fd, readme);
    }
```

❶ 用巨集作為函式外覆就不用一再重複輸入 sizeof，也不需要記得配置與載入時 load_mmap 的不同使用方式。

❷ 巨集隱藏了函式兩種不同的呼叫方式，如果是開啟已經存在的資料，會開啟檔案，呼叫 mmap，檢查結果；如果是作為配置函式呼叫，就需要將檔案延展成正確的大小。

❸ 釋放映射的檔案需要使用 munmap，類似 malloc 搭配 free 函式，接著再關閉檔案，資料會存留在磁碟上，當下次執行程式時可以開啟檔案，從上次中斷的位置繼續作業。如果想要完全刪除檔案，就使用 unlink("*filename*")。

❹ 代價：無法區分 map 是在磁碟或是位於一般的記憶體。

最後還有一點：mmap 函式是 POSIX 標準函式，除了 Windows 與部分嵌入式系統之外所有的系統都有提供，在 Widnows 下可以用不同的函式達到相同的行為；參看 CreateFileMapping 與 MapViewOfFile 函式的說明。GLib 使用 *if POSIX … else if Windows …* 的結構同時提供支援 mmap 與 Windows 函式，將兩個平台不同的函式用 g_mapped_file_new 函式包覆，完成所有的行為。

GNU Scientific Library

如果聽到有人說「我試著用 C 語言實作〈*Numerical Recipes*〉中的演算法⋯」[Press 1992]，正確的作法幾乎都是下載 The GNU Scientific Library（GSL），這個函式庫中已經實作了需要的演算法 [Gough 2003]。

某些數值積分方法比其他來得好，又如同「停用 Float」一節提過，某些敏感的數值演算法會得到太不精確的答案，甚至連接近都說不上。因此，在這個計算領域，盡可能使用現有函式庫能得到比較好的報酬。

至少 GSL 提供了比較可靠的亂數產生器（C 語言標準的 RNG 在不同主機上會有不同的結果，並不適用於可重複操作的研究），以及容易操作的向量與矩陣結構；標準線性代數程序、function minimizer、基本統計（平均值與變異數）以及排列（permutation）結構，即使不是整天把玩數字的讀者也能夠用得上。

如果讀者知道固有向量（eigenvector）、Bessel 函數或是快速傅利葉轉換是什麼東西，也可以在這個函式庫裡找到。

先前在範例 11-14 使用了 GSL 的向量與複數，後續會在範例 13-4 示範 GSL 的其他用法，讀者會注意到程式裡只出現了一、兩次 `gsl_`；GSL 是老派函式庫的優良範例，只提供完成工作所需的最基本工具，由使用者建立其他需要的部分。例如，GSL 使用手冊會提供使用者樣板程式，讓程式設計師填入最佳化函式產生良好的效果，這看起來是函式該做的事，所以筆者為 GSL 寫了一些外覆函式，也就是 Apophenia，一個以資料塑模為核心的函式庫。例如 `apop_data` 結構將基本的 GSL 向量與向量行、列名稱及文字資料陣列結合，讓基本數值處理結構更接近於真實世界的資料呈現方式，Apophenia 的呼叫慣例比較接近第 10 章介紹的現代風格。

optimizer 的設定十分類似「Void 指標及其指向的結構」一節介紹的程序，可以接受任何函式，將輸入的函式視為黑盒子，optimizer 試著用輸入值執行指定的函式，利用輸出值改善下次猜測的輸入值，產生更大的輸出，透過夠好的智慧搜尋演算法，一系列的猜測會收斂到讓函式最大化的輸入。使用最佳化程序的問題就轉變成為用適當的型式撰寫要被最佳化的函式，將函式傳入設定正確的 optimizer。

舉例來說，假設在空間中（假設是 $\mathbb{R}^2$）有一系列的資料點 x_1、x_2、x_3⋯，想要找到點 y 能夠讓 y 與這些點的總距離最小化，那麼，給定距離函式 D，想要得到數值 y，能夠最小化 `D(y, x1) + D(y, x2) + D(y, x3) + …`。

optimizer 會需要能接受這些資料點的函式以及一個目標點,並且對每個 x_i 計算 $D(y,$ $x_i)$,這聽起來很像是「Map-reduce」一節介紹的 map-reduce 運算,apop_map_sum 也的確採用這種作法(甚至使用 OpenMP 平行化)。apop_data 結構作為一致的機制,提供要進行最佳化的 x 資料集。此外,物理學家與 GSL 通常比較喜歡計算最小值,經濟學家與 Apophenia 則比較喜歡計算最大值,其中的差異很容易克服,只需要加上負號就行了:與其最小化距離,可以改成最大化總距離的負值。

最佳化程序相對的複雜(optimizer 是在多少維度的空間搜尋結果?該如何找到參考資料?應該使用怎麼樣的搜尋程序?),因此 apop_estimate 函式需要 apop_model 結構以及函式的 hook 與其他相關的資訊。把這個距離最小化器稱為模型似乎很奇怪,但許多所謂的統計模型(線性迴歸、支援向量機、模擬等)都是以這種型式取得資料作估計,根據給定的目標函式找出最佳結果,將最佳化的結果回報為指定資料的參數組。

範例 13-4 包含以上的完整程序,撰寫距離函式,將函式與相關後設資料包覆到 apop_model,接著再用一行程式呼叫 apop_estimate,讓 apop_estimate 進行真正的最佳化過程,最後吐出的模型結構,其參數就是能夠最小化到輸入資料點的位置。

範例 13-4　找出與輸入的各點間距離和最小的點（gsl_distance.c）

```
#include <apop.h>

double one_dist(gsl_vector *v1, void *v2){
    return apop_vector_distance(v1, v2);
}

long double distance(apop_data *data, apop_model *model){
    gsl_vector *target = model->parameters->vector;
    return -apop_map_sum(data, .fn_vp=one_dist, .param=target);      ❶
}

apop_model *min_distance= &(apop_model){
  .name="Minimum distance to a set of input points.", .p=distance, .vsize=-1};  ❷

int main(){
    apop_data *locations = apop_data_falloc((5,2),                  ❸
                            1.1, 2.2,
                            4.8, 7.4,
                            2.9, 8.6,
                            -1.3, 3.7,
                            2.9, 1.1);
    Apop_model_add_group(min_distance, apop_mle, .method="NM simplex",  ❹
                                        .tolerance=1e-5);
    apop_model *est=apop_estimate(locations, min_distance);         ❺
    apop_model_show(est);
}
```

❶ 對輸入資料集的每一列（row）使用 one_dist 函式，取負值是因為使用最大化系統尋找最小距離。

❷ .vsize 元素表示 apop_estimate 底層包含了許多工作，會配置模型的 parameters 成員，並設為 -1 表示參數應該與資料集行數有相同的數量。

❸ apop_data_falloc 的第一個參數是維度的串列，接著用 2D 點填入指定維度的網格，參看「多個串列」。

❹ 這行程式對模型加上一組與最佳化方式相關的註記：使用 Nelder-Mead simplex 演算法，並持續到演算法的誤差估計低於 1e-5，加上 .verbose='y' 會顯示最佳化搜尋過程中每個迭代的資訊。

❺ OK，一切都設定完畢，再加上一行執行最佳化引擎的程式碼：搜尋對指定 locations 資料最小化 min_distance 函式的點。

SQLite

結構化查詢語言（Structured Query Language，SQL）是人類可以理解，與資料庫互動時使用的語言，由於資料庫大多儲存在磁碟上，可以成長到十分龐大。SQL 資料庫在處理這些巨大資料集上有兩項特長：萃取子資料集以及結合資料集。

由於市面上有許多資料庫的教學資料，本書並不會詳細介紹 SQL，筆者在另一本著作《*Modeling with Data: Tools and Techniques for Statisical Computing*》中有個以 SQL 為主題的章節，內容包含了在 C 語言中使用 SQL 的介紹；讀者在搜尋引擎中輸入 *sql tutorial* 也可以找到許多教學文件。SQL 的基本概念十分簡單，以下介紹以 SQLite 函式庫為主。

SQLite 透過一個 C 語言檔加上一個標頭檔提供資料庫功能，檔案中包含了 SQL 查詢剖析器、操作磁碟上檔案所需的各種內部結構與函式，再加上一些供程式設計師與資料庫溝通所需的介面函式。下載檔案後解開到專案目錄，接著在 makefile 的 objects 加上 *sqlite3.o*，就能夠使用完整的 SQL 資料庫引擎。

與資料庫互動只需要幾個函式：開啟資料庫、關閉資料庫、送出查詢以及從資料庫取得資料列。

以下是可以使用的資料庫開啟/關閉函式：

```
sqlite3 *db=NULL;     //全域資料庫識別碼

int db_open(char *filename){
    if (filename)  sqlite3_open(filename, &db);
    else           sqlite3_open(":memory:", &db);
    if (!db) {printf("The database didn't open.\n"); return 1;}
    return 0;
}

//關閉資料庫也很容易
sqlite3_close(db);
```

筆者比較喜歡只用一個全域的資料庫識別碼，如果需要開啟多個資料庫，會利用 SQL attach 命令打開另一個資料庫，使用外掛（attached）資料庫的 SQL 命令型式如下：

```
attach "diskdata.db" as diskdb;
create index diskdb.index1 on diskdb.tab1(col1);
select * from diskdb.tab1 where col1=27;
```

如果第一個資料庫識別碼在記憶體，所有磁碟上資料庫都是用外掛的方式使用，程式就需要特別指明哪些表格（table）或索引（index）需要寫入磁碟，所有未指定的部分都會作為暫存表格放在速度較快的揮發性記憶體中；如果忘了將表格寫入記憶體，可以另外使用以下命令將表格寫入磁碟：create table diskdb.saved_table as select * from table_in_memory。

查詢

以下巨集可以將不需傳回資料的 SQL 送到資料庫，例如 attach 與 create index 查詢只會要求資料庫執行動作，不會傳回任何資料。

```
#define ERRCHECK {if (err!=NULL) {printf("%s\n", err); return 0;}}

#define query(...){char *query; asprintf(&query, __VA_ARGS__);    \
                   char *err=NULL;                                \
                   sqlite3_exec(db, query, NULL, NULL, &err);     \
                   ERRCHECK                                       \
                   free(query); free(err);}
```

ERRCHECK 巨集是標準用法（來自 SQLite 使用手冊），上述程式將 sqlite3_exec 包覆到巨集當中，就能夠在程式中使用以下的寫法：

```
for (int i=0; i< col_ct; i++)
    query("create index idx%i on data(col%i)", i, i);
```

使用 printf 等函式建立查詢字串是在 C 語言中使用 SQL 的正規方法，可以想見在程式碼中建立愈多即時查詢，就會讓程式碼愈加冗長。這種型式有個缺點：SQL 的 like 命令與 printf 函式一樣會使用 % 符號作識別碼，所以 query("select * from data where col1 like 'p%%nts'") 會發生錯誤，因為在 printf 中必須使用 %% 才能夠表示 % 符號，改成 query("%s", "select * from data where col1 like 'p%%nts'") 就不會有問題。然而，即時建立查詢命令是十分常見的作法，值得在一般固定查詢中多注意加上額外的 %S 號。

從 SQLite 中取得資料需要使用回呼函式，如同「接受泛型輸入的函式」一節介紹的作法，以下範例會在螢幕上印出資料：

```c
int the_callback(void *ignore_this, int argc, char **argv, char **column){
    for (int i=0; i< argc; i++)
        printf("%s,\t", argv[i]);
    printf("\n");
    return 0;
}

#define query_to_screen(...){                                    \
    char *query; asprintf(&query, __VA_ARGS__);                  \
    char *err=NULL;                                              \
    sqlite3_exec(db, query, the_callback, NULL, &err);          \
    ERRCHECK                                                    \
    free(query); free(err);}
```

回呼函式的輸入參數與 main 函式十分相似，用 argc 表示文字元素 argv 的數量，欄位名稱（同樣也是長度 argc 的字串）則在 column 中。在螢幕上印出資訊表示直接將傳入的字串印出，十分單純，將資料填入陣列的作法也類似：

```c
typedef {
    double *data;
    int rows, cols;
} array_w_size;

int the_callback(void *array_in, int argc, char **argv, char **column){
    array_w_size *array = array_in;
    *array = realloc(&array->data, sizeof(double)*(++(array->rows))*argc);
    array->cols=argc;
    for (int i=0; i< argc; i++)
        array->data[(array->rows-1)*argc + i] = atof(argv[i]);
}
```

```
#define query_to_array(a, ...){\
    char *query; asprintf(&query, __VA_ARGS__);    \
    char *err=NULL;                                \
    sqlite3_exec(db, query, the_callback, a, &err); \
    ERRCHECK                                       \
    free(query);free(err);}

//使用方式：
array_w_size untrustworthy;
query_to_array(&untrustworthy, "select * from people where age > %i", 30);
```

問題會出在資料中同時存在數字與字串型別的時候，在之前提過的 Apophenia 函式庫中，花了一、兩頁篇幅的程式碼才實作能夠處理混合數字與文字資料的功能。

儘管如此，只要使用以上程式範例的方式，搭配 SQLite 提供的兩個檔案，以及對 makefile 的 objects 稍作修改，就能夠在程式中提供完整的 SQL 資料庫功能。

libxml 與 cURL

cURL 是個能夠處理各種網際網路協定的 C 語言函式庫，包含 HTTP、HTTPS、POP3、Telnet、SCP 以及 Gopher。需要與伺服器溝通的工作，都很有機會能夠以 libcURL 完成，在接下來的範例中將會看到這個函式庫提供了十分簡單的介面，只需要指定幾個變數，就能夠建立連線。

網際網路上 XML 與 HTML 等標記語言（markup language）十分常見，自然也應該同時介紹 libxml2。

可延伸標示語言（extensible markup language，XML）是用來描述以純文字呈現的樹狀結構定義的資料，圖 13-1 的上半部是勉強可以理解的 XML 資料，下半部則是文字內容形成的樹狀結構，處理標記正確的樹狀結構相對容易：可以從根節點開始（透過 xmlDocGetRootElement）遞迴拜訪所有的元素，或是取得所有使用標籤 par 的節點、或是取得第 2 章的子節點中所有的 title 標籤節點等等。在接下來的範例中，//item/title 表示所有以 item 為父節點的 title 元素，不論樹狀結構中的任何位置。

libxml2 能理解標籤樹結構使用的語言，透過物件表示文件、節點以及節點串列。

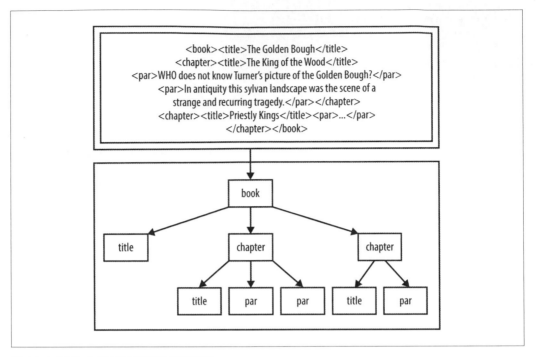

圖 13-1 XML 文件以及對應的樹狀結構

範例 13-5 是個完整的例子，使用 Doxygen 文件（參看「交織的文件」），所以程式碼看起來很長，但也提供了清楚的說明。再次強調，如果讀者習慣跳過比較長的程式碼，請試著閱讀這個範例的程式碼，看看能不能理解，如果系統中有 Doxygen，也可以試著產生文件，透過瀏覽器閱讀。

範例 13-5　將 NYT 標題文件轉換為簡單的格式（*nyt_feed.c*）

```
/** \file

 A program to read in the NYT's headline feed and produce a simple
 HTML page from the headlines */
#include <stdio.h>
#include <curl/curl.h>
#include <libxml2/libxml/xpath.h>
#include "stopif.h"


/** \mainpage
The front page of the Grey Lady's web site is as gaudy as can be, including
several headlines and sections trying to get your attention, various formatting
schemes, and even photographs--in <em>color</em>.
```

This program reads in the NYT Headlines RSS feed, and writes a simple list in
plain HTML. You can then click through to the headline that modestly piques
your attention.

For notes on compilation, see the \ref compilation page.
*/

/** \page compilation Compiling the program

Save the following code to \c makefile.

Notice that cURL has a program, \c curl-config, that behaves like \c pkg-config,
but is cURL-specific.

\code
CFLAGS =-g -Wall -O3 `curl-config --cflags` -I/usr/include/libxml2
LDLIBS=`curl-config --libs ` -lxml2 -lpthread
CC=c99

nyt_feed:
\endcode

Having saved your makefile, use <tt>make nyt_feed</tt> to compile.

Of course, you have to have the development packages for libcurl and libxml2
installed for this to work.
*/

//這裡有些線上的 Doxygen 文件。
//< 指向記錄的先前文本。
char *rss_url = "http://rss.nytimes.com/services/xml/rss/nyt/HomePage.xml";
                                    /**< The URL for an NYT RSS feed. */
char *rssfile = "nytimes_feeds.rss"; /**< A local file to write the RSS to.*/
char *outfile = "now.html";   /**< The output file to open in your browser.*/

/** Print a list of headlines in HTML format to the outfile, which is overwritten.

\param urls The list of urls. This should have been tested for non-NULLness
\param titles The list of titles, also pre-tested to be non-NULL. If the length
     of the \c urls list or the \c titles list is \c NULL, this will crash.
*/
void print_to_html(xmlXPathObjectPtr utls, xmlXPathObjectPtr titles){
    FILE *f = fopen(outfile, "w");
    for (int i=0; i< titles->nodesetval->nodeNr; i++)
        fprintf(f, "<a href=\"%s\">%s</a>
\n"
                , xmlNodeGetContent(utls->nodesetval->nodeTab[i])
                , xmlNodeGetContent(titles->nodesetval->nodeTab[i]));
    fclose(f);
}

```c
/** Parse an RSS feed on the hard drive. This will parse the XML, then find
all nodes matching the XPath for the title elements and all nodes matching
the XPath for the links. Then, it will write those to the outfile.

    \param infile The RSS file in.
*/
int parse(char const *infile){
    const xmlChar *titlepath= (xmlChar*)"//item/title";
    const xmlChar *linkpath= (xmlChar*)"//item/link";

    xmlDocPtr doc = xmlParseFile(infile);
    Stopif(!doc, return -1, "Error: unable to parse file \"%s\"\n", infile);

    xmlXPathContextPtr context = xmlXPathNewContext(doc);
    Stopif(!context, return -2, "Error: unable to create new XPath context\n");

    xmlXPathObjectPtr titles = xmlXPathEvalExpression(titlepath, context);
    xmlXPathObjectPtr urls = xmlXPathEvalExpression(linkpath, context);
    Stopif(!titles || !urls, return -3, "either the Xpath '//item/title' "
                             "or '//item/link' failed.");

    print_to_html(urls, titles);

    xmlXPathFreeObject(titles);
    xmlXPathFreeObject(urls);
    xmlXPathFreeContext(context);
    xmlFreeDoc(doc);
    return 0;
}

/** Use cURL's easy interface to download the current RSS feed.

\param url The URL of the NY Times RSS feed. Any of the ones listed at
           \url http://www.nytimes.com/services/xml/rss/nyt/ should work.

\param outfile The headline file to write to your hard drive. First save
the RSS feed to this location, then overwrite it with the short list of links.

 \return 1==OK, 0==failure.
 */
int get_rss(char const *url, char const *outfile){
    FILE *feedfile = fopen(outfile, "w");
    if (!feedfile) return -1;

    CURL *curl = curl_easy_init();
    if (!curl) return -1;
    curl_easy_setopt(curl, CURLOPT_URL, url);
    curl_easy_setopt(curl, CURLOPT_WRITEDATA, feedfile);
    CURLcode res = curl_easy_perform(curl);
```

```c
    if (res) return -1;

    curl_easy_cleanup(curl);
    fclose(feedfile);
    return 0;
}

int main(void) {
    Stopif(get_rss(rss_url, rssfile), return 1, "failed to download %s to %s.\n",
                                                 rss_url, rssfile);

    parse(rssfile);
    printf("Wrote headlines to %s. Have a look at it in your browser.\n", outfile);
}
```

結語

Strike another match, go start anew —

— Bob Dylan, closing out his 1965 Newport Folk Festival set,
"It's All Over Now Baby Blue"

慢著！你叫著：「你說可以用函式庫減輕日常工作的負擔，但我是工作領域的專家，找了很久仍然找不到符合需求的函式庫！」

如果是這種情況，那麼該是筆者說出寫作本書真正目的的時候了：作為 C 語言的使用者，筆者希望能有更多人開發出更多良好的函式庫，如果讀者能夠讀到這裡，應該已經知道如何使用其他函式庫撰寫現代風格的程式碼，如何以簡單的物件為核心撰寫出一整組的函式、如何讓介面對使用者更加友善、如何為程式碼加上良好的文件說明，方便其他人的使用，也知道有哪些測試用的工具、知道透過 Git 讓其他開發人員也能夠作出貢獻的方式，以及如何使用 Autotools 打包函式庫供大眾使用。C 語言是現代計算機的基礎，使用 C 語言解決特定問題的同時，也表示這個解決方案適用各種不同型式的平台。

龐克搖滾是自己動手的藝術風格，認為音樂是由聽眾創造的集體實現，撰寫新作品並公諸於世並不需要任何組織、委員會的同意。事實上，我們已經擁有做出貢獻所需的工具了。

C 語言概述

本附錄涵蓋 C 語言的基礎，但不適合所有讀者。

- 如果已經有 Python、Ruby 或 Visual Basic 等一般命令稿語言開發的經驗，本附錄就很適合你，本附錄不會解釋變數、函式、迴圈等基本構件，所有的標題都是 C 語言與一般命令稿語言的主要差異。

- 如果學 C 已經是很久以前的事，覺得有些生疏，可以瀏覽一下這份簡介，應該能夠回憶起 C 語言特殊與獨到之處。

- 對於經常使用 C 語言的讀者，就不用閱讀附錄了，也許連本書的第二部分前半都可以跳過去，這些部分主要針對語言核心常見的錯誤與誤解。

不要以為讀完這份概述就能夠成為 C 語言專家，使用程式語言的真實經驗是無可取代。但讀完附錄應該就有能力進入本章第二部分，發現這個程式語言細微與有用的慣例。

結構

先用 Kernighan 與 Ritchie 在他們 1978 年的暢銷書相同的方式開始吧：一個跟大家說哈囉的程式。

```
//tutorial/hello.c
#include <stdio.h>

int main(){
    printf("Hello, world.\n");
}
```

第一行開頭的連續兩個斜線表示這是個編譯器會略過的註解，附錄裡所有的程式碼都以這種型式標記出檔名位置，讀者可以從 *https://github.com/b-k/21st-Century-Examples* 取得完整程式碼。

這段程式呈現出 C 語言的幾個主要部分，結構上，幾乎所有的 C 語言程式都可以分為：

- 前置處理器指令，如 `#include <stdio.h>`

- 宣告變數或型別（但本範例沒有定義任何型別）

- 函式區塊，如 `main`，包含了需要運算的表示式（如 `printf`）

在深入說明前置處理器、宣告、區塊與表示式的定義與使用之前，必須先編譯與執行這個程式，讓電腦跟我們打招呼。

C 語言需要編譯步驟，包含執行一個命令

命令稿語言都會有個能夠剖析命令稿文字的程式，C 語言則有個編譯器，能讀取程式碼文字，產生能夠由作業系統直接執行的程式。編譯器在使用上有些麻煩，也就有了幫使用者執行編譯器的程式，讀者使用的整合開發環境（integrated development environment，IDE）一般有個編譯與執行（compile-and-run）的按鍵，在命令列環境，POSIX 標準的 `make` 程式能夠幫讀者執行編譯器。

如果系統上沒有編譯器與 `make`，請參考「使用套件管理工具」中對於取得工具軟體的介紹，簡單版是：叫套件管理工具安裝 `gcc` 或 `clang` 以及 `make`。

安裝好編譯器與 `make` 之後，如果已經將上述程式儲存為 *hello.c*，接著就可以使用 `make` 透過以下命令執行編譯器：

```
make hello
```

這個命令會產生 `hello` 執行檔，能夠從命令列執行或是從檔案管理員點兩下執行，驗證程式執行是否符合預期。

範例程式庫裡包含了 makefile，這個檔案能提供 `make` 需要送給編譯器的旗標設定，「使用 Makefile」一節介紹了 `make` 的使用方式與 makefile 的內容，目前只會提到一個旗標：`-Wall`，這個旗標會要求編譯器列出所有的警告訊息，也就是程式中所有技術上正確、但可能與程式設計師意圖不同的部分。這種作法被稱為「靜態分析」（*static analysis*），現代 C 語言編譯器在這方面有很好的表現。讀者可以不用把編譯步驟看成不必要的規矩，而是想成一個在執行程式前，先將程式碼送給全球最好的 C 語言專家

審核的機會。如果讀者使用的 Mac 電腦不接受 -Wall 旗標，可以參考「筆者常用旗標」一節對於重新建立 gcc 別名的提醒。

許多部落客把編譯步驟看成是件大事，如果覺得在命令列執行 *./yourprogram* 之前還得先輸入 make *yourprogram* 太過麻煩，可以寫個 alias 或 shell 命令稿，在 POSIX shell 下可以定義：

```
function crun {make $1 && ./$1; }
```

接著用

```
crun hello
```

作編譯，如果編譯成功，就會接著執行。

有個屬於作業系統一部分的標準函式庫

現代程式一般都不會獨自存在，而是連結到許多程式共用的通用函式構成的函式庫。函式庫路徑是一連串的目錄清單，編譯器會逐個目錄搜尋函式庫，參看「路徑」一節的詳細說明。其中最重要的是 C 語言標準函式庫，由 ISO C 標準定義，幾乎所有電腦程式都能夠使用，這也是定義 printf 函式的位置。

前置處理器

函式庫是以可以由電腦執行的二進位格式存在，除非擁有閱讀二進位碼的超能力，一般使用者是無法直接閱讀編譯過的函式庫，檢查是否正確的使用了 printf，因此，函式庫都有搭配的「標頭檔」（*header file*），用純文字列出函式庫所包含工具的宣告，說明每個函式預期的輸入值與產生的輸出結果。只要在程式中引入適當的標頭檔，編譯器就能夠檢查函式、變數與型別的使用方式是否與函式庫中的二進位碼一致。

前置處理器主要的作用是替換前置處理器指令（全部都以 # 開頭）的文字，前置處理器有許多不同的使用方式（參看「前置處理器技巧」一節），但本附錄只介紹用來引入其他檔案的這種用法：

```
#include <stdio.h>
```

這個指令會將指令所在的位置套換為 *stdio.h* 整個檔案的內容，<stdio.h> 的角括號表示函式庫所在的路徑，這與函式庫路徑不同（同樣參看「路徑」一節的說明），如果檔案位於專案的工作目錄，就使用 #include "myfile.h"。

.*h* 副檔名表示檔案是個標頭檔，標頭檔是一般的文字檔，但編譯器不會區別標頭檔與其他的程式碼檔案，但一般的習慣是只在標頭檔裡放變數、型別或函式的定義。

有兩種不同類型的註解

```
/* 多行註解要放在斜線星號
   與星號斜線之間 */
```

```
//單行註解從連線兩個斜線開始直到該行行尾
```

沒有 print 關鍵字

標準函庫裡的 printf 函式會將文字顯示到螢幕上，這個函式擁有自己特別的百分號語法，能精確的表示變數的顯示方式，到處都可以看到 printf 變數指令的詳細說明（試著從命令列執行 man 3 printf），讀者也已經在附錄與本書看到許多實際使用範例，這裡就不再詳細說明百分號語法的細節。子語法包含表示「在這個位置插入變數」的標記，以及表示 tab 與換行等不可見字元的代碼，以下是六個附錄中 printf 家族最常使用的元素：

\n	換行
\t	tab
%i	插入整數值
%g	用一般格式插入實數
%s	插入字串
%%	插入百分號

變數宣告

宣告是 C 語言與大多數命令稿語言最大的不同，大多數命令稿語言都能夠在初始使用時自動推論變數型別（如果有的話）。先前建議將編譯步驟看成是重新檢查程式碼，驗證程式符合預期的機會，為每個變數宣告型別能讓編譯器更有機會檢查程式碼內容是否一致，另外，C 語言也擁有能夠宣告函式與新型別的語法。

變數一定要宣告

hello 程式裡沒有任何變數，但以下是個宣告變數與示範 printf 使用方式的程式碼，注意到 printf 函式的第一個引數（「格式指定子」）有三個「在這個位置插入變數」的標記，所以接著就插入三個變數。

```
//tutorial/ten_pi.c
#include <stdio.h>

int main(){
    double pi= 3.14159265; //附帶一提，POSIX 在 math.h 定義了 M_PI 常數
    int count= 10;
    printf("%g times %i = %g.\n", pi, count, pi*count);
}
```

程式輸出是

```
3.14159 times 10 = 31.4159
```

本書使用了三種基本型別：int、double 與 char，分別是整數、倍精度浮點實數與字元的縮寫。

有些部落客將宣告變數視為是比死還糟的命運，但是從上面的例子來看，唯一需要的工作只是在第一次使用變數之前加上型別名稱。如此一來，在讀取不熟悉的程式碼時，就能夠知道每個變數的型別，也能夠標記出每個變數初次使用的位置。

如果有多個相同型別的變數，可以在一行程式裡宣告所有變數，例如把上面的宣告改成：

```
int count=10, count2, count3=30; //count2 尚未初始化
```

函式也需要宣告或定義

函式的定義描述了函式所有的功能，例如以下這個十分簡單的函式：

```
int add_two_ints(int a, int b){
    return a+b;
}
```

這個函式接受兩個整數，函式分別將這兩個整數稱為 a 與 b，接著傳回一個代表 a 與 b 的和的整數。

開發人員也可以把宣告分離成獨立指令，其中包含了函式名稱、輸入變數型別（在括號中）以及輸出型別（在開頭）：

```
int add_two_ints(int a, int b);
```

這行程式並沒有說明函式實際的行為，但提供的資訊已足以讓編譯器檢查函式使用的一致性，確認每次使用函式時都送入兩個整數，並將傳回的輸出作為整數使用。如同所有的宣告一般，宣告可能是放在程式碼檔案當中，也可能獨立放在標頭檔，透過 `#include "mydeclarations.h"` 的方式插入程式碼。

「區塊」（*block*）指的是用大括號包覆，被視為一個單元的程式碼。因此，函式定義就是宣告緊接著一個代表程式碼執行邏輯的區塊。

如果函式定義出現在初次使用之前，編譯器就已經擁有檢查一致性所需的一切資訊，不需要另外分離宣告。因此，許多 C 語言程式碼都是以由下而上的風格撰寫與閱讀，main 在檔案的最後，緊鄰 main 之前的是 main 呼叫的函式定義，再之前則是這些函式呼叫的函式，最上方則是宣告所有使用到的函式庫函式的檔案。

另外，函式型別可以是 void，表示不會傳回任何東西，這對於沒有輸出或改變變數，但有其他副作用的函式很有用。例如，以下函式主要是透過將錯誤訊息以固定格式寫到檔案的函式所構成（檔案會在硬碟產生），用到的 FILE 型別與相關函式都宣告在 *stdio.h*，讀者會發現 char* 是用來表示文字字串的型別：

```
//tutorial/error_print.c
#include <stdio.h>

void error_print(FILE *ef, int error_code, char *msg){
    fprintf(ef, "Error #%i occurred: %s.\n", error_code, msg);
}

int main(){
    FILE *error_file = fopen("example_error_file", "w"); //open for writing
    error_print(error_file, 37, "Out of karma");
}
```

基本型別可以聚合成陣列與結構

只用三個基本型別該怎麼完成任何工作？將它們聚合成相同型別的陣列，或混合型別結構。

陣列是相同型別元素組成的串列，以下程式分別宣告了有 10 個整數、 20 個字元字串的串列，再分別使用這兩個串列：

```
//tutorial/item_seven.c
#include <stdio.h>

int intlist[10];

int main(){
    int len=20;
    char string[len];

    intlist[7] = 7;
    snprintf(string, len, "Item seven is %i.", intlist[7]);
    printf("string says: <<%s>>\n", string);
}
```

snprintf 函式會印出最大長度為指定值的字串，語法與基本 printf 用來顯示到螢幕的語法相同，對處理字元字串以及 intlist 能夠宣告在函式之外，但 string 一定要宣告在函式內部，請參看後續說明。

索引是從第一個元素開始計算的「位移」（offset）值，第一個元素是從陣列開頭位置零步的位置，所以就是 intlist[0]，而十個元素陣列的最後一個元素就是 intlist[9]。這是另一個混亂與爭論的源頭，但這種作法是有其道理。

雖然有許多作曲家創作了零號交響曲（布魯克納、尼特克等），但大多數情況下，人們還是習慣用第一、第二、第七等與位移量不同的計數方式：陣列的第七個元素是 intlist[6]，接下來會使用「陣列的元素六」這樣的說法。

由於稍後會更清楚原因，陣列型別也可以寫成星號：

```
int *intlist;
```

在前面的例子也看過，字元串列是宣告為 char *msg。

可以定義新結構型別

混合型別可以結合成被視為單一單元的結構化串列（也就是 *struct*），接下來的例子宣告與使用了 ratio_s 型別，透過分子、分母與整數表示分數，型別定義基本上是在大括號內一連串的宣告。

使用已定義結構時，會看到許多的點：如果 r 是 ratio_s 結構，那麼 r.numerator 就是結構的 numerator 元素，(double)den 代表轉型，將整數 den 轉換為 double（稍後會說明）。這表示在宣告行以外的地方設定新結構程式碼會十分類似轉型，開頭是小括號內的型別名稱，接著是大括號內加上點號指定各個元素值，初始化結構還有其他更繁瑣的方式：

```c
//tutorial/ratio_s.c
#include <stdio.h>
typedef struct {
    int numerator, denominator;
    double value;
} ratio_s;

ratio_s new_ratio(int num, int den){
    return (ratio_s){.numerator=num, .denominator=den, .value=num/(double)den};
}

void print_ratio(ratio_s r){
    printf("%i/%i = %g\n", r.numerator, r.denominator, r.value);
}

ratio_s ratio_add(ratio_s left, ratio_s right){
    return (ratio_s){
        .numerator=left.numerator*right.denominator
                    + right.numerator*left.denominator,
        .denominator=left.denominator * right.denominator,
        .value=left.value + right.value
        };
}

int main(){
    ratio_s twothirds= new_ratio(2, 3);
    ratio_s aquarter= new_ratio(1, 4);
    print_ratio(twothirds);
    print_ratio(aquarter);
    print_ratio(ratio_add(twothirds, aquarter));
}
```

可以知道型別使用多少空間

sizeof 運算子可以傳入型別名稱，呼叫後會傳回該型別一個實例需要的記憶體數量，這有時候十分方便。

以下這段程式碼將兩個 int 與一個 double 的大小與先前定義的 ratio_s 的大小相比，printf 的 %zu 格式指定子正是為了 sizeof 所產生的輸出結果之用。

```
//tutorial/sizeof.c
#include <stdio.h>

typedef struct {
    int numerator, denominator;
    double value;
} ratio_s;

int main(){
    printf("size of two ints: %zu\n", 2*sizeof(int));
    printf("size of two ints: %zu\n", sizeof(int[2]));
    printf("size of a double: %zu\n", sizeof(double));
    printf("size of a ratio_s struct: %zu\n", sizeof(ratio_s));
}
```

字串沒有特別的型別

5100 與 51 這兩個整數都會佔用 sizeof(int) 記憶體，但 "Hi" 與 "Hello" 是不同長度的字串；命令稿式語言經常會有特別的字串型別，負責管理內部不同數量的字元。C 語言的字串就是字元形成的陣列，簡單又單純。

字串結尾是用 NULL 字元（'\0'）表示，這個字元不會顯示在螢幕上，通常會由程式自動處理（注意單字元時要用單引號，如 'x'，而字串就需要用雙引號，如 "xx" 或單字元字串 "x"）。strlen(*mystring*) 函式會計算字元數量直到（但不含） NUL 字元，字串需要多少空間完全是另一回事：宣告 char pants[1000] = "trousers" 很容易，但 NUL 字元後的 991 個位元組就浪費掉了。

由於字串是陣列的本質，有些事會出乎意料的容易，給定：

```
char str[]="Hello";
```

只需要插入 NUL 字元就能把 Hello 轉換為 Hell：

```
str[4]='\0';
```

但大多數對字串的處理，都是藉由呼叫函式庫函式執行實際的位元組操作，以下是比較常見的函式：

```
#include <string.h>
char *str1 = "hello", str2[100];
strlen(str1);              // 取得 '\0' 前但不含 '\0' 的長度
strncpy(str2, str1, 100); // 從 str1 複製最多 100 個位元組到 str2
strncat(str2, str1, 100); // 將 str1 附加到 str2 之後，最多附加 100 個位元組
strcmp(str1, str2);        // str1 與 str2 是否不同？零=no，非零=yes
snprintf(str2,  100, "str1 says: %s", str1); // 用先前介紹的方式寫入字串
```

第 9 章討論了一些字串處理函式，由於具有一定的智慧，能簡化字串處理，讓字串處理更有樂趣。

表示式

只宣告型別、函式與變數，沒有任何行為的程式只是一連串的名詞，接下來該介紹能夠使用這些名詞的動詞了。C 語言所有的行為都是透過表示式的運算達成，表示式都會集合成為函式。

C 語言生命週期規則十分簡單

變數的「生命週期」（*scope*）指的是程式中可以使用該變數的範圍。

如果變數在函式之外宣告，那麼從宣告的位置開始直到檔案結束，所有的表示式都可以使用該變數，該範圍內的所有函式都可以使用該變數，這樣的變數會在程式開始執行時初始化，持續存在直到程式執行完畢。這類變數稱為靜態（static）變數，也許是因為它們在整個程式執行期間都維持在相同位置不變吧。

如果變數是宣告在區塊內（包含定義函式的區塊），那麼變數會在宣告行建立，在該區塊結尾的右大括號清除。

「Persistent 狀態變數」一節對靜態變數有更詳細的說明，包含在函式內產生持續存續變數的作法。

特殊的 main 函式

程式執行時,首先會如前一節介紹的,建立檔案全域變數,這時候還沒有作任何計算,這些變數只能夠指派為常數(例如宣告為 int gv=24;)或預設值 0(如宣告為 int gv;)。

命令稿語言通常會讓某些指令放在函式裡,其他指令則散落在命令稿主檔各處;所有的 C 語言表示式都需要在函式主體內計算,而所有的計算都是從 main 函式開始。在先前 snprintf 的例子當中,由於取得陣列長度的 len 值已經需要在程式啟動階段作太多數學運算,使得 len 必須是在 main 函式當中。

由於實際上 main 函式是由作業系統呼叫,它只能宣告成以下兩種方式:

```
int main(void)
//也可以寫成
int main()
```

或

```
int main(int, char**)
//兩個參數一般都命名為
int main(int argc, char** argv)
```

讀者已經看過第一種型式的宣告,不需要任何輸入參數,只會輸出一個整數值,通常會將輸出的整數值視為錯誤碼,非零值表示發生異常,零則代表執行順序(正常的執行到 main 結束且順利終止)。這個慣例由來已久,連 C 語言標準規範都明確表示在 main 的結尾會自動加上 return 0;(參看「main 函式不需要特別加上 Return」一節的說明),第二種型式可以參看範例 8-6。

C 語言程式主要都是在計算表示式

設定好全域變數之後,作業系統必須準備 main 的輸入值,程式就會開始真正執行 main 函式區塊。

接下來會出現的都是區域變數宣告、流程控制(if-else 分支、while 迴圈等)或計算表示式。

借用先前的例子,考慮系統對以下程式碼作的計算:

```
int a1, two_times;
a1 = (2+3)*7;
two_times = add_two_ints(a1, a1);
```

在宣告之後，a1=(2+3)*7 這行程式碼需要先計算 (2+3)，將計算式用結果 5 取代，接著計算 5*7 得到 35。這跟一般人計算這個表示式的方法相同，差別在於 C 語言將這種計算與取代的操作更進一步。

在計算 a1=35 這個表示式時會發生兩件事，首先會將表示式替換為它的數值：35，接著狀態會發生改變的副作用：將 a1 變數的值改為 35，有些程式語言追求更純粹的運算，但 C 語言允許運算能夠改變狀態的副作用。讀者先前已經看到許多例子：在 printf("hello\n") 中，表示式會在成功時替換為 0，但這個運算會產生改變螢幕狀態這個有用的副作用。

作完所有的替換之後，這行程式碼就只會剩下 35;，沒有任何需要計算的東西，系統就會接著處理下一行程式碼。

函式使用輸入值的副本作計算

上一段程式碼中的 two_times = add_two_ints(a1, a1) 表示式，首先需要計算 a1 兩次，接著使用計算後的輸入值 35 與 35 計算 add_two_ints，因此，函式處理的是 a1 數值的副本，而不是 a1 本身。這表示函式沒有辦法改變 a1 本身，如果函式的程式碼看起來會改變輸入的參數，實際上程式改變的是輸入參數值的副本，稍後會介紹需要改變傳入函式參數的替代作法。

表示式以分號結束

沒錯，C 語言用分號代表表示式結束，這種風格的確會引起爭論，但這種作法能讓開發人員任意放置分行、額外的空白與 tab，讓程式碼更容易閱讀。

有許多增減或加倍變數的方法

C 語言在變數計算上有些很方便的縮寫，可以把 x=x+3 縮寫為 x+=3，將 x=x/3 寫成 x/=3，十分常用的遞增變數可以寫成兩種不同的型式，x++ 與 ++x 都會遞增 x 變數，差別在於 x++ 會將表示式替換為遞增前的 x 值，++x 則會將表示式替換為遞增後的 x+1。

```
x++; //遞增 x，運算為 x
++x; //遞增 x，運算為 x+1

x--; //遞減 x，運算為 x
--x; //遞減 x，運算為 x-1

x+=3; //將 x 加 3
x-=7; //從 x 減 7
x*=2; //將 x 乘上 2
x/=2; //將 x 除以 2
x%=2; //將 x 替換為 x 取 2 的模數
```

C 語言擴充了 truth 的定義

有時會需要知道表示式是 true 或 false，例如在 if-else 結構中決定執行哪一個分枝，C 語言裡沒有 true 與 flase 這些關鍵字，通常是採用「True 與 False」介紹的定義方式。一般而言，如果表示式為 0（或 NUL 字元 '\0' 或 NULL 指標），那麼表示式就會被視為 false，其他所有的結果都會被視為 true。

反過來說，以下的表示式都會被計算為 0 或 1：

```
!x                 // 非 x
x==y               // x 等於 y
x != y             // x 不等於 y
x < y              // x 小於 y
x <= y             // x 小於等於 y
x || y             // x 或 y
x && y             // x 且 y
x > y || y >= z    // x 大於 y 或 y 大於等於 z
```

舉例來說，若 x 是非零值，則 !x 會計算為 0，而 !!x 則會計算為 1。

&& 與 || 會延遲計算，也就是只會計算表示式中，確認最終結果 true/false 值必要的部分，例如 (a < 0 || sqrt(a) < 10) 表示式，int 或 double -1 的平方根會是錯誤（參看「_Generic」一節對 C 語言虛數支援的介紹）。要是 a ==-1，那麼即使不計算整個表示式，也能夠知道 (a < 0 || sqrt(a) < 10) 的運算結果會是 true，計算時會忽略 sqrt(a) < 10 的部分不作計算，也避免了一場災難。

兩個整數相除一定會產生整數

因為整數運算速度較快，也不會有四捨五入的誤差，許多開發人員會盡可能的避免使用浮點實數。C 將相關運算分為三個不同的運算子：實數除法、整數除法以及取模數（modulo），前兩個運算子恰好有相同的外觀。

```
//tutorial/divisions.c
#include <stdio.h>

int main(){
    printf("13./5=%g\n", 13./5);
    printf("13/5=%i\n", 13/5);
    printf("13%%5=%i\n", 13%5);
}
```

輸出如下：

```
13./5=2.6
13/5=2
13%5=3
```

13. 表示式是個浮點實數，只要分子或分母出現實數，就會使用浮點除法，產生浮點數結果；要是分子與分母都是整數，結果就會是實數除法結果的整數部分，完全捨去小數部分。% 模數運算子會得到餘數。

浮點除法與整數除法的差異，也正是先前 new_ratio 範例透過 num/(double)den 對轉型分母的原因，進一步的討論參看「減少轉型」。

C 語言有三元運算子

表示式

```
x ? a : b
```

會在 x 為 true 時運算為 a，x 為 false 時運算為 b。

筆者以前認為這很難讀，有些命令稿語言也提供相同的運算子，但筆者近來認為這是很好的工具。由於這是個表示式，可以放在程式的任何地方，例如：

```
//tutorial/sqrt.c
#include <math.h>            //平方根函式宣告
#include <stdio.h>
```

```
int main(){
    double x = 49;
    printf("The truncated square root of x is %g.\n",
                                x > 0 ? sqrt(x) : 0);
}
```

三元運算子與 `&&` 和 `||` 同樣有短路（short-circuit）行為：如果 `x<=0`，就不會計算 `sqrt(x)`。

分支與迴圈表示式與其他程式語言沒有太大的差異

也許 C 語言的 `if-else` 指令獨特的地方是沒有 `then` 關鍵字，括號標示了會計算的條件，如果條件為 true，就執行緊接著的表示式或區塊。範例如下：

```
//tutorial/if_else.c
#include <stdio.h>

int main(){
    if (6 == 9)
        printf("Six is nine.\n");

    int x=3;
    if (x==1)
        printf("I found x; it is one.\n");
    else if (x==2)
        printf("x is definitely two.\n");
    else
        printf("x is neither one nor two.\n");
}
```

`while` 迴圈會持續執行區塊直到指定的條件運算為 flase。例如，以下程式會重複向使用者打招呼 10 次：

```
//tutorial/while.c
#include <stdio.h>

int main(){
    int i=0;
    while (i < 10){
        printf("Hello #%i\n", i);
        i++;
    }
}
```

如果 while 關鍵字括號內的控制條件第一次執行就運算為 false，就會跳過 while 迴圈的主體區塊，但 do-while 迴圈則保證至少會執行一次：

```
//tutorial/do_while.c
#include <stdio.h>

void loops(int max){
    int i=0;
    do {
        printf("Hello #%i\n", i);
        i++
    } while (i < max);        //注意分號
}

int main(){
    loops(3);                //印出三次 Hello
    loops(0);                //印出一次 Hello
}
```

for 迴圈只是精簡版的 while 迴圈

while 迴圈的流量控制包含三個部分：

- 初始子（int i=0）

- 測試條件（i < 10）

- 步進（i++）

for 迴圈將所有的條件放在同一個地方，除此之外，for 迴圈與先前的 while 迴圈相同：

```
//tutorial/for_loop.c
#include <stdio.h>

int main(){
    for (int i=0; i < 10; i++){
        printf("Hello #%i\n", i);
    }
}
```

由於這個區塊只有一行，連大括號都可以省略，寫成：

```
//tutorial/for_loop2.c
#include <stdio.h>

int main(){
    for (int i=0; i < 10; i++) printf("Hello #%i\n", i);
}
```

人們經常會擔心發生植樹問題的錯誤，想要 10 個步驟卻執行了 9 或 11 個步驟，以上的形式（從 i=0 開始，檢查 i < 10）能正確的算到 10 步，也是逐個使用陣列元素的標準樣板。例如：

```
int len=10;
double array[len];
for (int i=0; i< len; i++) array[i] = 1./(i+1);
```

沒有特殊的語法能夠計算序列裡的各個數字或對陣列的每個元素套用操作（但這類語法很容易透過巨集或函式達成），這也表示會看到大量的 for (int i=0; i < len; i++) 這樣的樣板。

另一方面，這種型式也很容易根據不同的情況修改，如果需要一次前進兩步，可以寫成 for (int i=0; i < len; i+=2)。如果需要逐個前進直到陣列的零元素，就寫成 for (int i=0; array[i]!=0; i++)，如果有未初始化的新元素，也許會寫成 for (; array[i] != 0; i++)。

指標

指向變數的指標有時也稱為別名（alias）、參考（reference）或標籤（label）（C 語言的 label 與指標完全無關，也很少使用，在「Label、goto、switch 與 break」一節有相關介紹。

double 的指標或別名本身並不是存放 double，而是指到存放 double 的位址，如此一樣，相同的東西就有兩個不同的名稱。如果東西變了，兩個版本都會呈現變化，這與完整的副本不同，變化只會影響其中一個副本，另一個副本則不受影響。

程式可以直接要求一整塊記憶體

malloc 函式會配置記憶體供程式使用，例如，可以用以下程式配置足以存放 3,000 個整數的空間：

```
malloc(3000*sizeof(int));
```

這是本概論第一次提到記憶體配置，先前如 int list[100] 的宣告會自動配置記憶體，一旦宣告離開生存空間，自動配置的記憶體也隨之自動釋放；相反的，以 malloc 自行配置的記憶體會持續存在，直到程式明確的釋放（或程式執行結束），有時就是需要這類長時間存在的記憶體。此外，陣列初始化後無法調整大小，但自行配置的記憶體可以，其他自行配置與自動配置記憶體的差異可以參看「Automatic、Static 以及自行管理記憶體」一節的介紹。

該如何參照配置好的記憶體？這正是指標出場的時候，利用指標能夠建立 malloc 得來記憶體的別名：

```
int *intspace = malloc(3000*sizeof(int));
```

宣告中的星號（int *）表示宣告的是指向特定位址的指標。

記憶體是有限的資源，盲目使用最終會導致 out-of-memory 錯誤這個大多數程式設計師都遇過的問題，使用 free 函式能夠將記憶體釋放回系統，例如 free(intspace)。或是等待程式執行結束，作業系統會在程式執行完畢後，釋放所有程式配置的記憶體。

陣列只是記憶體區塊，所有的記憶體區塊都能夠視為陣列使用

第 6 章談過陣列與指標相同與相異的部分，但兩者的確有許多共通之處。

在記憶體中，陣列是連續的記憶體區塊，存放相同型別的資料，如果從宣告 int list[100] 的陣列中要求第六個元素，系統會從串列配置的地點位置開始，前進 6*sizeof(int) 位元組的距離。

因此，使用中括號的 list[6] 表示法實際上只是表示從變數指向的位置加上位移量的表示法，這正是一般使用陣列的方式。但如果有的是指向連續記憶體區塊的指標，那麼相同的區塊會得到指標指向的位置加上指定的位移。

以下範例示範了自行配置陣列，將陣列內容寫到檔案，這個範例的行為很容易透過自動配置陣列達成，為了示範而改用指標：

```
//tutorial/manual_memory.c
#include <stdlib.h> //malloc 與 free
#include <stdio.h>

int main(){
    int *intspace = malloc(3000*sizeof(int));
    for (int i=0; i < 3000; i++)
        intspace[i] = i;
```

```
    FILE *cf = fopen("counter_file", "w");
    for (int i=0; i < 3000; i++)
        fprintf(cf, "%i\n", intspace[i]);

    free(intspace);
    fclose(cf);
}
```

由 malloc 配置而來的記憶體可供程式可靠的使用，但配置完的記憶體並未初始化，可能會包含許多未知內容的垃圾，可以用以下程式同時執行配置與清除記憶體：

```
int *intspace = calloc(3000, sizeof(int));
```

注意這個函式需要兩個參數，malloc 只需要一個。

指向常量的指標實際上是一個元素的陣列

假設有個指標 i 指向一個整數，這實際上是個長度為 1 的陣列，如果使用 i[0]，就會找到 i 指向的位置，向前移動 0 個元素，與一般陣列有相同的行為。

但人類並不會用這種方式看待長度為 1 的陣列，所以對於一個元素的陣列在使用上有更方便的語法：除了宣告行以外，i[0] 與 *i 有相同的效果，由於星號在宣告行代表不同的意義。這種用法有時會很容易弄錯，這種用法背後有其道理（參看「問題出在星號」），目前先記得宣告行的星號表示新的指標，一般程式碼裡的星號表示指標指到的資料值。

以下程式將 list 陣列的第一個元素設定為 7，最後一行檢查是否如此，如果發生錯誤就停止程式。

```
//tutorial/assert.c
#include <assert.h>

int main(){
    int list[100];
    int *list2 = list;          //宣告 list2 為指向整數的指標
                                //與 list 指向相同的記憶體區塊

    *list2 = 7;                 //list2 是指向整數的指標，所以 *list2 是個整數

    assert(list[0] == 7);
}
```

指標指向結構內的元素有特殊語法

從以下的宣告

```
ratio_s *pr;
```

可以知道 pr 是指向 ratio_s 的指標,而不是 ratio_s 本身,pr 在記憶體中的大小就只是存放一個指標需要的大小,而不是整個 ratio_s 結構的大小。

程式可以用 (*pr).numerator 取得指到的結構裡的 numerator 成員,因為 (*pr) 是普通的結構,可以用點號取得成員,但使用箭號就不需要結合小括號與星號了。例如:

```
ratio_s *pr = malloc(sizeof(ratio_s));
pr->numerator = 3;
```

pr->numerator 與 (*pr).numerator 兩種型式的作用完全相同,但第一種寫法比較易讀,也比較建議使用。

指標能用來修改函式的輸入參數

還記得傳入函式的變數是副本而不是原來的變數,當函式執行完畢,所有的副本也隨著消失,原始的函式輸入值完全不會有任何變動。

但如果傳入函式的是個指標,指標的副本仍然會與原先的指標指向相同的位址。以下這段簡單的程式透過這種策略修改輸入參數參考到的數值:

```c
//tutorial/pointer_in.c
#include <stdlib.h>
#include <stdio.h>

void double_in(int *in){
    *in *= 2;
}

int main(){
    int x[1]; //為了示範,宣告一個元素的陣列
    *x= 10;
    double_in(x);
    printf("x now points to %i.\n", *x);
}
```

double_in 函式不會改變 in，但是會將 in 指向的數值 *in 加倍，因此，x 指向的值會被 double_in 函式加倍。

這種替代作法十分常見，讀者會發現許多函式都使用指標而不是普通數值作為參數，但有時會需要將這些函式作用在普通數值。這種情況可以使用 & 取得變數的位址，也就是說，若 x 是變數，&x 就是指向變數的指標，因此上述範例可以簡化為：

```
//tutorial/address_in.c
#include <stdlib.h>
#include <stdio.h>

void double_in(int *in){
    *in *= 2;
}

int main(){
    int x = 10;
    double_in(&x);
    printf("x is now %i.\n", x);
}
```

所有的一切都存在記憶體，指標可以指到這一切

函式不能傳入其他函式，也不能有函式的陣列，但可以將指向函式的指標傳入陣列，也可以有指向函式的指標所形成的陣列，詳細語法請參看「用 Typedef 作為教學工具」一節的介紹。

不想拿到實際資料，只處理指向資料的指標的函式十分常見，例如，建立鏈結串列的函式並不在乎實際上連結的資料型別，只在意資料所在的位置；另一個例子是可以將指向函式的指標傳入函式，讓函式唯一的作用就是呼叫其他函式，而被呼叫的函式的輸入值可以完全不知道指標指到位置的內容。對於這種情況，C 語言提供了脫離型別系統的作法，void 指標，如以下的宣告

```
void *x;
```

指標 x 可以指向函式、結構、整數或任何東西，參看「Void 指標及其指向的結構」一節對 void 指標各種用途的介紹。

術語表

對齊（alignment）

要求記憶體中的資料都要從特定邊界的位置開始存放，例如，在要求對齊八位元的情況下，一個有 1 位元 char 接著 8 位元 int 的結構當中，在 char 之後會有 7 個空白位元，讓 int 能夠從 8 位元邊界開始存放。

ASCII

美國資訊交換標準碼（American Standard Code for Information Interchange），基本英文字元與數字 0-127 之間的標準對應方式，提示：在許多系統上，執行 man ascii 會列出編碼表。

自動配置（automatic allocation）

自動配置的變數，系統會在變數宣告時配置變數的記憶體，當變數離開生存空間時清除使用的空間。

Autotools

GNU 建立的一組程式，能簡化任何系統上的自動編譯程序，包含了 Autoconf、Automake 與 Libtool。

班佛定律（Benford's law）

大量分散資料的啟始位數會接近對數分佈：1 出現 30%、2 出現 17.5%、…9 約出現 4.5%。

Boolean

真/假值，名稱來自 George Boole，1800 年初期的英國數學家。

BSD

Berkeley Software Distribution，POSIX 的一個實作。

回呼函式（callback function）

將一個函式（A）作為參數傳給另一個函式（B），讓函式 B 能夠在執行過程中呼叫函式 A。例如泛型排序函式通常會需要一個比較元素的函式作為參數。

call graph

用方框與箭頭繪製而成的圖，表示函式間的呼叫關係。

研究鯨目的動物學（cetology）

研究鯨目的動物學。

編譯器（compiler）

這種程式將（人類可以理解）代表程式的文字轉換成（人類無法理解的）機器指令，通常代表了前置處理器+編譯器+連結器。

除錯器（debugger）

能夠以互動方式執行程式的程式，能讓使用者暫停程式的執行，檢查或修改變數數值等等，通常有助於理解程式中的臭蟲。

深複製（deep copy）

複製含有指標的結構時，這種複製方式會同時複製指標指到的資料，而不是只複製指標的數值。

編碼（encoding）

將人類語言使用的文字轉換為數字碼供電腦處理的方式，參看 *ASCII*、多位元組編碼以及寬字元編碼。

環境變數（environment variable）

程式執行環境中存在的變數，由父程式（一般是 shell）所設定。

外部指標（external pointer）

參看不透明指標。

浮點（floating point）

用科學記號表示數字的方式，例如 *2.3×10^4*，將數字分為指數（範例中的 4）以及有效數字（mantissa，範例中的 2.3）。在寫下有效數字後，將指數想像成移動小數點位置到正確的位置的作用。

框架（frame）

堆疊中儲存函式資訊的位置（包含參數以及函式內部的自動變數）。

gdb

GNU 除錯器。

全域（global）

全域變數是指變數的生存空間涵蓋整個程式，C 語言並沒有真正的全域變數，但如果某個標頭檔中宣告了變數，而且程式中所有的原始碼檔案都引用了這個標頭檔，這個變數就可以稱為全域變數。

字符（glyph）

書面溝通時使用的符號。

GNU

Gnu's Not Unix 的縮寫。

GSL

GNU Scientific Library。

堆積（heap）

自行配置記憶體時使用的記憶體空間，與**堆疊**相對。

IDE

整合開發環境（Integrated Development Environment），一般是個有圖形介面的程式，操作時以文字編譯器為中心，搭配編譯、除錯等針對程式設計師需要的功能。

整合測試（integration test）

一個包含多個步驟的測試，每個步驟涵蓋程式中的多個部分（每個部分應該有各自的單元測試）。

函式庫（library）

基本上是個沒有 main 函式的程式，也就是包含了一組函式、typedef 以及變數，目的是供其他程式使用。

連結器（linker）

將程式不同部分連結成整體的程式（例如個別的目的檔與函式庫），連結時會統整外部函式與變數的相關參考。

Linux

技術上是指一個作業系統的核心，但一般使用時經常是指包含了 BSD/GNU/Internet Systems Consortium/Linux/Xorg 等工具，包裝成一套一致的組合包。

巨集（macro）

（一般）是指一小段文字，（通常）會被更長的文字取代。

自行配置（manual allocation）

將變數依程式設計師的要求，透過 malloc 或 calloc 函式配置在堆積上，當程式設計師呼叫 free 函式時釋放。

多位元組編碼（multibyte encoding）

一種文字編碼的方式，用多個 char 表示一個人類語言的文字，與**寬字元編碼**相對應。

mutex

互斥（mutual exclusion）的縮寫，是個能確保多執行緒環境中，特定資源同一時間只會被單一執行緒存取的結構。

NaN

Not-a-Number，IEEE 754（浮點）標準定義這個符號表示數學上不可能的結果，例如 0/0 或 log(-1)，通常作為遺漏或損毀資料標記。

物件（object）

一個資料結構以及操作資料結構的相關函式，理論上，物件封裝了特定概念，提供一組其他程式操作物件所需的進入點（entry point）。

目的檔（object file）

一個包含機器碼的檔案，一般是對原始碼檔執行編譯器之後的產出。

不透明指標（opaque pointer）

函式無法解讀指標指向的資料型別，只能將指標傳遞給其他能夠讀取資料內容的函式操作。從命令稿語言呼叫 C 語言函式時，C 語言函式會傳回一個指向 C 語言資料的不透明指標，之後命令稿語言再使用相同的不透明指標，透過 C 函式操作 C 語言端的資料。

POSIX

Portable Operating System Interface，IEEE 標準，大多數 UNIX 作業系統都符合這個標準，內容包含了一組 C 語言函式、shell 以及基本工具。

前置處理器（preprocessor）

概念上是指在編譯器執行前執行的程式，會執行如 #include 與 #define 等指令，實際上一般會是編譯器的一部分。

程序（process）

一個正在執行的程式。

效能評測器（profiler）

能夠回報其他程式執行時各部分花費時間的程式，讓開發人員知道該將最佳化的精力花在哪些位置。

pthread

POSIX 執行緒，使用 POSIX 標準定義的 C 語言執行緒介面產生的執行緒。

RNG

亂數產生器（Random Number Generator），其中亂數的意義是指產生的不同數字序列間沒有明確的關係。

RTFM

Read the manual 的縮寫。

薩丕爾-沃夫假說（Sapir-Whorf Hypothesis）

聲稱人類使用的語言會影響思考的方式；最低限度的假設是人們都是以文字作為思考的工具，這是很顯然的情況。較強烈的表達型式則是，人們無法思考語言中缺少的字彙或結構所代表的概念，這顯然是錯的。

生存空間（scope）

變數宣告與可存取的程式碼範圍，良好的程式設計風格會縮小變數的生存空間。

segfault

區段錯誤（segmentation fault）。

區段錯誤（segmentation fault）

接觸到記憶體中錯誤的區段，導致作業系統立刻中止程式，通常用來表示所有會造成程式中止的錯誤。

SHA

Secure Hash 演算法。

shell

讓使用者透過互動或是命令稿與作業系統互動的程式。

SQL

結構化查詢語言（Structured Query Language），與資料庫互動的標準。

堆疊（stack）

函式在記憶體中執行的位置，特別是指配置自動變數的位置，每個函式執行時以及每次呼叫子函式時，都會建立對應的框架，被呼叫函式的框架概念上位於呼叫函式的框架之上。

靜態配置（static allocation）

檔案範圍生存空間的變數以及函式中以 static 關鍵字宣告的變數的配置方式，程式一開始執行就會進行配置，變數會持續存在直到程式結束。

測試機具（test harness）

執行一連串單元測試或整合測試的系統，提供簡單的 setup/teardown 等輔助結構以及檢查可能（正確的）造成程式終止的錯誤的機制。

執行緒（thread）

電腦中獨立於其他執行緒，單獨執行的一連串指令。

語彙單元（token）

被視為語法單元的一連串字元，例如變數名稱、關鍵字或是如 *、+ 等運算子，剖析文字的第一個步驟就是將文字分割成語彙單元，strtok_r 與 strtok_s 就是為此而設計。

type punning

將變數強制轉型為其他型別，強制讓編譯器將變數視為另一種型別；例如有個宣告為 struct {int a; char *b:} astruct 的變數，那麼 (int) astruct 就是個整數（「較少接縫的 C 語言」一節中介紹了比較安全的作法），通常沒有可攜性，也是很不好的做法。

型別修飾子（type qualifier）

編譯器處理變數方式的描述子，與變數的型別（int、float 等等）無關，C 語言的型別修飾子只有 const、restrict、volatile 與 _Atomic。

union

能夠以不同型別解讀的一個記憶體區塊。

單元測試（unit test）

測試一小段程式碼的程式，相對於整合測試。

UI

使用者介面（User Interface），對 C 語言函式庫而言，UI 包含了 typedef、巨集定義以及函式定義等便於使用者使用函式庫的宣告。

UTF

Unicode Transformation Format 的縮寫。

variadic 函式

能夠接受不同數量參數的函式（例如 `printf`）。

寬字元編碼（wide-character encoding）

將人類語言編碼成數字的一種編碼方式，這種編碼方式將每個文字用相同數量的 `char` 表示。例如 UTF-32 保證每個 Unicode 字元都是使用 4 個位元組表示；每個文字使用多個位元組表示的另一種編碼方式是**多位元組編碼**。

XML

可延伸標示語言（Extensible Markup Language）。

參考文獻

Abelson, H., G. J. Sussman, and J. Sussman (1996). 〈*Structure and Interpretation of Computer Programs*〉. The MIT Press.

Breshears, C. (2009). 〈並行之美學－撰寫平行應用程式的新手指南〉. 歐萊禮出版社

Calcote, J. (2010). 〈*Autotools: A Practioner's Guide to GNU Autoconf, Automake, and Libtool*〉. No Starch Press.

Deitel, P. and H. Deitel (2013). 〈*C for Programmers with an Introduction to C11 (Deitel Developer Series)*〉. Prentice Hall.

Dijkstra, E. (1968, March). 《Go to statement considered harmful》. 〈*Communications of the ACM 11*(3)〉 147－148.

Friedl, J. E. F. (2002). 〈*Mastering Regular Expressions*〉. O'Reilly Media.

Goldberg, D. (1991). 《What every computer scientist should know about floating-point arithmetic》. 〈*ACM Computing Surveys*〉 23(1), 5-48.

Goodliffe, P. (2006). 〈*Code Craft: The Practice of Writing Excellent Code*〉. No Starch Press.

Gough, B. (Ed.) (2003). 〈*GNU Scientific Library Reference Manual*〉（第二版）. Network Theory, Ltd.

Gove, D. (2010). 〈*Multicore Application Programming: for Windows, Linux, and Oracle Solaris (Developer's Library)*〉. Addison-Wesley Professional.

Grama, A., G. Karypis, V. Kumar, and A. Gupta (2003). 〈*Introduction to Parallel Computing*〉（第二版）. Addison-Wesley.

Griffiths, D. and D. Griffiths (2012). 〈深入淺出 *C*〉.歐萊禮出版社

Hanson, D. R. (1996). 〈*C Interfaces and Implementations: Techniques for Creating Reusable Software*〉. Addison-Wesley Professional.

Harbison, S. P. and G. L. Steele Jr. (1991). 〈*C: A Reference Manual*〉（第三版），Prentice Hall.

Kernighan, B. W. and D. M. Ritchie (1978). 〈*The C Programming Language*〉（第一版）. Prentice Hall.

Kernighan, B. W. and D. M. Ritchie (1988). 〈*The C Programming Language*〉（第二版）. Prentice Hall.

Klemens, B. (2008). 〈*Modeling with Data: Tools and Techniques for Statistical Computing*〉. Princeton University Press.

Kochan, S. G. (2004). 〈*Programming in C*〉（第三版）. Sams.

van der Linden, P. (1994). 〈*Expert C Programming: Deep C Secrets*〉. Prentice Hall.

Meyers, S. (2000, February). 《How non-member functions improve encapsulation》. 〈*C/C++ Users Journal*〉.

Meyers, S. (2005). 〈*Effective C++: 55 Specific Ways to Improve Your Programs and Designs*〉（第三版）. Addison-Wesley Professional.

Nabokov, V. (1962). 〈*Pale Fire*〉. G P Putnams's Sons.

Norman, D. A. (2002). 〈*The Design of Everyday Things*〉. Basic Books.

Oliveira, S. and D. E. Stewart (2006). 〈*Writing Scientific Software: A Guide to Good Style*〉. Cambridge University Press.

Oram, A. and Talbott, T (1991). 〈*Managing Projects with Mak*〉. 歐萊禮出版社

Oualline, S. (1997). 〈*Practical C Programming*〉（第三版）. 歐萊禮出版社

Page, A., K. Johnston, and B. Rollison (2008). 〈*How We Test Software at Microsoft*〉. Microsoft Press.

Perry, G. (1994). 〈*Absolute Beginner's Guide to C*〉（第二版）. Sams.

Prata, S. (2004). 〈*The Waite Group's C Primer Plus*〉（第五版）. Waite Group Press.

Press, W. H., B. P. Flannery, S. A. Teukolsky, and W. T. Vetterling (1988). 〈*Numerical Recipes in C: The Art of Scientific Computing*〉. Cambridge University Press.

Press, W. H., B. P. Flannery, S. A. Teukolsky, and W. T. Vetterling (1992). 〈*Numerical Recipes in C: The Art of Scientific Computing*〉（第二版）. Cambridge University Press.

Prinz, P. and T. Crawford (2005). 〈*C in a Nutshell*〉. 歐萊禮出版社

Spolsky, J. (2008). 〈*More Joel on Software: Further Thoughts on Diverse and Occasionally Related Matters That Will Prove of Interest to Software Developers, Designers, and to Those Who, Whether by Good Fortune or Ill Luck, Work with Them in Some Capacity*〉. Apress.

Stallman, R. M., R. Pesch, and S. Shebs (2002). 〈*Debugging with GDB: The GNU Source-Level Debugger*〉. 自由軟體基金會

Stroustrup, B. (1986). 〈*The C++ Programming Language*〉. Addison-Wesley.

Ullman, L. and M. Liyanage (2004). 〈*C Programming*〉. Peachpit Press.

索引

※提醒您：由於翻譯書排版的關係，部分索引名詞的對應頁碼會和實際頁碼有一頁之差。

A

D

data structures（資料結構）
  bridging across languages（橋接不同程式語言），114
  generic（泛型），241
  memory management and（記憶體管理），133
  non-public（非公共），114
debugging/testing（除錯/測試）
  compiler flag for（編譯器旗標），34
  of Autotools packaging（Autotools 打包），87
  profiling（評測），50
  unit testing（單元測試）
    testing converage（測試覆蓋率），57
    test harnesses for （測試機具），52
    using programs as libraries（把程式視為函式庫使用），55
  using a debugger（使用除錯器）
    choices of（選擇），34
    common debugger commands（常見除錯器命令），42
    example of（範例），36
    GDB variables（GDB 變數），45
    importance of（重要性），33
    printing structures from（印出結構），46
    text editor for（文字編輯器），35
  using Valgrind（使用 Valgrind），50
decimal points（十位數點），155
declarations（宣告），144, 180, 348
deep copy（深複製），132, 133, 366
designated initializers（指定初始子），135, 157, 207, 216, 260
dictionaries（字典）
  extending（擴充），249
  implementing（實作），251
diff command（diff 命令），96
distributed revision control systems（分散式版本控制系統），96
Distutils, 120
dlopen function（dlopen 函式），109
dlsym function（dlsym 函式），109
do-while loops（do-while 迴圈），166
documentation（文件）

importance of（重要性），62
using CWEB（使用 CWEB），64
using Doxygen（使用 Doxygen），62
Doxygen, 62
dynamic loading（動態載入），109

E

echo command（echo 命令），72
egg replacer recipe（egg replacer 配方），263
enumeration（列舉），150
enums, 149
environment variables（環境變數），19, 69, 366
erf function（erf 函式），11
error checking（檢查錯誤）
  approach to（方法），58
  indication return（傳回表示），61, 223
  user's context（使用者的脈絡），59
  user's involvement（使用者介入程度），58
exit function（exit 函式），152
expansions（擴展），69, 164
expressions（表示式），355
extended regular expressions（EREs，擴展正規表示式），325
extensibility（擴展性），250
Extensible Markup Language（XML，可擴展標記語言），337
extern keyword（extern 關鍵字），176, 177
external linkage（外部連結），176
external pointers（外部指標），115, 366

F

fall-through（破壞），154
fc command（fc 命令），75
files（檔案）
  header files（標頭檔），347
  operating on sets of（作用在一組檔案），70
  retrieving text files（取得文字檔），109
  scope variables for（範圍變數），176
  shared object files（共享目的檔），109
  testing for（檢查），72
  version control of（版本控制），96

V

Valgrind, 50
variables（變數）
    atomic（基元）, 314
    automatic management of（自動管理）, 126
    block scope（區塊生命週期）, 177
    built-in（內建）, 20
    content variable（內容變數）, 85
    convenience variables（方便的變數）, 45
    creating auxilary with preprocessor（用前
        置處理器產生輔助）, 169
    declarations（宣告）, 348
    environment（環境）, 19, 69, 366
    externally linked in header files（在標頭檔
        的外部連結）, 177
    file scope varaibles（檔案生命週期變數）
        , 176
    for GDB（GNU Debugger）, 45
    form variables（型式變數）, 84
    global（全域）, 366
    in macros（巨集）, 165
    in memory management（記憶體管理）, 128
    incrementing/scaling（遞增/縮放）, 356
    locaizing nonstatic（非靜態變數區域化）
        , 302
    private copies of（私有副本）, 300
    scope（生存範圍）, 269，354
    setting（設定）, 17
    shell variables（shell 變數）, 69
    state（狀態）, 321
    static, 126, 130, 300
    undefined（未定義）, 218
variadic functions（variadic 函式）, 225
variadic macros（variadic 巨集）, 210
version control（版本控管）, 95
virtual tables（vtables）
    adding new functions with（增加新函式）
        , 264
    benefits of（優點）, 269
    hash function（雜湊函式）, 265
    macro for（巨集）, 267
    type checking（型別檢查）, 266
Visual Studio, 8
vsnprintf function（vsnprintf 函式）

W

while keyword（while 關鍵字）, 150
whitespace, preprocessors and（空白、前置處
    理器）, 168
wide character types（寬字元類型）, 203, 368
Windows
    compiling with（編譯）, 6-10
    UTF encoding in（編碼）, 200, 203
    wrapper functions（包覆函數）, 113

X

XML libraries（XML 函式庫）, 247

Z

    Z shell, 75

作者介紹

Ben Klemens 在 Caltech 取得社會科學博士學位後，一直從事統計分析與需要大量計算的樣本塑模，認為寫程式應該要有趣。他在為 Brookings Institution、the World Bank 以及 National Institute of Mental Health 等單位撰寫分析與模型（大多數使用 C 語言）時也十分享受，作為 Brookings 以及自由軟體基金會的非本國籍研究員，他致力確保有創造力的作者能夠保有使用各自開發軟體的權力。他目前任職於美國聯邦政府。

出版記事

本書封面是常見的斑袋貂（*Spilocuscus maculatus*），一種生活於澳洲、新幾內亞與鄰近小島雨林及紅樹林的有袋動物，有圓型的腦袋、小耳朵、厚重的毛皮以及有助於攀爬能夠捲曲的尾巴。捲曲的尾巴是它獨有的特色，靠近身體的尾巴上半部有濃密的毛髮，下半部的內側覆蓋著粗糙的鱗片便於抓住樹枝，眼睛的顏色從黃色、橘色到紅色，外觀與蛇十分接近。

大多數斑袋貂都十分害羞，很少被人類發現，是夜行性動物，在夜裡狩獵與覓食，白天則在樹枝間自己建立的平台睡覺。動作緩慢且有些遲緩，有時被誤認為樹懶、其他種類的負鼠甚至是猴子。

斑袋貂是獨居生物，單獨覓食與築巢，與其他同伴互動時，特別是雄性之間的競爭，十分有侵略性且火爆。雄性斑袋貂以氣味標示各自的領域與警告其他雄性，氣味來自於其身體的麝香以及腺體，它們會散佈鼠尾草與小樹枝作為領域的標記與進行社交行為。如果在各自的區域遇到其他雄性，會吼叫、咆哮以及發出嘶嘶聲，並立直保護各自的領域。

常見的斑袋貂齒列沒有特異化，能夠吃各式各樣的植物，也會食用花朵、小型動物，有時也會吃蛋。斑袋貂的天敵包含蟒蛇以及某些猛禽。

封面的圖片來自 Wood 的 *Animate Creation*。

21 世紀 C 語言第二版

作　　者：Ben Klemens
譯　　者：莊弘祥
企劃編輯：蔡彤孟
文字編輯：詹祐甯
設計裝幀：陶相騰
發 行 人：廖文良

發 行 所：碁峰資訊股份有限公司
地　　址：台北市南港區三重路 66 號 7 樓之 6
電　　話：(02)2788-2408
傳　　真：(02)8192-4433
網　　站：www.gotop.com.tw
書　　號：A595
版　　次：2019 年 06 月初版
建議售價：NT$680

國家圖書館出版品預行編目資料

21 世紀 C 語言 / Ben Klemens 原著；莊弘祥譯. -- 二版. -- 臺北
　市：碁峰資訊, 2019.06
　　面；　公分
　譯自：21st Century C, 2nd Edition
　ISBN 978-986-502-136-8(平裝)
　1.C(電腦程式語言)
312.32C　　　　　　　　　　　　　　　　　108006703

讀者服務
● 感謝您購買碁峰圖書，如果您對本書的內容或表達上有不清楚的地方或其他建議，請至碁峰網站：「聯絡我們」\「圖書問題」留下您所購買之書籍及問題。(請註明購買書籍之書號及書名，以及問題頁數，以便能儘快為您處理)
http://www.gotop.com.tw

● 售後服務僅限書籍本身內容，若是軟、硬體問題，請您直接與軟體廠商聯絡。

● 若於購買書籍後發現有破損、缺頁、裝訂錯誤之問題，請直接將書寄回更換，並註明您的姓名、連絡電話及地址，將有專人與您連絡補寄商品。